ケース・スタディ

ネット権利侵害対応の実務
― 発信者情報開示請求と削除請求 ―

共著　清水　陽平（弁護士）
　　　神田　知宏（弁護士）
　　　中澤　佑一（弁護士）

新日本法規

は　し　が　き

　本書は、実務家がインターネットにおける名誉権侵害、プライバシー権侵害をはじめとした権利侵害に関する相談を受けた場合に、事件類型に応じて、相談から実際の事件処理までを解説したものです。

　インターネットに関する事件は、相手が直接見えるわけではないことが通常であること、自分で積極的に請求先から調査することが必要になることが少なくないこと、調査のためにはインターネット事案に対応する一定の知識が必要であることなど、一定のハードルがあります。実際に相談を受けても、そのようなハードルの高さから、相談を断る例もあるのではないかと思います。また、相談者に説明を求めても的確な説明をしてくれない、できない場合も少なくありません。

　近時、インターネット上での権利侵害の増加に伴い、削除請求や発信者情報開示請求に関する手引や解説も多数刊行されるようになり、手続に必要になる書式や一定の手順については解説されるようになりましたが、実際に事件を担当する実務家の視点では、単に書式や手順の掲載があるだけでは解説としては不十分です。この意味で真に実務書と呼べる書籍はまだまだ少ないのが現状ではないでしょうか。

　そこで本書は、「これは削除できますか」「これは開示できますか」といったごく簡潔な最初の相談から、どのような情報を引き出していくことが必要か、対応するためにはどのような情報・資料が必要か、事案によりどの手続を選択するのかといった実務的な観点からまとめています。

　また、類書で解説されることが少ないインターネットサービスプロバイダ（ISP、経由プロバイダ）に対する開示請求についても詳細に解説しており、各プロバイダによって開示請求に必要な情報、目録の記載方法など、実務家が悩みやすい点について、痒いところに手が届く内容となるよう心掛けています。

　さらに、インターネット分野においては、何らかの侵害はあると思われるものの、名誉権侵害やプライバシー権侵害といった旧来の議論によってはストレートに侵害を導くことができない類型のものが増えてきています。しかし、当てはまる侵害類型がないから救済ができないと思考停止してしまえば、新たな類型の侵害は野放しとなってしまい、被害者が泣き寝入りを強いられることになります。そこで、新たな侵害類型とそれに対応するための理論を提示することで、解決の途を広げたいと考えており、

近時話題となっている「忘れられる権利」「アイデンティティ権」など、新しい人権についても積極的に触れるものとなっています。

　インターネット事案に携わったことがない実務家のみならず、携わったことがある実務家にも、本書を活用していただきたいと考えています。

　平成29年1月

清　水　陽　平
神　田　知　宏
中　澤　佑　一

著者略歴

清水　陽平（しみず・ようへい）　東京弁護士会所属

　法律事務所アルシエン　共同代表弁護士
　東京都千代田区霞が関3－6－15　霞ヶ関MHタワーズ2階
　URL：http://www.alcien.jp/

〈略　歴〉
　2004年　早稲田大学法学部卒業
　2007年　弁護士登録（旧60期）　都内法律事務所入所
　2008年　都内コンサルティング会社入社
　2010年　法律事務所アルシエン開設

〈主要著書・論文〉
　『ホームページ担当者が知らないと困るネットショップ法務と手続きの常識』（ソシム、2009年）共著
　『ガイドブック民事保全の実務』（創耕舎、2014年）編著
　『座談会　インターネット上における権利侵害の問題』（早稲田大学大学院法務研究科　臨床法学研究会　LAW AND PRACTICE　第9号、2015年）
　『サイト別　ネット中傷・炎上対応マニュアル』（弘文堂、2015年）
　『最新　プロバイダ責任制限法判例集』（弁護士会館ブックセンター出版部LABO、2016年）編著

〈講　演〉
　2009年　「2ちゃんねる案件等の具体的解決方法」（東京弁護士会）
　2012年　「ネット中傷への対処法」（東京弁護士会春季研修講座）
　2013年　「アルバイト・従業員の炎上については、企業はどこまで責任を負うべきか」（NRAフォーラム）
　2014年　「ネット中傷への対処法」（東京弁護士会多摩支部）、「平成26年度人権啓発映像「インターネットと人権―インターネットの利用にもルールとマナーがあります―」」（東京都）
　2015年　「ネット中傷への対処法」（東京弁護士会法友会）、「ログイン型投稿の法的問題」（情報ネットワーク法学会）

〈所属学会等〉
　一般社団法人ニューメディアリスク協会（NRA）
　情報ネットワーク法学会

神田　知宏（かんだ・ともひろ）　第二東京弁護士会所属
　個人サイト：https://kandato.jp/

＜略　歴＞
　1991年　一橋大学法学部卒業
　2007年　弁護士登録（60期）　都内法律事務所入所
　2016年　筑波大学非常勤講師（情報法）

＜著書・論文＞
　『ネット社会と忘れられる権利―個人データ削除の裁判例とその法理』（現代人文社、2015年）共著
　『［鼎談］検索結果削除の仮処分決定のとらえ方と企業を含むネット情報の削除実務』（NBL No.1044、2015年）
　『ネット検索が怖い―「忘れられる権利」の現状と活用』（ポプラ社、2015年）
　『最新　プロバイダ責任制限法判例集』（弁護士会館ブックセンター出版部LABO、2016年）編著

＜講　演＞
　2013年　「民事における発信者情報開示請求」（大阪府警警察学校）、「インターネットの人権侵害～相談から解決まで～」（愛知県弁護士会）
　2014年　「IT削除・発信者開示請求の実務」（京都弁護士会）、「できるインターネット被害対応（基礎編）」（日本弁護士連合会）、「インターネットにおける権利侵害への実務的対応」（第二東京弁護士会）
　2015年　「できるインターネット被害対応（応用編）」（日本弁護士連合会）、「インターネットにおける消費者問題について」（東京都庁）
　2016年　「インターネット社会における業務妨害と対処法」（第二東京弁護士会、業務妨害対策委員会）、「リベンジポルノとネット問題」（東京弁護士会、両性の平等に関する委員会）

＜所属学会＞
　法とコンピュータ学会
　情報ネットワーク法学会

中澤　佑一（なかざわ・ゆういち）　埼玉弁護士会所属

弁護士法人戸田総合法律事務所　代表弁護士
URL：http://todasogo.jp
〔戸田オフィス〕埼玉県戸田市本町2－10－1山昌ビル3階
〔東京オフィス〕東京都千代田区丸の内3－4－1新国際ビル6階

＜略　歴＞

2006年　東京学芸大学環境教育課程文化財科学専攻卒業
2009年　上智大学大学院法学研究科法曹養成専攻修了
2010年　弁護士登録（63期）
2011年　戸田総合法律事務所設立

＜著書・論文＞

『座談会　インターネット上における権利侵害の問題』（早稲田大学大学院法務研究科　臨床法学研究会　LAW AND PRACTICE　第9号、2015年）

『近時のインターネットをめぐる法律問題』（Law&Technology66号、2014年）

『保護者のためのあたらしいインターネットの教科書－おとなの知らないネットの世界』（中央経済社、2012年）共著

『インターネットにおける誹謗中傷法的対策マニュアル』（中央経済社、2013年）

『「ブラック企業」と呼ばせない　労務管理・風評対策Q&A』（中央経済社、2015年）編著

『最新　プロバイダ責任制限法判例集』（弁護士会館ブックセンター出版部LABO、2016年）編著

＜講　演＞

2015年　「プロバイダの調査義務と法的責任」（情報ネットワーク法学会）
2016年　「憲法記念日を祝うつどい　ネット社会の人権」（埼玉弁護士会川越支部）

＜所属学会＞

情報ネットワーク法学会

略　語　表

＜法令の表記＞

根拠となる法令の略記例及び略語は次のとおりです（〔　〕は本文中の略語を示します。）。

特定電気通信役務提供者の損害賠償責任の制限及び発信者情報の開示に関する法律第4条第1項第1号＝プロバイダ責任制限法4①一

プロバイダ責任制限法〔プロバイダ責任制限法〕	特定電気通信役務提供者の損害賠償責任の制限及び発信者情報の開示に関する法律	個人情報〔個人情報保護法〕	個人情報の保護に関する法律
		商標	商標法
		著作	著作権法
プロバイダ責任制限法省令〔プロバイダ責任制限法省令〕	特定電気通信役務提供者の損害賠償責任の制限及び発信者情報の開示に関する法律第4条第1項の発信者情報を定める省令	民訴	民事訴訟法
		民訴費用法	民事訴訟費用等に関する法律
		民保	民事保全法
		総務省逐条解説	特定電気通信役務提供者の損害賠償責任の制限及び発信者情報の開示に関する法律―解説―（総務省平成28年4月更新）
刑	刑法		

＜判例の表記＞

根拠となる判例の略記例及び出典の略称は次のとおりです。

最高裁平成9年9月9日判決、最高裁判所民事判例集51巻8号3904頁
＝最判平9・9・9民集51・8・3904

民集	最高裁判所（大審院）民事判例集	判時	判例時報
		判タ	判例タイムズ

目　次

第1章　総　論

第1　インターネット上の被害への対応方法

1　対応の心構え……………………………………………………………3
2　個別サイトの削除………………………………………………………12
3　検索サイトの検索結果の削除…………………………………………14
4　検索サイトのサジェスト、関連ワードの削除………………………17
5　検索サイトのキャッシュの削除………………………………………19
6　特定から損害賠償・告訴………………………………………………20
7　プロバイダへの損害賠償請求…………………………………………24

第2　削除請求の根拠

1　人格権・著作権等の侵害と差止請求…………………………………26
2　名誉権……………………………………………………………………27
3　名誉感情…………………………………………………………………29
4　プライバシー権…………………………………………………………30
5　肖像権……………………………………………………………………31
6　氏名権・アイデンティティ権…………………………………………32
7　個人情報保護法に基づく訂正等請求権………………………………32
8　営業権・業務遂行権……………………………………………………33
9　更生を妨げられない利益………………………………………………33
10　忘れられる権利…………………………………………………………34
11　著作権・著作者人格権…………………………………………………35
12　商標権……………………………………………………………………36

第3 削除請求

1 削除請求の相手方……………………………………………………………37
2 ウェブフォーム（お問い合わせフォーム）・メールを用いた削除請求………39
3 テレサ書式を用いた送信防止措置依頼……………………………………41
4 削除仮処分……………………………………………………………………44
5 削除訴訟………………………………………………………………………53
6 内容証明郵便による削除請求………………………………………………57
7 各手法の比較・選択基準……………………………………………………57

第4 発信者情報開示請求

1 プロバイダ責任制限法4条1項　概説………………………………………58
2 発信者情報開示請求の流れ…………………………………………………61
3 コンテンツプロバイダ・ホスティングプロバイダへの発信者情報開示請求………………………………………………………………………………63
4 通信ログ保存（消去禁止）請求……………………………………………72
5 インターネットサービスプロバイダへの発信者情報開示請求……………78
6 MVNO／ジェイコムの場合…………………………………………………82
7 管　轄…………………………………………………………………………83

第5 ウェブサイトの調査

1 会社情報のオンラインでの調査……………………………………………85
2 WHOISによるドメイン登録者調査…………………………………………86
3 DNSによるサーバー調査……………………………………………………90
4 ウェブサイトの証拠化………………………………………………………92

第6　海外法人の取扱い

1　コンテンツプロバイダ・ホスティングプロバイダが海外法人である場合······96
2　登記の取得······96
3　登記に関する上申······97
4　当事者目録の記載······97

第2章　ケース・スタディ

1　転職支援サイトにブラック企業と書き込まれた事例······103
2　過去の犯罪報道が拡散されているという事例······110
3　Yahoo!知恵袋に中傷が書かれた事例······120
4　ニコニコ動画に中傷動画がアップロードされた事例······131
5　自社サイトのコンテンツがコピーされてしまった事例······137
6　根拠のないランキングサイトで下位に掲載されている事例······146
7　食べログへの掲載自体の削除をしたいという事例······155
8　インターネット上で使用しているハンドルネームに対する中傷が行われたという事例······161
9　自身の著作に対する悪いクチコミが書かれたという事例······167
10　Amazonレビューでの誹謗中傷する者を特定したいという事例······172
11　削除依頼を行ったところ、依頼文がそのまま公開されてしまった事例······178
12　個人情報が2ちゃんねるに書き込まれた事例······186
13　会社の誹謗中傷が2ちゃんねるに書き込まれた事例······192
14　Twitterでなりすまし被害を受けている事例······202
15　Facebookでなりすまし被害を受けている事例······212
16　海外の動画共有サイトにリベンジポルノが掲載された事例······221
17　海外魚拓サイトに中傷記事がコピーされた事例······231
18　検索サイトの検索結果に多数の誹謗中傷が表示される事例······242

19 検索エンジンで社名を検索すると「倒産」というサジェスト、関連検索ワードが表示される事例……………………………………………260

20 インターネットサービスプロバイダに対して住所氏名等の発信者情報開示請求を行う事例……………………………………………271

21 企業のinfoメールに中傷が送信された事例………………………………297

22 インターネットサービスプロバイダより開示を受けた契約者情報を用いて、発信者に対する損害賠償請求や刑事告訴を行う事例………………307

事項索引……………………………………………………………………321

第 1 章
総 論

第1 インターネット上の被害への対応方法

1 対応の心構え

(1) 相談者の要望は何か

インターネットでの権利侵害といっても、現在では様々な態様があります。公開されたウェブページでの誹謗中傷はその代表例ですが、そのほかにも、非公開のウェブページにおける誹謗中傷、メールでの権利侵害、企業のウェブフォームからのスパム投稿（担当者にしか届きません。）、パソコンの遠隔操作による情報漏洩、不正アクセス、さらには、パソコンに接続されたウェブカメラ、スマートフォンの乗っ取りによる無断撮影、私生活の覗き見といったものまで、多種多様です。

しかし、現在の法律では、弁護士が解決を手助けできるのは、そのうちごく一部に限られます。さらには、民事上の手段で解決方法を提案できるものとなると、さらに事案は限定されます。

そのため、弁護士として相談を受けた際には、まず、相談者がどのような事案について悩んでいるのか、という点の聴き取りが重要です。特にメール法律相談では、第一報として「インターネットの権利侵害について悩んでいます。何とかなりますか。」としか書かれていないケースもあり、相談者が、インターネットにおける、どのような事象に悩みを持っているのか、①ウェブの情報なのか、メールの情報なのか、不正アクセスなのか、といった侵害の「経路」と、②その情報は公開されているのか非公開なのかという「公然性」、を聴き取ることが最優先事項となります。

例えば「経路」については、メールによる権利侵害の相談や、不正アクセスの相談の場合、民事の手続では、できることが限られます。そのため、早期に刑事の手続へ移行するよう、アドバイスすることになります。一方、「公然性」については、どの程度の公然性があるかが問題となるため、さらなる聴き取りが必要です。会員制のウェブサイトや、企業のイントラネット（社内ネットワーク）で誹謗中傷を受けた場合には、メンバーが不特定多数といえる要素もあるため、民事手続での救済可能性がある一方、インスタントメッセージ（IM）のグループ等、メンバーが限定されている場合には、民事上の権利救済が難しいケースもあります。

次に、民事上の手続で解決可能性があると判断された場合、依頼者の希望する「最終目的」が何であるかを聴き取る必要があります。もちろん、みなさん一様に「平穏な日常生活を取り戻すこと」を最終目的としています。

しかし、そのためのプロセスには、幾つかの種類があります。①当該情報がインターネットから消えるだけでよいのか、それとも、②当該情報を発信している何者かを

特定の上、もう書かないように要求する必要があるのか、さらには、③当該人物に慰謝料、刑事罰など、何らかの法的ペナルティまで求める必要があるのかを最初に聴き取る必要があります。

　というのも、当該情報がインターネットから消えればよいのなら、まだ時間的余裕はありますが、当該情報の発信者を特定するには、時間的制限があるからです。発信者を高い確率で特定しようと思うなら、投稿から2か月以内には、投稿者特定の作業を始める必要があります。まさに時間との戦いです。一般の法律事件ならば格別、IPアドレスの開示仮処分の申立てに1〜2か月もかけていては、弁護過誤ともなりかねません（IPアドレスの開示仮処分については、68頁参照）。

　(2)　対象のサイトはどこか

　上記の聴き取りにより、情報の「削除」（差止請求）、又は投稿者の「特定」（発信者情報開示請求）が必要と判断された場合には、次に、対象の「サイト」がどこなのかを特定する必要があります。

　インターネットには多様なサービスがあり、似たようなサービスも多いため、相談者の言うがままに受任して業務を遂行すると、目的の結果を得られず結果的にトラブルとなる、というケースも珍しくありません。

　その代表格が「2ちゃんねる」掲示板です。元々、2ちゃんねる掲示板には西村博之氏（又はシンガポール法人PACKET MONSTER INC. PTE. LTD.（以下本書では「パケットモンスター社」とします。））の運営する「2ch.net」の一種類しかなかったのですが、同氏の主張にいう「乗っ取り」のあと「2ch.sc」のドメインを使用する2ちゃんねる掲示板も作られました（「2ch.sc」のドメインについては、89頁参照）。

　また、2ちゃんねるには多数の「コピーサイト」（「ミラーサイト」）が存在します（「コピーサイト」については、13頁参照）。コピーサイトは、2ちゃんねるの内容を定期的にコピーするため、全く同一内容の掲示板が、複数存在しています。携帯電話やスマートフォンに特化したコピーサイトもあります。

　そのため、相談者が「2ちゃんねる」と言っていたとしても、必ずしも「2ch.net」を対象とすればよいのではなく、「2ch.sc」なのか、それともコピーサイトのうちいずれかなのかを相談者と十分に確認する必要があります。

　対象サイトの確認には、「URL」の特定が有効です。問題のサイトをInternet Explorer、サファリなどのブラウザで表示し、そのページのURLをアドレスバーで確認します。相談者にURLを教えてもらうと、「2ちゃんねる」と相談者が言っていたのが、実はコピーサイトだったり、そもそも2ちゃんねるや、そのコピーサイト群ですらなかったというケースもあります。

確認したURLは、業務対象のURLとして、委任契約書にも記載しておきましょう。これにより、相談者とのトラブルを未然に防ぐことができます。

もっとも、相談者によっては「自分の悪口がネットに書かれているらしいので、なんとかしたい。」といった漠然とした相談や、「ネットで自分の悪口を検索すると気分が悪くなるので、URLの特定はお任せしたい。」といった、完全お任せ型の相談を受けることもあります。

これらのケースでは、①「URLの特定をしていただかないと契約書が作成できません。」と説明し、1回だけでも相談者に検索してもらうか、②弁護士のほうで検索結果一覧を作り、どれを業務の対象とするのか打ち合わせるか、どちらかの方法をとるほかありません。しかし後者の場合、漏れの生じる可能性が否定できないため、後日、漏れが判明した場合にどうするかという点についても、説明の上合意しておく必要があるでしょう。

(3) 攻撃対象者は判読できるか

対象のURLが特定できた後は、当該URLに記載されている情報を読んでみましょう。その際、投稿内容に違法性があるか否かという観点での分析は重要な課題ですが、それと同じく（又は、違法性の判断の一部として）重要なのが、「攻撃対象者は誰か」という点の判断です。

特徴的に排斥される例は、①同姓同名の他人に対する攻撃可能性を排除できない情報と、②ハンドルネームへの攻撃、の2つです。法的には「同定可能性」の問題と認識されます（「同定可能性」については、67頁参照）。

前者は、例えば「清水陽平」さんへの中傷です。確かに、投稿記事からは「清水陽平」さんを対象とする攻撃であることが読み取れるものの、「弁護士」清水陽平さんへの攻撃なのか、同姓同名の別人への攻撃なのかが判断できない、というケースです（同姓同名の別人が何名かいることは、検索サイト上でも分かります。）。実際の相談例でも「私に対する中傷です」「この名前は珍しいので自分しかいません」と言われるのですが、本当に相談者1人だけの名前なのか判断できない場合には、当該投稿は、相談者の依頼では受任できないことになります。例えば、単に「清水陽平」と書いてあるのではなく、「弁護士清水陽平」と書いてあれば、1名しか存在しないため（平成28年（2016年）10月末日現在）、これは同人を攻撃する記事だと判断できることになります。

後者は、ネット上の人格に対する攻撃です。「ハンドルネーム」というのは、ネットでの通称です。かつては、ニフティサーブ事件（東京地判平9・5・26判時1610・22、控訴審東京高判平13・9・5判時1786・89）のような、掲示板における発信者を表す名称が問題となりましたが、最近では、オンラインゲームにおけるゲーマーを表す名称の問題もあり

ます。すなわち、オンラインゲームでハンドルネームを用いているゲーマーが、当該ハンドルネームについて中傷された場合に、法的責任を問うことができるか、という問題です。

　この点については、実在する個人が当該ハンドルネームを使用していると判断できるかが1つの基準になります。例えば、自分の普段使っているニックネームをハンドルネームにした場合や、ハンドルネームを使って実社会でも活動している場合であれば、ハンドルネームへの攻撃イコール当該人物への攻撃と考えることができる可能性があります。他方で、当該ハンドルネームをネット上でしか使用しておらず、誰も当該ハンドルネームが当該人物の使用するものだと知らない場合には、ハンドルネームに対する権利侵害は否定されます。

　ハンドルネームだけでなく、アバターに対する中傷についても、同様の考察が可能です。インスタントメッセージなどのコミュニケーションツールにおいて、自分自身を表すものとして画面上に表示するキャラクターがアバターです。このアバターに対して酷い悪口がアプリ上で浴びせられたとしても、当該アバターを使用しているのが実社会における相談者であることが紐付かない場合には、法的な請求は難しい、という結論になります。

　同様の論点は、風俗系の女性の「源氏名」に対する中傷でも問題となりますが、通例、その女性の顧客であれば、当該源氏名を使っているのは当該女性であると判断できるため、この問題は、それほど顕在化しません。

(4)　法的に対応できる案件か

　相談者の要求と法的判断の乖離が最も激しいのは、「法的に対応できる案件か否か」という問題です。その代表格として、個人の感想についての相談が挙げられます。

　例えば、「この店のラーメンはまずい。二度と行かない。」といった口コミが書かれた場合、事業者としては、酷い名誉毀損であり、業務妨害であって、直ちに削除したいと考え相談に訪れるわけですが、法的には社会的相当性を逸脱しない「意見・論評」だと判断されるため、削除請求も、投稿者の特定もできません。そもそも、業務妨害を理由としては、原則として削除請求ができません（業務妨害を理由とする削除請求については、33頁参照）。

　プライバシー権侵害事案としては、よく「自分の名前が書かれているので削除請求したい」という相談があります。しかし、名前が書かれているだけでは、原則としてプライバシー権侵害とは判断されません。一般の人からすると、ネットに自分の名前があるだけで穏やかな生活を送れない状況なのですが、法的には、このケースは何ともできません。

結局、相談者としては生活の平穏を乱され、苦しい思いをして相談に訪れた事案だとしても、従前の裁判例の基準からすると、「これは何ともならない」というケースは多々あります。そういった事案では、「法的には何ともならない」点を説明し、それでも一縷の望みに賭けて、という相談者に限り、手続を進めることが肝要です。

(5) 管理者の分かるサイトか

民事上の手続が可能で、相談者を対象とした攻撃であることも容易に分かり、かつ、法的に違法性のある情報であれば、削除請求（差止請求）、又は投稿者特定（発信者情報開示請求）が可能です。

しかし、インターネット事案の難しさは、この先にあります。いかに法的に違法な攻撃を受けていたとしても、攻撃を中止してほしいと請求する相手、又は、攻撃しているのが誰なのか教えてほしいと請求する相手が分からなければ、打てる手は限られてしまいます。裁判手続はおろか、任意の請求さえ心許ない状態となります。

具体的には、①情報の発信者は誰なのか、②情報を公開しているサイトの管理者は誰なのか、③情報を公開しているサイトのドメイン名の登録者は誰なのか（ドメイン名については、86頁参照）、④情報が保存されているサーバーの管理者は誰なのか（サーバーの管理者については、90頁参照）、が分からないと、削除請求をしたり、発信者情報開示請求をすることはできません。しかも、これらの調査にはインターネットの技術的な知識が若干必要となりますので、相談を受けてから勉強していたのでは間に合わない可能性があります。

上記のとおり、削除請求はともかく、発信者情報開示請求は時間との戦いです。そのため、少なくとも相談の段階で、最後まで筋道を見通せる程度の技術的な知識を身につけておくことが必要となります。

これと合わせて、「補充性」の問題についても検討が必要です（「補充性」の問題については、19頁参照）。①情報の発信者も分かり、②情報を公開しているサイトの管理者も分かり、③情報が保存されているサーバーの管理者も分かるという場合に、まず、誰に削除請求するかを考えねばなりません。法的には補充性の問題ですが、実務上は「炎上」可能性も1つの考慮要素となります。

同様に、発信者情報開示請求の場合であれば、情報を公開しているサイトの管理者（コンテンツプロバイダ）と、情報が保存されているサーバーの管理者（ホスティングプロバイダ）、さらには、インターネット接続会社（インターネットサービスプロバイダ（ISP、ほかにも「経由プロバイダ」「接続プロバイダ」「アクセスプロバイダ」等と表現されることがありますが、本書では「インターネットサービスプロバイダ」を使用します。））のうち、いずれに開示請求するかが問題となります。こちらは補充性

の問題ではなく、求める情報を誰が保有しているか、という判断になります。

(6) どのような方法を相談者に提案できるか

どのような方法を提案できるかについては、上記の聴き取り内容から判断したところによる場合分けとなります。

まず、メールやインスタントメッセージでの中傷や、ウェブカメラでの監視、ネットストーカー、不正アクセスによる情報流出などは、民事の手続による権利救済が難しいため、刑事の手続を案内することになります。

また、「自分が街を歩いていると、見知らぬ人たちが自分についてヒソヒソ話をしている。何を話しているのかと思ってそちらを見ると、目を合わせないようにされる。どうやら、自分のスマートフォンに常時、不正アクセスしている者がおり、メールなどの情報が漏洩し、それを読んだ人たちが陰で自分のことを悪く言っているのだと思う。」といった相談例のように、刑事手続へ誘導する以前の問題として、客観的証拠や因果関係を確認することが相当困難と思われるケースもあります。このような特殊ケースでは、残念ながら法的手続ではお役に立てない可能性が高いことを説明することになると思います。

次に、ウェブページでの中傷やプライバシー権侵害であり、かつ、法的にも違法性が肯定できそうな場合であれば、「削除請求」を提案することになります。削除請求の方法には、メールによる方法、ウェブフォーム（お問い合わせフォーム）による方法、送信防止措置依頼書による方法、削除仮処分による方法、削除訴訟による方法など、幾つかの選択肢があります。それらのうち、いずれを採用すればよいかは、削除請求相手の削除方針が基準となります。メールやウェブフォームによる削除請求を受け付けています、とアナウンスされているサイトについて、あえて削除仮処分の方法をとる必要はありません。一方で、送信防止措置依頼書による削除請求を受け付けています、とアナウンスされているサイトについては、逆に、メールやウェブフォームから削除請求をしても効果がないと判断できます。対象のウェブサイトにおいて、どの方法による削除請求を受け付けているのか書かれていない場合には、とりあえず、ウェブフォームがあれば、そちらから削除請求の方法を問い合わせてみて、指示に従うのがよいでしょう。そういった任意の削除請求に応じてもらえなかった場合には、削除仮処分や削除訴訟、といった手続をとることになります。

先に任意の削除請求をしておけば、その時点で相手は「侵害情報の存在を知った・知ることができた」と言えるため、削除請求に応じないことに関し、慰謝料請求ができることになります。もっとも、プロバイダ責任制限法による免責を受ける可能性はあります。

法的に違法性が肯定できそうな場合で、かつ、投稿から2か月程度しか経過していなければ、削除請求のほかに、発信者情報開示請求が検討対象になります。インターネットサービスプロバイダの通信記録（通信ログ）は、3か月又は6か月で自動的に消去される設定になっています（少数ながら、1年、2年と保存しているプロバイダもあります。）。最近は、スマートフォンを使う人が増えていますが、携帯電話会社の場合、通信ログは3か月程度しか記録が残っていません。そのため、投稿から3か月経過した時点で「投稿者を特定したい」と相談されても、物理的に不可能であることが予想されます。コンテンツプロバイダやホスティングプロバイダに対するIPアドレスの開示請求に2～3週間、インターネットサービスプロバイダにおける通信ログの調査に1～2週間かかることを考えると、少なくとも、相談日から2か月以内の投稿でなければ、投稿者を特定できる可能性は低くなります（コンテンツプロバイダやホスティングプロバイダに対するIPアドレスの開示請求については63頁参照。）。もちろん、通信ログの保存期間が6か月のインターネットサービスプロバイダを使って投稿されたのであれば、プラス3か月程度の余裕はあります。しかし、匿名掲示板等において、その投稿がスマートフォンから投稿されたのか、それとも自宅のケーブルテレビ回線から投稿されたのかは、原則として判断できません。したがって、投稿日から3か月を超えている投稿について「発信者情報開示請求」を依頼された場合には、「通信ログが消えている可能性がある」ということを説明の上で、手続を進める必要があります。

　最後に、法的には削除請求権が立たないものの、どうしても削除したい、何か方法はないのか、と相談された場合の方法です。このケースでは、「法的な削除請求」ではなく「削除のお願い」という構成により、相手と交渉することを提案できます。法的請求権が立たない以上、相手に拒否されても、最終的に裁判手続に移行することはできません。しかし、サイト運営規約により削除できる場合や、記事の削除にそれほど固執していないサイトであれば、任意の削除交渉により対応してもらえる可能性も十分にあります。

　以上の考え方は、検索サイトへの検索結果の削除請求についても当てはまります。任意の削除請求として、ウェブフォームから検索結果の削除請求をして、拒まれた場合は削除仮処分、削除訴訟といった手続により、削除請求権を行使することになります。

(7)　仮処分ルートと本案訴訟ルートとの違い

　削除請求の場合、法的手続としては、削除仮処分と削除訴訟のいずれかを選択できます。民事保全法の建前からすると、削除訴訟をしていては実際の削除までに数か月から数年かかってしまい、その間にも日々、違法な記事が人目に触れることで、日々、

人格権が侵害されてしまうことから、削除訴訟よりも簡易な方法である削除仮処分により、とりあえず削除しておき、その後、本案訴訟である削除訴訟をする、というのが原則的な流れです。しかし、インターネットの削除仮処分の場合、事情が少し異なります。ほとんどのコンテンツプロバイダ及びホスティングプロバイダは、削除仮処分の後、削除訴訟をするよう求めてきません（起訴命令の申立てをしません。）。また、削除仮処分決定の際に供託した担保についても、担保取消の申立てにおける権利行使催告（民訴79③）に対し、何も権利行使してきません。それゆえ、相談者に対しては、削除仮処分だけで原則として終わりだが、まれに、削除訴訟まで必要となる相手もいる、と説明することになります。

　なお、削除仮処分の手続において、認容決定に対し保全異議を申し立て、さらに保全異議の認可決定に対し保全抗告を申し立てる相手も少数ながら存在します（Yahoo!知恵袋の削除請求、Googleの検索結果削除請求など）。

　このような場合には、費用感もスケジュール感も変わってきますので、注意が必要です。

　発信者情報開示請求の場合、原則として法的手続は、IPアドレスの開示仮処分と、住所氏名の開示請求訴訟、通信記録（通信ログ）の消去禁止仮処分の3種類しかありません。法理論上は、IPアドレスの開示請求訴訟もありますが、インターネットサービスプロバイダの通信ログは3か月又は6か月程度で消えます。そのため、IPアドレスの開示請求訴訟に数か月から数年かかっていると、せっかく勝訴してIPアドレスが開示されても、そのときにはインターネットサービスプロバイダの通信ログが消えてしまっているため、住所氏名の開示請求訴訟ができません。それゆえ実務上は、IPアドレスは仮処分でしか開示請求しないことになっています。逆に、投稿者の住所氏名は仮処分では開示されず、開示請求訴訟が必須です。仮処分で住所氏名を開示請求しても、保全の必要性がないとして却下となります。例外的に、MVNO（仮想移動体通信事業者）の住所、名称の開示仮処分は認められています。なぜなら、MVNOはイメージ的には中間プロバイダにすぎず、投稿者ではないからです。

　以上をまとめますと、削除請求の場合は原則として削除仮処分だけ、開示請求の場合はIPアドレスの開示仮処分と住所氏名の開示訴訟が必要となりますので、各手続の個数を相談者に説明しておくことが肝要です。

(8)　スケジュール感の説明

　相談時に説明しておかねばならないことの1つに、スケジュール感が挙げられます。

　削除請求をメールやウェブフォームから依頼する場合には、1日かからずに対応してくれるサイトもありますが、そこまで早くなくても、通例、数日です。これに対し、

送信防止措置依頼書により削除請求する場合は、プロバイダ責任制限法3条2項2号に「発信者が当該照会を受けた日から7日を経過しても当該発信者から当該送信防止措置を講ずることに同意しない旨の申出がなかったとき」との規定があることから、最短でも1週間かかります。郵送で意見照会書や回答書のやりとりをしている場合には、さらに1週間程度はかかりますし、コンテンツプロバイダ側での事務処理にも時間がかかりますので、多くの場合、送信防止措置依頼書による削除請求には、3〜4週間かかるという印象です。削除仮処分による削除請求では、双方審尋期日が、日本法人相手の場合で1〜2週間先、海外法人で送達条約加盟国の場合は3〜4週間先、送達条約未加盟国の場合は5〜7か月先に設定されます。相手が争わなければすぐにでも担保決定を受けられる可能性がありますが、相手が表現の自由などを主張して争ってきた場合には、1〜3週間刻みで双方審尋期日が入り、それだけ、発令が先になります。さらに、削除仮処分で認容決定が出ても、保全異議、保全抗告と手続が進めば、実際に削除されるのは、数か月先になります（仮処分決定の段階で一旦削除してくれるケースもあります。）。

発信者情報開示請求の場合、IPアドレスの開示請求と、住所氏名の開示請求とでスケジュール感が異なります。どちらの場合も、プロバイダ責任制限法4条2項に「開示関係役務提供者は、前項の規定による開示の請求を受けたときは、当該開示の請求に係る侵害情報の発信者と連絡することができない場合その他特別の事情がある場合を除き、開示するかどうかについて当該発信者の意見を聴かなければならない。」と規定されている関係で、発信者に対し、開示してもよいか意見照会をせねばなりません。もっとも、匿名サイトの場合、サイト運営者は「発信者と連絡することができない」（同条項）ため、意見照会は行われません。

IPアドレスの開示請求は、テレコムサービス協会書式（以下本書では「テレサ書式」といいます。）でも依頼できますが、意見照会ができる場合で最短2週間かかります（テレサ書式については64頁参照。）。郵送で意見照会書や回答書のやりとりをしている場合には、さらに1週間程度はかかりますし、コンテンツプロバイダ側での事務処理にも時間がかかりますので、トータルで最短1か月程度はかかります。これに対し、意見照会ができない匿名サイトの場合は、1週間以内にメール等で開示されることもあります。

IPアドレスの発信者情報開示仮処分のスケジュール感は、削除仮処分のスケジュール感と同じです。削除請求の管轄と発信者情報開示請求の管轄が同じ場合、2つの請求を併合して「削除及び発信者情報開示仮処分」として申立てができますので、スケジュールは完全に一致します。

なお、海外法人相手に削除仮処分とIPアドレスの開示仮処分をする場合は注意が必要です。TwitterやFacebookに削除仮処分を申し立てる場合、管轄は被害者の住所地、つまり、相談者の普通裁判籍となります。一方、IPアドレスの開示仮処分は民事訴訟法と民事訴訟規則により、管轄は東京地裁にしかありません。そのため、同じ請求にも関わらず、2つの裁判所で別々に申し立てねばなりません（東京地裁本庁以外の場合）。仮処分は専属管轄のため併合請求の特別裁判籍の規定が適用されません。

　発信者情報開示請求訴訟のスケジュール感は、一般的な訴訟のスケジュール感と異なります。インターネットサービスプロバイダは基本的に、投稿内容の真偽等について情報を持っていませんので、攻撃防御の回数は、それほど多くなりません。場合によっては、第1回口頭弁論期日で弁論終結というケースもあります。

　もっとも、住所氏名の開示請求訴訟で勝訴判決が出ても、すぐに投稿者の住所氏名が開示されるわけではありません。通例、判決の確定に2週間を要しますが、そこからさらに事務手続に2週間ほどかかるようで、判決から1か月程度で開示される例が多いと思われます。

2　個別サイトの削除

(1)　相談者はページ全体を削除できると思っていないか

　個別サイトの削除請求で注意すべきことの1つに、「相談者はページ全体が消えると思っていないか」という点が挙げられます。

　法的請求としては、削除請求できるのは、「違法性のある部分」に限られます。例えば、1,000個の投稿が書ける掲示板であれば、200番なら200番だけが削除請求の対象になり、それ以外の投稿は消えません。ブログであれば、何月何日のブログ、さらには、第何段落目の記事というように、違法な部分だけが削除請求の対象となります。例外的に、一部分だけの削除は技術的に難しいという場合には、より広範囲の記述が削除対象となることはあり得ます。削除の対象はデジタルデータですので、技術的に削除不可能ということはありませんが、削除するには過分の負担がかかるという場合には、負担のかからない範囲での削除が認められています。

　どの部分を削除請求の対象とし、また、成功報酬の成功条件とするのかについて、後から疑義が生じないよう、対象は「一部に限られる」ということを、相談者に説明しておく必要がありますし、契約書にも記載しておく必要があるでしょう。

(2)　相談者が指摘するURL以外にも同じ記事がインターネットに存在しないか

　相談者は、得てしてURLにはあまり関心がありません。インターネットに自分の中傷記事が出ている、ということで相談に訪れます。相談の際に印刷物を持参する人が

多いため、その印刷物に記載されているURLを対象として削除請求を受任するわけですが、削除業務を完了し、完了の報告をしても、「まだ消えていない」と言われることがあります。

　実際に削除されているにもかかわらず「まだ消えていない」と言われる原因は、3通り考えられます。1つは、依頼者の使っているパソコンのキャッシュです。以前に一度読み込んである情報のため、URLを入力してもインターネットへ改めて読みに行かず、パソコン内に取り込み済みのデータが表示されているわけです。この場合には、リロードという方法により、情報を更新することができます。操作は［F5］キーを押すだけです。もう1つは、検索サイトのキャッシュの問題です。後述のとおり（19頁参照）、個別サイトの情報を削除してもらっても、すぐには検索結果に反映されません。なぜなら、検索サイトもまた、古い情報を自前で持っており、この古い情報から検索結果を表示するためです。検索サイトのキャッシュも削除依頼の方法があります。

　一番問題となるのは、依頼者が問題視していた誹謗中傷、プライバシー侵害等の情報が、URL違いの別のサイトにも存在しているケースです。この点で、最も問題となりやすいのは、「2ちゃんねる」掲示板です。「2ちゃんねる」掲示板には、多くのコピーサイト（ミラーサイト）と呼ばれるサイト群があります。2ちゃんねる掲示板の投稿内容を定期的にコピーし、全く同一の投稿内容を表示しています（サイトごとにデザイン等は異なります。）。さらに、「まとめサイト」という種類のサイトもあります。2ちゃんねる掲示板やTwitterなどから一定のテーマの投稿を集めてきて、1つの場所で表示しているサイトです。このようなコピーサイト、まとめサイトにも誹謗中傷、プライバシー侵害等の情報があると、弁護士としては「削除完了」という認識でも、依頼者としては「まだ消えていない」という理解になることが珍しくありません。

　そこで、やはり削除対象のURLの特定は必須となりますが、一度、同じ内容の記載されたサイトが存在しないか検索し、複数あるようであれば「ほかにも同じ内容の記載されたサイトが存在しますがどうしますか」といった提案をすることも、ときには必要になると考えられます。特に、2ちゃんねるの場合は、コピーサイトは必ずありますので、2ちゃんねる本体を削除請求するだけでなく、コピーサイトの削除請求についても提案することが必要です。

　(3)　削除請求のリスク

　法的リスクは言うまでもなく、削除請求権がないと判断され、削除決定をもらえなかったり、請求相手に任意の削除を拒まれるリスクです。

　着手金を受け取り、削除請求、削除仮処分申立てに着手したものの、結果として削除できない場合がある、ということは、説明しておかねばなりません。相談者からは、

無駄な着手金は支払いたくないという趣旨で、「成功率は何％くらいか」と聞かれることが往々にしてあります。しかし、訴訟の勝率を広告してはならない、との弁護士の業務広告に関する規程と同じく、高い成功率を示して相談者に期待を抱かせ、委任を受けることは慎むべきと考えられます。事業として削除請求を営んでいる業者は、非弁の問題は格別、その広告では、よく「削除成功率95％!!」などといった数字を示しています。しかし、削除請求の成否は事案ごとの個別事情によるものですので、このような数字を示すべきではありません。

法的リスクのほかに、相談者にとって事実上のリスクが幾つかあります。それは、削除されないだけならまだしも、削除したかった記事が削除請求により、かえって増やされてしまったり、「こんな意見照会がきた」などとして、削除請求の文面や送信防止措置依頼書をアップロードされたり、「削除仮処分を申し立てられました」などとして、削除請求自体を新たな話題にされてしまうリスクです。相談者は、誰しも「静かに、穏便に」消したいと願っています。そのため、削除請求を出したことにより、かえって、当該記事が人々の注目を集めたり、話題に上ってしまうことは望んでいません。しかし世の中、静かに穏便に対応してくれる人ばかりではありません。この点についても、相談者に説明しておく必要があります。

3　検索サイトの検索結果の削除
(1)　検索結果の削除請求が必要となる場合

相談者が個別サイトの削除を望んでいても、事実上の理由、又は経済上の理由により、それが困難なケースもあります。

まず、事実上の理由は、削除請求の相手とコンタクトが取れない場合です。サイト上のどこを見ても管理者情報が書かれておらず、また、ドメイン名の登録者を調べてもWHOISプロテクトであるか、又は海外の個人、法人が登録者となっていて連絡が付かず、さらに、サーバー管理会社を調べても海外法人のため連絡が付かず、削除仮処分申立てをしようにも、本店所在地が海外のどこなのか分からず登記も取れない、といったケースです（サイト上に管理者情報が書かれていない場合については86頁参照。WHOISプロテクトである場合については89頁参照。）。

次に経済上の理由は、削除対象のサイト、URLが膨大で、全てを個別サイト削除の料金で受任すると着手金が高額になってしまう、というケースです。

そのような場合には、記事本体は消えなくても、せめて検索結果だけは消しましょう、と提案することになります。相談者は、「2ちゃんねる」掲示板などで中傷されているのが辛いのではなく、自分の名前で検索した際、1ページ目、2ページ目に、当該

2ちゃんねる掲示板が上位表示されることのほうが辛いのです。逆に考えると、検索結果に表示されていなければ、2ちゃんねる掲示板に中傷記事があっても、それほど辛いわけではないようです。

　もちろん、経済的な理由で検索結果の削除請求をすることに対し、Googleは批判的です。個別サイトの削除請求を優先すべきであり、経済的な理由で検索結果の削除請求をすることについては「便宜的」だと反論しています。

　個別サイトの削除請求を優先すべきか否かは、「補充性」の論点として議論が分かれています（「補充性」の論点については19頁参照。）。一方、経済的理由で検索結果の削除を選んだ人に対し、「便宜的」だと反論することについては、人権を軽視するものとの再反論が可能だと考えます。というのも、Googleの主張を前提にすると、金銭的に余裕のある人しか人権保障を全うできない、という結論になるためです。

(2)　検索サイトに対する削除請求

　検索サイトに対する削除請求にも、ウェブフォームからの任意の削除請求と、裁判所の手続である、削除仮処分、削除訴訟による削除請求とがあります。

　ウェブフォームでGoogleに検索結果の削除請求をすると、まず受付確認のメールが届き、そこから半月から1か月程度で、削除しました、又は、削除しませんでした、との回答メールが届きます（ウェブフォームでGoogleに検索結果の削除請求をする場合については248頁参照。）。

　Yahoo!はGoogleの検索エンジンを利用していますので、Googleで検索結果が消えると、同時にYahoo!の検索結果も消えるようです。

　ウェブフォームでの削除請求を拒まれた後は、削除仮処分、削除訴訟といった法的手段により、検索結果を削除請求することになります。請求相手は日本法人ではなく、米国カリフォルニア州のGoogle Inc.とする必要があります。そのため、削除訴訟をすると送達だけで5か月以上かかります。削除仮処分の場合は、EMS（国際スピード郵便）で呼出しをするため、申立てから3週間程度で双方審尋期日が設定されます。もっとも、Googleは第1回の期日を1か月程度延期するよう上申するのが常であるため、裁判所から、双方審尋期日を2か月先に設定される例が出てきました。

　GoogleもYahoo!も、検索結果の削除請求には否定的です。特にGoogleは、削除仮処分決定に対しては、保全異議、保全抗告、起訴命令申立てといった手続をとってくることもあるため、その場合には、徹底抗戦が必要となります。スケジュール的には、かなりの長期化が予想されます。

　なお、削除仮処分の手続自体は半年ほどで終わり、認容決定が出れば、一応、日本の検索結果には表示されないよう、対応されるようです。

(3) コンテンツプロバイダに対する判決・決定による検索結果の削除請求

Googleに対して検索結果の削除仮処分命令申立てをすると、認容されても保全異議、保全抗告、起訴命令申立て、といった手続がとられ、仮処分のほかに削除訴訟もする必要があり、地裁、高裁、最高裁へと駒が進むという話をすると、相談者は一様に検索結果の削除請求を躊躇します。

この場合、事案によっては、中間的な手段を提案できることもあります。それは、コンテンツプロバイダ、ホスティングプロバイダに対する削除仮処分決定を取得し、これをGoogleに送信して検索結果を削除請求する、という方法です。Googleの削除ポリシーに記載されており、Google自身に対する削除仮処分と異なり、比較的スムーズに検索結果を削除してもらうことができます。この方法は、コンテンツプロバイダ、ホスティングプロバイダが海外法人の場合に有効です。すなわち、削除仮処分決定を取得しても削除を強制しにくい場合に、せめて検索結果だけでも消してもらう、という成果が得られる可能性があります。

また、「2ちゃんねる」本体に対する削除仮処分決定をGoogleに送信し、コピーサイトの検索結果を消してもらう、という応用例もあります。

(4) ルーメンデータベース

Googleに検索結果の任意削除請求をすると、削除請求の内容が「ルーメンデータベース」(LumenDatabase.org)で公開されるとアナウンスされています。以前は「ChillingEffects.org」という名前でした。

例えば、Googleのウェブフォームから検索結果の削除請求を送り、これが認められると、検索結果からは、その1件が消える代わりに、ページの最下行に「Google 宛に送られた法的要請に応じ、このページから1件の検索結果を除外しました。ご希望の場合は、LumenDatabase.org にてこの要請について確認できます。」との表示が追加されます。そして、「この要請について確認」の部分をクリックするとルーメンデータベースへ移動し、どのような削除請求なのか、どのURLを削除したのかが分かる、という仕組みになっています。

もっとも、多くの場合、ルーメンデータベースでは単に「NOTICE UNAVAILABLE」と表示されるだけであり、実際に何を削除請求したのか表示されるものと、そうでないものがあるようです。

(5) 報道による影響

検索結果の削除仮処分は、「忘れられる権利」という言葉とも相まって、まだまだ珍しく、相談者が望んでいないにもかかわらず、報道されてしまうことがあります。すると、ネットでは「誰が依頼者なのか」という特定作業が始まってしまい、結果とし

て、社会から忘れられたかったのに、逆に蒸し返されてしまう、という問題が生じ得ます。仮処分は非公開手続ですので、制度上は報道機関が知ることはできないのですが、事実上、情報が出てしまうケースもあるようです。

これが認容決定であれば、情報の拡散行為も違法であり、拡散されたものも削除請求できますが、却下決定ですと、情報の拡散は違法性がないことになり、消したかったものが増えただけ、という結果になりかねませんので、注意が必要です。

4　検索サイトのサジェスト、関連ワードの削除

(1)　サジェスト、関連ワードの削除に関する相談

検索サイトに関する相談には、検索結果の削除だけでなく、①「サジェスト」の削除、②「関連キーワード」の削除、③自社商標で検索した際に表示される他社広告の削除、といったものもあります。

(2)　サジェストの削除請求

まず、サジェスト（オートコンプリートも同様）は、特定の検索キーワードを検索サイトで入力した際、自動的に別のキーワードが追加されたり、自動入力されたり、検索キーワードの候補がリスト表示されたりする機能です。

例えば、ある人が過去に交通事故を起こして報道されていたりすると、その人の名前を入力した際、「事故」といったキーワードが表示され、彼の事故について調べていたわけではなく、また、事故のことなど知る必要もなかった人にまで、当該記事を読まれてしまう結果になります。この場合、相談者は「事故」というサジェストが問題なのだと考え、サジェストの削除を希望します。また、企業からの相談の場合は、会社名を入力すると、自動的に「悪徳」と表示されたり「ブラック企業」と表示されたりするのを何とかしたい、という相談があります。

しかし現状、報道されている範囲では、東京高裁が2件（東京高判平25・10・30及び平26・1・15いずれも公刊物未登載）、サジェストの削除を否定しています。単なるキーワードの羅列にすぎないから、というのも1つの理由となっています。しかし一方で、東京高裁は平成27年3月12日（公刊物未登載）、キーワードを羅列した記事について、違法性を肯定しています。そのため、キーワードの羅列にすぎないということは、絶対的な根拠とはならないと思われます。

もっとも、東京高裁が2件、サジェストの削除を否定している以上、削除仮処分や削除訴訟で削除を求めると、検索結果の削除請求以上に時間がかかると予想されます。そのため、サジェストの削除を請求するなら、検索サイトが用意している任意削除請求ウェブフォームを利用するのがよいでしょう（ケース19参照）。

(3) 関連ワードの削除請求

関連ワードは、やはり検索キーワードを提案する機能であり、入力した特定のキーワードと関連する（検索サイトのプログラムが関連性ありと判断した）キーワードが表示される機能です。検索結果の一番上か、一番下に表示されています。

関連ワードもサジェストと同様、相談者は不必要に情報を拡散されたり、名誉毀損的なキーワードにより悪印象を持たれたりするのを嫌い、関連ワードの削除を希望します。

しかし、やはりサジェストと同じく、単なるキーワードの羅列にすぎないという理由により、削除を否定している仮処分決定があります。そのため、関連ワードの削除請求についても、削除仮処分や削除訴訟によるのではなく、検索サイトが用意している任意削除請求ウェブフォームを利用するのがよいでしょう（ケース19参照）。

(4) 自社商標で検索した際の他社商品広告

検索サイトに関する削除の相談にはもう1つ、自社商標で検索した際に表示される他社広告の削除、というものがあります。特に、単なる検索結果の方ではなく、検索結果の右側や上下に表示される、広告専用エリアの検索結果が問題とされます。

この広告専用エリアに広告を出すには、特定のキーワードをあらかじめ設定しておき、そのキーワードが入力されたら広告を表示する、という指定が必要です。したがって、自社商標で検索した際に他社広告が表示されるということは、他社が自社商標を検索キーワードとして指定している、との推測が一応可能です。ただ、この結論は必ずしも真ではありません。検索サイト運営会社は、広告主の指定キーワードと完全に同じキーワードが入力された場合（完全一致）だけ、その広告を表示しているのではなく、広告主の指定キーワードと似ているキーワードが入力された場合（部分一致）にも、その広告を表示しているためです。

したがって、自社商標を入力した際に他社商品の広告が表示されたとしても、それが完全一致で表示されているものでないと、競合他社にクレームを言うことは難しいでしょう。また、仮に完全一致で表示されていたとしても、他社商標が入力された際、検索サイトに自社商品の広告を表示するという手法が、果たして商標権侵害や不正競争に当たるのかという問題もあります。表示される広告の内容にもよると思われますが、まずは競合他社に指定キーワードの変更を求めるところからではないかと考えます。これが競合他社による商標権侵害だということになれば、検索サイト運営会社に対しても、合理的期間内の削除を求める途は開けるのではないでしょうか。

5 検索サイトのキャッシュの削除

(1) 記事本体を消したのに検索結果には残り続ける現象について

上記のとおり、個別サイトの記事本体を削除したにもかかわらず、しばらく検索結果から消えないという現象があるため、依頼者との間で問題となることがあります。

この現象を理解するには、検索サイトがどのような仕組みで検索結果を表示しているのかを知る必要があります。

検索サイトは、利用者が何らかのキーワードを入力してから初めて、世界中のウェブページを探しに行くのではありません。検索サイトは、あらかじめ、クロールと呼ばれる作業により、世界中のウェブページを自社のサーバーに取り込み（取り込むプログラムをクローラといいます。）、インデクサと呼ばれるプログラムによりウェブページの中から検索キーワードを抽出し、検索キーワードとウェブページの対応をデータベース化してあります。そして、利用者が何らかのキーワードを入力した際には、このデータベースの中で、目的のウェブページを探し出し、検索結果として表示する仕組みになっています。

そのため、個別サイトの記事本体を削除しても、検索サイトの保有しているデータベース（少し古いデータ）と不一致が生じ、「消したのに検索結果に表示される」という現象となって現れます。

(2) キャッシュの任意削除請求

古いキャッシュは、放っておいても（原則として）次回クロールの際には更新されますが、一刻も早く検索結果に反映したい、という場合には、キャッシュの任意削除請求をするとよいでしょう。

検索サイトの保有しているキャッシュと実際のサイトに違いがあるのかが自動的に判断されるため、更新が認められると、ほんの数日で検索結果からも消えます。ただ、どのような理由によるものか不明ですが、キャッシュの更新を拒絶されるケースも多々あります。記事は既に消えているのに、何年経っても検索結果が消えない、という相談もあります。

(3) キャッシュの削除仮処分、削除訴訟

記事が消えているのに検索結果から消えていない場合、削除請求の相手は検索サイト以外に考えられません。Googleは一般に、検索サイトに検索結果を削除請求するのではなく、個別サイトに削除請求すべきであり（補充性の問題）、個別サイトが削除されれば、検索結果からも消える、と主張しています。この主張は、個別サイトが既に消えている場合には当てはまりません。

もっとも、検索結果を削除請求する場合、その検索結果が違法な表現を含んでいる必要があります。例えば、自分の名前で検索した際に、全く名前も違う別人の逮捕記事が表示されたとしても、当該検索結果は違法ではなく削除請求できません。同姓同名の別人の逮捕記事であっても同様です。つまり、検索結果として表示されるものが違法だと言えなければ、いくらキャッシュが古くても、法的には削除請求の理由とはならないのです。

　この視点で、古いキャッシュを削除請求できるか、考える必要があります。

(4)　依頼者へはどのように回答すべきか

　個別サイトの削除を依頼された場合に、どこまでの説明義務があるのかは、なかなか難しい問題です。①同じ内容の別URL（コピーサイト、まとめサイト）が存在する可能性、②記事を消しても検索結果が消えない可能性、③キャッシュの任意削除手続の存在と提案、④キャッシュを削除請求しても長期間消えない可能性など、様々な可能性があります。コピーサイトの可能性を1つ取っても、国内のコピーサイトだけでなく、手続的な困難が予想される海外のコピーサイトの存在可能性、海外サイトを消しにくいのであれば、むしろ検索サイトに検索結果を削除請求したほうが費用負担を抑えられるのではないかという可能性、しかし逆に、検索結果の削除請求をすると最高裁まで争われることで解決までの道のりが長くなるのではないかという可能性など、可能性を考え出すと終わりが見えません。そのため、事案の進捗に応じて方針を調整していくほかないのではないかと思われます。

6　特定から損害賠償・告訴

(1)　書き込みが古すぎないかを確認

　投稿者の特定手続を求められた場合、まず、その記事がいつ投稿されたものかを確認する必要があります。

　インターネットサービスプロバイダの通信ログは、3か月又は6か月で自動的に消去される設定になっています。そのため、まず、ウェブページに表示されている投稿日を確認してください。掲示板であれば、投稿ごとに投稿日時が表示されていますし、ブログであれば記事ごとに投稿日時が記載されています。もっとも、サイトによっては、表示されている投稿日が実際の投稿日ではない例もありますし、何度か更新されたブログの場合、最初の投稿日だけが表示されている例もあります。しかし、閲覧可能な投稿日時しか手掛かりはありませんので、一応、表示されている投稿日時を基準に3か月ないし6か月が経過していないかを判断することになります。投稿日時が一切記載されていないサイトの場合は、いつ投稿された記事なのか明確には確認できませ

んので、通信ログが存在しない可能性について、十分に説明しておく必要があります。

　ところで、ブログやTwitter、Facebookなど、登録アカウントでログインして投稿するタイプのサイトでは、いくら問題の投稿が古くても、直近にログインさえしていれば、誰が投稿したのか特定できるのではないか、という論点があります。いわゆる「ログイン型投稿」における「ログインIPアドレス」の問題です。

　つまり、違法な投稿自体は数年前になされたものであっても、そのアカウントを使用する人物が同一人物だという前提であれば、最近の投稿（3か月以内のもの）からIPアドレスを取得し、このIPアドレスを手がかりに、アカウント使用者を特定できるのではないか、という考え方です。

　ログインIPアドレスによる投稿者の特定には、否定的な東京高裁判決が複数あります（東京高判平26・9・9判タ1411・170）。肯定的な東京高裁もあります（東京高判平26・5・28判時2233・113）が、数の上では否定説のほうが多い状況です。しかし、ログインIPアドレスによる特定手法自体を否定すると、TwitterやFacebookでは中傷し放題という結果になってしまい問題です。そうはいっても依頼者に対しては、ログインIPアドレスによる投稿者の特定手法には、現状、法的に問題があるという点を説明しておく必要があります。

　(2)　元々書かれたサイトはどこか

　投稿者の特定（発信者情報開示請求）を受任する際には、削除請求の場合にもまして、対象URLの調査、分析が必要となります。

　例えば2ちゃんねる掲示板の場合、フィリピン法人Race Queen, Inc（以下本書では「レースクイーン社」とします。）が運営主体だとアナウンスしている「2ch.net」と、シンガポール法人パケットモンスター社が運営主体だとされている「2ch.sc」のほか、各種のコピーサイト、まとめサイトがあります。そのため、元々どのサイトで書かれた記事なのかを特定してから手続を始めないと、そもそも見当違いなサイトに対し、IPアドレスの開示請求をすることになりかねません。2ch.netで書かれた記事について2ch.scに開示請求しても投稿者に関する通信記録（通信ログ）は存在しませんし、逆もまたしかりです。言うまでもなく、各種の2ちゃんねるコピーサイトに開示請求しても、投稿者に関する通信ログは存在しません。例外的に、独自のコメント機能を持った「まとめサイト」の場合、当該コメントに関しては、まとめサイトに通信ログが存在します。

　どこで書かれた記事なのかを判断するに際しては、そのサイトに「投稿フォーム」が存在するか否かが1つの基準になります。投稿フォームのないサイトは、コピーサ

イトである可能性が考えられます。もっとも、2ちゃんねる本体であっても、投稿数の上限に達したスレッドには投稿フォームがありませんので、必ずしも、投稿フォームだけが基準となるのではありません。

　逆に、クチコミサイトの体裁でありながら、投稿フォームが一切ない例もあります。そうすると、表示されているクチコミはどこかからコピーしてきたものか、それとも、サイト管理者が自分で書いた「やらせ」クチコミサイトなのか、どちらかであると考えられます。そのどちらなのかは、最終的には、投稿者に聞いてみないと分かりません。その意味でも、発信者情報開示請求が必要となります。

　(3)　発信者情報開示請求のリスク

　発信者情報開示請求には、様々なリスクが考えられます。まず、ここまでに何度か出てきている「通信ログ」不存在のリスクです。インターネットサービスプロバイダの通信記録（通信ログ）は3か月又は6か月程度しか残っていません（プロバイダによって期間は異なります。）。そのため、せっかくIPアドレスの開示仮処分を得てプロバイダに住所氏名の開示請求をしても、保存期限切れで投稿者を特定できない例があります。また、保存期限内だと考えられる場合でも、プロバイダから「なぜか記録が見つからない」と言われて投稿者を特定できない例もあります。プロバイダには通信ログを確実に保存しておく義務はないため、「なぜかない」「理由は分からない」と言われることも珍しくありません。それでも、再調査を依頼すると「見つかった」と言われることもあるため、あきらめずに再調査を依頼してみることもポイントです。

　また、通信ログが存在して、住所氏名の開示請求訴訟で認容判決を得たとしても、最終的に投稿者を特定できるとは限らない、というリスクもあります。ネットカフェ、ビジネスホテルの客室、ホテルのロビー、空港のラウンジ、大学構内の無線LANなど、投稿場所が判明するだけで、投稿者までは判明しない例があります。また最近では、Tor、VPNなどのIPアドレス匿名化技術が利用されている例もあります。他方で、開示された人物が「自分は書いていない」「自宅の無線LANを乗っ取られた」「パソコンを遠隔操作された」と主張する例は多数ありますが、裁判所ではあまり認められていません。

　上記のような「特定できない」リスクのほかには、削除請求の場合と同じく、「こんな意見照会が来た」などとして、開示請求の文面や発信者情報開示請求書をアップロードされたり、「プロバイダが開示請求されているようです」などとして、開示請求自体を新たな話題にされてしまうリスクです。削除請求と異なり開示請求は、直接に身の危険を感じるものと考えられるため、このリスクは削除請求の場合よりも高めです。

　付け加えると、発信者情報開示請求には、弁護士への業務妨害というリスクも伴い

ます。発信者情報開示請求をきっかけとして、100万件以上の殺害予告をされた弁護士の話は有名です。彼のケースは別格としても、発信者情報開示請求には「犯人捜し」の側面があるため、警察が恨まれるのと同様の構造があります。もし業務妨害を受けた場合には、単位会の業務妨害対策委員会の利用も検討してください。

(4) 損害賠償請求額はいくらか

投稿者を特定できたとして、慰謝料・無形の損害額はいくら請求できるのでしょうか。

これは、どの相談者も関心を持つところです。また、発信者情報開示請求にかかった費用は請求できるのかについても、よく相談を受けます。

しかし、一般私人が名誉やプライバシーを侵害されたとしても、それほど慰謝料は高額になりません。多くの例では、高くても100万円といったところです。企業の場合は「企業活動に対する批判として悪口も受忍すべき」と言う裁判官もおり、無形の損害は、同額又はそれ以下となる印象です。もっとも、1,000万円を超える慰謝料が認められたケースもありますが、現状では、そのような裁判例もある、という程度に説明しておくのがよいでしょう。

慰謝料のほかに、発信者情報開示請求にかかった費用（弁護士費用や裁判費用）を投稿者に請求できるかという問題については、肯定する裁判例が多数あります（310頁参照）。一般的な慰謝料請求訴訟では、たとえ弁護士費用が50万円かかっていても、慰謝料認容額が100万円なら、その1割に相当する10万円が弁護士費用として認められるにすぎません。しかし、発信者情報開示請求の事例は別扱いです。投稿者を特定するための「調査費用」だと考えられ、50万円くらいであれば、相当因果関係にある損害だと認定されています。

結論として、慰謝料100万円＋調査費用50万円＋慰謝料及び調査費用の1割に当たる弁護士費用15万円といった計算方法により、認容判決（公刊物未登載）が出ています。なお、慰謝料100万円＋調査費用50万円＋慰謝料の1割に当たる弁護士費用10万円、という式で認容されるケースもあります。理論的には前者の式となるはずですが、弁護士費用の二重取り、との考慮が働くと、後者の式になるのではないかと思われます。

(5) 刑事告訴

投稿者を特定した後は、損害賠償請求だけでなく、刑事告訴もしたいと相談される例があります。名誉権侵害で開示請求したのであれば名誉毀損罪、営業権侵害で開示請求したのであれば業務妨害罪が考えられますが、プライバシー権侵害で開示請求した場合は、対応する罪名が通常ありません。そのため刑事告訴が可能か否かは、何を理由として発信者情報開示請求が認容されたのか、という点が1つの基準となります。

ただ、警察がインターネットの書き込みを名誉毀損罪や業務妨害罪で捜査するかというと、この点は、あまり期待しないほうがよいという印象です。捜索差押令状でパソコンを押収した例、被疑者に任意同行を求めた例、捜査関係事項照会をサイト管理者に送付した例などは聞いたことがありますが、逮捕した、起訴した、という例は、ほぼ聞いたことがありません。

なお、名誉毀損罪は親告罪のため、告訴期間を忘れないようにする必要があります。発信者情報開示請求の場合は、プロバイダから開示通知が届いてから6か月となります。

7 プロバイダへの損害賠償請求

(1) コンテンツプロバイダへの損害賠償請求は可能か

コンテンツプロバイダ、ホスティングプロバイダに対しては、「違法な記事を削除せず放置した」不作為を理由とする損害賠償請求が考えられます。もっとも、プロバイダ責任制限法3条1項により損害賠償責任が制限されていますので、原則として、損害賠償請求はできないと考えられます。

同条の要件を主張立証するためには、少なくとも、コンテンツプロバイダへ送信防止措置依頼書を送り、違法な情報が流通している事実を通知しておく必要があります（コンテンツプロバイダへの送信防止措置依頼書の送付については41頁参照。）。

(2) 検索サイトへの損害賠償請求は可能か

同様にして、検索サイトに対し、「違法な検索結果を削除せず放置した」不作為に関して損害賠償請求することが考えられます。ただし、検索サイトをコンテンツプロバイダの一種だと捉えると、上記と同様、損害賠償責任が制限されます。もっとも、検索サイトは世界中からクロールによりデータを取り込み、クエリの結果として自らオリジナルの検索結果を表示していることから、プロバイダ責任制限法3条1項ただし書の「情報の発信者」に該当する可能性もあります。

そのためなのか、Googleは自らがコンテンツプロバイダであるか否かについて明言を避けています。

仮に「情報の発信者」に該当するとしても、クローラが「自動的に機械的に」収集した情報を、これまた「自動的に機械的に」クエリの結果として表示しているだけであるため、当該侵害については故意又は過失がない、と判断される可能性が考えられます。従前の裁判例は、プロバイダ責任制限法3条は使わずに、Google、Yahoo!の損害賠償責任を否定しています（東京地判平22・2・18公刊物未登載、東京地判平25・5・30公刊物未登載、東京高判平25・10・30公刊物未登載、京都地判平26・8・7公刊物未登載）。

(3) インターネットサービスプロバイダへの損害賠償請求は可能か

インターネットサービスプロバイダに対しては、「発信者情報開示請求を拒否した」ことを理由とする損害賠償請求が考えられます。もっとも、プロバイダ責任制限法4条4項により損害賠償責任が制限されていますので、不開示についての「故意又は重大な過失」が必要です。この要件については、最高裁平成22年4月13日判決（民集64・3・758）が判断しています。

いずれにせよ、一旦開示請求を拒まれる必要があるため、テレサ書式の発信者情報開示請求書（64頁参照）を送付しておく必要があります。

この点、実務上は弁護士会照会による開示請求も利用されていますが、弁護士会照会による開示請求に応じなかったことを理由としては、損害賠償請求はできません。この例では、発信者情報開示請求に応じなかったという実質よりも、弁護士会照会に応じなかったという形式のほうが重視されると考えられます。実際、損害賠償請求を否定した裁判例もあります（横浜地判平27・12・21公刊物未登載）。

なお、インターネットサービスプロバイダが通信記録（通信ログ）の特定作業を誤り、存在していたはずの通信ログについて「発信者情報を保有していない」と回答したケースについては、損害賠償請求が肯定されています（東京地判平27・7・28公刊物未登載）。

(4) 併合請求の特別裁判籍との関係

発信者情報開示請求訴訟の管轄は、インターネットサービスプロバイダの普通裁判籍です。かつて、不法行為地の特別裁判籍で発信者情報開示仮処分が認容された例もありましたが、現在では、このような運用はされていません。

多くのプロバイダの本社所在地は東京23区にあるため、発信者情報開示請求訴訟は東京地裁で提訴することになります。しかし、インターネットサービスプロバイダが全国を対象に営業活動をしている一方で、地方の被害者に対し、常に東京地裁での提訴を求めるのでは、酷だとも考えられます。

そこで、同一のサイトから開示された地元のプロバイダと共同被告にして開示訴訟する方法や、プロバイダに対する損害賠償請求訴訟と併合請求して開示訴訟する方法などが考えられていますが、前者の場合、分離の上でプロバイダの本社所在地へ移送するよう申し立てられるケースもあります。

第2　削除請求の根拠

1　人格権・著作権等の侵害と差止請求

　インターネット上に発信された情報などの削除を請求するためには、一般的に、人格権に基づく差止請求権が発生しているといえることや、著作権侵害や商標権侵害等があり差止請求権が発生していること（著作112、商標36）が必要になります。

　著作権法や商標法など法律により根拠が定められているものであれば、その要件も明確ですが、人格権に基づく差止請求権については、その明文の規定が存在しておらず、これまでの判例・裁判例の集積により、これが認められることが明らかとなっています。

　すなわち、北方ジャーナル事件（最大判昭61・6・11民集40・4・872）において、「人格権としての名誉権に基づき、加害者に対し、現に行われている侵害行為を排除し、又は将来生ずべき侵害を予防するため、侵害行為の差止めを求めることができるものと解するのが相当である」とされ、また、国道四三号・阪神高速道路騒音排気ガス規制等事件控訴審判決（大阪高判平4・2・20判時1415・3）において「人は、平穏裡に健康で快適な生活を享受する利益を有し、それを最大限に保障することは国是であって、少なくとも憲法13条、第25条がその指針を示すものと解される。かかる人格的利益の保障された人の地位は、排他的な権利としての人格権として構成されるに価するというべき」と判断し、人格権を差止請求権の法的根拠とすることができることを明らかにしています（なお、同事件の最高裁判決（最判平7・7・7民集49・7・1870）はこの控訴審の立場を黙示に是認していると見るのが素直であると評されています。）。

　人格権侵害があると差止請求権が発生するとされる理由は、人格権には排他性があるからだと説明されますが、この点で人格権は物権的請求権に類似するといわれます。

　なお、差止請求はしばしば不法行為と混同されるところであり、不法行為一般の効果として、あるいは民法723条の名誉回復処分として差止請求が認められるという考え方もあります。しかし、そもそも不法行為一般の効果として認められておらず、また、民法723条で構成すると、故意・過失といった主観的要件が問題になり、主観的要件を問題としない人格権侵害に基づく差止請求権として構成するのに比べ、要件が加重されることになるため、このように考える実益はないといえます。

　ただし、人格権侵害を差止めの法的根拠と考えたとしても、差し止めることにより他の権利（表現の自由や知る権利など）を制限することになり得るため、侵害があれば無条件に差止めが認められるというものではなく、受忍限度を超える場合に差止めが認められることになります。

2 名誉権

(1) 「名誉」の概念

名誉概念は、一般的に内部的名誉、外部的名誉、名誉感情（主観的名誉）の3つに分類されるのが通常です。内部的名誉とは、客観的にその人の内部に備わっている価値そのものであり、外部的名誉とは、その人に対する社会的な評価のことであり、名誉感情とは、自分自身の有する価値に対する評価を指すとされます。

名誉権における「名誉」とは外部的名誉を指すというのが確立した考え方であり、「人の品性、徳行、名声、信用等の人格的価値について社会から受ける客観的評価」を指すとされます（最大判昭61・6・11民集40・4・872［北方ジャーナル事件］）。名誉権の侵害とは、ごく簡単にいえば社会的評価の低下をもたらすものを指すということになります。

名誉権は企業などの法人にも当然に認められます。法人も社会の中で活動する存在ですので、社会的評価の対象になるからです。この点に関して、最高裁昭和62年4月24日判決（民集41・3・490）は、「言論、出版等の表現行為により名誉が侵害された場合には、人格権としての個人の名誉の保護（憲法13条）と表現の自由の保障（同21条）とが衝突し、その調整を要することとなるのであり、この点については被害者が個人である場合と法人ないし権利能力のない社団、財団である場合とによつて特に差異を設けるべきものではない」としています。

(2) 社会的評価の低下の判断方法

社会的評価の低下の有無は、「一般読者の普通の注意と読み方を基準」として判断するとされます（最判昭31・7・20民集10・8・1059）。これは記事がどのような事実を摘示しているかを「一般読者の普通の注意と読み方」を基準に解釈するということと、それに基づく意味内容について、社会的評価を低下させるものかどうかを「一般読者」の立場で判断するということの2つの意味があると解されています。

そして、一般読者とはどのような者を指すのかが問題になりますが、この点は一定の前提知識を持った者を指すというのが通常の理解です。しばしば、プロバイダ側は一般読者が何の前提知識も持たない国民一般を指すという前提で主張をしてきますが、ウェブサイトの読者として相応の前提知識を有し、記載内容について投稿の趣旨を理解できる範囲の者を指すため、注意を要します。

(3) 更なる社会的評価の低下の有無

社会的評価の低下があれば、一応名誉権侵害が成立し得ることになります。しかし、プロバイダ側などからは、しばしば既に当該人物については社会的評価が低下しており、当該投稿により社会的評価の低下があったものではないといった趣旨の主張を受

けることがあります。

　しかし、既に名誉権が侵害されている者であっても、むやみに人格を否定されるいわれはないのですから、新たな侵害があれば新たな名誉権侵害が成立するのは当然です。この点に関して、東京高裁平成5年9月29日判決（判時1501・109）は、「どのような人でも、極端な例を挙げれば、極悪非道な犯罪で有罪判決が確定している人でも、人として尊重されるべき一定の社会的評価を有しているというべきであるから、その人に向かって何を言ってもよいなどといえるはずはない。特定の人を対象にして、その人の態度や性格などに関する消極的な事実を重ねて指摘し、あるいは暗示して、多数の人々に流布させることは、たとえその人について既に芳しからぬ評判が立っている場合であっても、さらにその社会的評価を低下させることになることは明らかである。社会から受ける評価が低いとの点は、名誉毀損に対する賠償額の認定、判断に際して斟酌されるに止まるというべきである。」と判示し、既に社会的評価が低下している者についても、更なる社会的評価の低下はあり、それについては名誉権侵害の成立を認めるべきとされています。

（4）　違法性・責任阻却事由

　社会的評価の低下があるとして、どのようなものでも名誉権侵害になるわけではありません。最高裁昭和41年6月23日判決（民集20・5・1118）は、「その行為が公共の利害に関する事実に係りもつぱら公益を図る目的に出た場合には、摘示された事実が真実であることが証明されたときは、右行為には違法性がなく、不法行為は成立しないものと解するのが相当であり、もし、右事実が真実であることが証明されなくても、その行為者においてその事実を真実と信ずるについて相当の理由があるときには、右行為には故意もしくは過失がなく、結局、不法行為は成立しないものと解するのが相当である」としています。

　すなわち、

① 　公共の利害に関する事実にかかわること（公共性）
② 　専ら公益を図る目的であること（公益目的）
③ 　摘示された事実が真実であること（真実性）

のいずれも満たせば、違法性が阻却されるとされ、③がないときでも、

③′ 　摘示された事実が真実であると信じるについて相当な理由があること（真実相当性）

があれば、故意・過失が阻却されるとされています。

　また、最高裁平成9年9月9日判決（民集51・8・3804）は、「ある真実を基礎としての意見ないし論評の表明による名誉毀損にあっては、その行為が公共の利害に関する事実

に係り、かつ、その目的が専ら公益を図ることにあった場合に、右意見ないし論評の前提としている事実が重要な部分について真実であることの証明があったときには、人身攻撃に及ぶなど意見ないし論評としての域を逸脱したものでない限り、右行為は違法性を欠くものというべきである」としています。したがって、意見・論評による名誉権侵害については、

③″ 意見・論評の前提としている事実が重要な部分について真実であること
④ 人身攻撃に及ぶなど意見・論評としての域を逸脱したものでないこと
が違法性阻却の要件となります。

(5) 事実摘示と意見・論評の区別

上記(4)のとおり、阻却事由は、名誉権侵害の態様によって異なってくるところ、名誉権侵害の態様としては、一般に事実摘示型と意見・論評型とに分かれます。どちらに分類されるかにより、阻却事由の要件が異なってくることになり、ひいては立証の容易さにも大きな影響を及ぼすことになるため、両者の区別は重要になります。

この点について、最高裁平成9年9月9日判決（民集51・8・3804）は、証拠等をもってその存否を決することが可能な他人に関する特定の事項を主張しているか否かにより事実摘示型なのか、意見・論評型であるかを区別するとしています。

そして、同判決は、一般読者の普通の注意と読み方を基準として、「当該部分の前後の文脈や、記事の公表当時に一般の読者が有していた知識ないし経験等を考慮し、右部分が、修辞上の誇張ないし強調を行うか、比喩的表現方法を用いるか、又は第三者からの伝聞内容の紹介や推論の形式を採用するなどによりつつ、間接的ないしえん曲に前記事項を主張するものと理解されるならば」事実摘示型であり、「間接的な言及は欠けるにせよ、当該部分の前後の文脈等の事情を総合的に考慮すると、当該部分の叙述の前提として前記事項を黙示的に主張するものと理解されるならば」やはり事実摘示型であるとしています。

3 名誉感情

名誉感情とは、自己自身で与える自己の人格的価値に対する意識や評価のことです。

人は誰でも名誉感情を持っており、それが他人の行為によって侵害された場合には、他の人格的価値が侵害されたのと同様の精神的苦痛を受けることは否定できないことから、名誉感情が法的保護の対象になることは、実務上争いはありません。例えば、最高裁平成14年9月24日判決（判時1802・60［「石に泳ぐ魚」事件］）は、「原審の確定した事実関係によれば」「被上告人の名誉、プライバシー、名誉感情が侵害されたものであって」と判示しており、名誉感情侵害を認めています。

しかし、名誉感情は主観的な感情の領域の問題であるため、これを無条件に法的保護の対象とすることもできません。

そこで、東京高裁平成9年12月25日判決（判タ1009・175）は、「その態様、程度等からして社会通念上許される限度を超える名誉感情に対する侵害に限って、人格権の侵害として慰謝料請求の事由となる」としています。

なお、名誉感情は、その性質上、自然人にしか認めることができないため、法人は名誉感情侵害を主張することはできません。

4　プライバシー権

(1)　プライバシー権侵害の成立要件

プライバシー権は、非常に多義的な意味を含むものではありますが、東京地裁昭和39年9月28日判決（判時385・12［「宴のあと」事件］）は、「私生活をみだりに公開されないという法的保障ないし権利として理解される」とした上で、次の要件を満たす場合に保護が及ぶとしています。

①　私生活上の事実又は私生活上の事実らしく受け取られるおそれのあることがらであること

②　一般人の感受性を基準にして当該私人の立場に立った場合公開を欲しないであろうと認められることがらであること

③　一般の人々にいまだ知られていないことがらであること

そして、この判断は現在でも基本的な判断枠組みとして機能していることが多いですが、①の要件については、それ自体単なる個人の識別等を行うための単純な情報にすぎない氏名、住所、電話番号等であっても、これに当たると判断するようになっています。

他方、③の要件（非公知性）について、果たしてどこまで必要かという問題があります。一旦どこかに公開されてしまえば、プライバシー権として保護されなくなるというのでは、保護の対象として明らかに狭すぎます。すなわち、一度、掲示板上でプライバシー権を侵害する投稿がされた後であれば、その後の投稿者はいくら同内容の投稿をしても、それらはプライバシー権侵害とならないことになりますが、このような判断が不当であることは言うまでもありません。

実際、「宴のあと」事件でも、雑誌に連載された後に単行本として刊行される段階において、初めて関与するに至った新潮社に対して、プライバシー権侵害行為に加担したことを理由に損害賠償を認めています。つまり、「宴のあと」事件でも、「一旦公開された以上、非公知性の要件を欠きプライバシー権侵害が成立しない」という判断は

とられていません。

また、その後の裁判例の中では、雑誌や新聞等で報道された場合であっても、読者層の違い等を理由に、プライバシー権による保護が可能な程度に一般に知られていない事実であるとして、非公知性の要件を認めたものや、誰でも取得し得る情報であったとしても、情報の取得のために一定の手続上の制約を課せられているとして、非公知性の要件を認めたものなどがあります。

なお、プライバシー権は権利の性質上自然人にしか認められない権利であるという理解が一般的であり、法人には認められません。

(2) 違法性阻却事由

プライバシー権侵害については、「その事実を公表されない法的利益とこれを公表する理由とを比較衡量し、前者が後者に優越する場合に不法行為が成立する」(東京高判平17・5・18判時1907・50)とされています。比較衡量の前提としてどのような事実を考慮するべきかは事案によると思われるものの、高知地裁平成4年3月30日判決(判時1456・135)が、「当該事実が社会一般の正当な関心事であると認められ、かつ、その公表した内容及びその方法が必要かつ相当と認められる範囲内のものであることを要する」としており、参考になります。

5 肖像権

肖像権とは、みだりに他人から写真を撮影されたり、それを公表されたりしないよう対世的に主張できる権利のことです。最高裁平成17年11月10日判決(民集59・9・2428)も肖像権という表現は用いていないものの、「人は、みだりに自己の容ぼう等を撮影されないということについて法律上保護されるべき人格的利益を有する」「人は、自己の容ぼう等を撮影された写真をみだりに公表されない人格的利益も有する」として、これを認めています。

そして、肖像権には、一般的に次の3つの内容が含まれていると考えられています。

① みだりに撮影されない権利(撮影の拒絶)
② 撮影された写真等をみだりに公表されない権利(公表の拒絶)
③ 肖像の利用に対する本人の財産的利益を保護する権利(パブリシティ権)

ただし、③パブリシティ権は、専ら財産権として扱うべきものであるため、人格権として構成することは困難です。

肖像権侵害がどのような場合に成立するか具体的事例で考えると、プライバシー権侵害や名誉権侵害が成立する場合も少なくありません。そのため、肖像権侵害という構成をとるべき場合はそれほど多くないと思料されます。

6 氏名権・アイデンティティ権

最高裁昭和63年2月16日判決（民集42・2・27）は、「氏名は、社会的にみれば、個人を他人から識別し特定する機能を有するものであるが、同時に、その個人からみれば、人が個人として尊重される基礎であり、その個人の人格の象徴であつて、人格権の一内容を構成する」として、いわゆる氏名権を法的権利として認めています。

そのため、他人からその氏名を正確に呼称されることや、氏名を他人に冒用されないことについて、法的保護が与えられることになります。もっとも、氏名を性格に呼称されることについては、性質上不法行為法上の利益として必ずしも十分に強固なものとはいえないため、個人の明示的な意思に反してことさらに不正確な呼称をしたか、又は害意をもって不正確な呼称をしたなどの特段の事情がない限り、違法性のない行為として容認されるとされています。つまり、氏名権は、他者から言及されない権利ではないということは留意する必要があります。

ところで、氏名が冒用される事例として、いわゆる"なりすまし"がありますが、なりすまし自体を権利侵害と捉えた裁判例は存在せず、なりすまし状態下において問題行動があるかどうかを検討し、権利侵害の有無を判断しているのが通常です。しかし、一般的な感覚からいえば、なりすましをされていること自体が、自己同一性を害する行為である以上、これを権利侵害と捉えないことに違和感があると言わざるを得ないと思われます。

翻って考えるに、自分自身による自己認識という意味においての自己同一性のみならず、「他者から見た自分」「他者に認識される自分」について、その同一性を保持することも、人格的生存に不可欠な要素です。そこで、人格の同一性を保持する利益として、アイデンティティ権が認められると考えられます（大阪地判平28・2・8公刊物未登載）。

7 個人情報保護法に基づく訂正等請求権

平成27年改正個人情報保護法29条1項は、個人情報取扱事業者が保有する個人データのうち、本人が識別される個人データの内容が事実と異なるときは、そのデータ内容の訂正、追加、削除（以下、「訂正等」といいます。）を請求することができるとしています。同改正前の個人情報保護法上は、訂正等を要求できるとはしていたものの、私法上の権利とはしていませんでしたが、同改正により請求権となることが明確化されました（公布の日（平成27年9月9日）から起算して1年9か月を超えない範囲内において政令で定める日から施行）。

しかし、同条項は、「保有個人データの内容が事実でないときは」削除等の請求がで

きるとしています。したがって、事実無根の内容が掲載されたり、記録されているという場合に、訂正等の請求ができるということになります。

　また、請求ができるのは「個人データ」に関してであるところ、個人データとは個人情報データベース等を構成する個人情報であり、個人情報データベース等とは個人情報を体系的に構成したものです（個人情報2④・⑥）。したがって、インターネットに投稿された内容が個人情報に当たるものであったとしても、それはいまだ検索性を持たせて体系的に構成したものではないため、個人データには当たらないことになります。そのため、単に掲示板やブログなどに事実無根の内容が掲載されているというだけでは、その訂正等を請求することはできません。

　したがって、これを根拠に訂正等を請求することができる事例は、限定的であろうと思われます。

　ただし、検索エンジンについては、あるキーワードに対して一定の法則に従って検索結果を表示するサービスを提供しているため、検索する内容によっては、その検索結果は個人情報を体系的に構成したものに当たる場合があると思料されます。そのため、検索サービスを提供する会社に対しては、これを根拠に訂正等を請求する余地があります。

8　営業権・業務遂行権

　営業権について明確な定義があるわけではありませんが、一般的には事業を継続的に行う上で認められる利益であるということができます。

　営業権の侵害を理由に不法行為が認められ得るものの、現在の裁判実務においては、営業権に基づく差止請求権は否定されています。これは、差止めを請求することができるのは人格権侵害等が必要であるところ、営業権は専ら経済的利益についての侵害であり、かつ、債権的権利であるからと考えられます。

　もっとも、東京高裁平成20年7月1日決定（判時2012・70）は、「業務遂行権に基づく差止請求権」を認めています。業務遂行権は、「法人の財産権」と「法人の業務に従事する者の人格権を内包する権利」であり、営業権とはその性質が異なる人格権に準じる権利である点に注意を要します。

9　更生を妨げられない利益

　更生を妨げられない利益とは、「前科等に関わる事実の公表によって、新しく形成している社会生活の平穏を害されその更生を妨げられない利益」（最判平6・2・8民集48・2・

149［ノンフィクション逆転事件］）のことです。

　同判例においては、「ある者が刑事事件につき被疑者とされ、さらには被告人として公訴を提起されて判決を受け、とりわけ有罪判決を受け、服役したという事実は、その者の名誉あるいは信用に直接関わる事項であるから、その者は、みだりに前科等に関わる事実を公表されないことにつき、法的保護に値する利益を有する。」とされ、さらに「その者が有罪判決を受けた後あるいは服役を終えた後においては、一市民として社会に復帰することが期待される」として、更生を妨げられない利益があると判断しています。

　更生を妨げられない利益は、前科等を有する者が人格的生存をするための根幹を成すものといえ、人格権の一内容と考えられます。

　もっとも、更生を妨げられない利益自体は「有罪判決を受けた後あるいは服役を終えた後」から生じるものであるとしても、逮捕報道等には公益性があり、事件当時にインターネットに掲載された逮捕報道は原則として適法といえます。そのため、一定の期間を経過することによって、「前科等にかかわる事実を公表されない法的利益が優越するとされる場合」（上記ノンフィクション逆転事件）に、初めてその保護を受けることができます。

10　忘れられる権利

　忘れられる権利とは、「EUデータ保護規則案」に盛り込まれた「right to be forgotten」の訳語であり、「個人が、個人情報などを収集した企業等にその消去を求めることができる権利」のことです。「EUデータ保護規則案」に「right to be forgotten」として盛り込まれ、平成28年（2016年）10月31日現在、EUデータ保護規則の17条において「right to erasure right to be forgotten」として定められました。表記は変わっていますが、その内容は同じであると説明されています。

　そして、平成26年（2014年）5月、EUの最高裁に当たるEU司法裁判所が、Googleに対して個人名の検索結果から、個人の過去の事実について報じる内容へのリンクの削除を命じる判決を言い渡していますが、この判決の中に、「いわゆる忘れられる権利」という表現があるため、EU司法裁判所が、「忘れられる権利」を認めたと言われています。

　日本でも、さいたま地裁平成27年6月25日決定（判時2282・83）に対する保全異議申立事件（さいたま地決平27・12・22判時2282・78）において、「社会から「忘れられる権利」を有するというべきである」として、「忘れられる権利」という概念を導入しています。

　もっとも、日本法の下では、人格権に基づく妨害排除請求権としての削除請求権が

構成できるため、あえて「忘れられる権利」という概念を持ち込む必要はないものと考えられています。実際、さいたま地裁平成27年12月22日認可決定（判時2282・78）に対する保全抗告事件（東京高決平28・7・12公刊物未登載）では、「名誉権ないしプライバシー権に基づく差止請求権と異ならない」と判断されています。

11 著作権・著作者人格権

著作権及び著作者人格権とは著作権法で認められた著作物に関する権利です。著作物とは思想又は感情を創作的に表現したものであって、文芸、学術、美術又は音楽の範囲に属するものと定義されています（著作2一）。これら著作物に関する権利は、その表現を作り出したときに自動的に発生し、どこかに登録等することは不要です（無方式主義）。

著作者人格権はその権利の具体的内容として、公表権（著作18①）、氏名表示権（著作19①）、同一性保持権（著作20①）の3つの権利があり、著作権には複製権（著作21）、上演権・演奏権（著作22）、上映権（著作22の2）、公衆送信権等（著作23）、口述権（著作24）、展示権（著作25）、頒布権（著作26）、譲渡権（著作26の2）、貸与権（著作26の3）、翻訳権・翻案権等（著作27）が、それぞれ認められています。

インターネット事案においてしばしば問題になるのは、他人の著作物を勝手に利用しているというケースです。これは著作財産権のうちの送信可能化権及び公衆送信権を侵害することになります。

なお、「私的利用」（著作30）の場合や「引用」（著作32）の場合には、著作権の侵害とはならないため、プロバイダ側から抗弁として反論がされることも少なくありません。しかし、私的利用とは、「個人的に又は家庭内その他これに準ずる限られた範囲内において使用すること」とされており、インターネットは世界中からアクセス可能な状態である以上、「個人的に又は家庭内その他これに準ずる限られた範囲内」であるとはいえず、「私的利用」とはいえません。

また、著作権法32条では「引用」に当たり著作権が制限されるための要件として、
① 公表された著作物であること
② 公正な慣行に合致すること
③ 目的が正当な範囲にあること
が求められています。

もっとも、その意味するところは必ずしも明らかではなく、裁判実務上では①引用された部分が明確であること（明瞭区別性）、②引用する側が「主」で、引用される側

が「従」といえる関係にあること（主従関係性）が重視されています。

なお、この要件を的確に満たすように引用されている例は多くはありません。

12 商標権

商標権とは、文字、図形、記号、立体的形状若しくは色彩又はこれらの結合、音等人の近くによって認識できるもので、指定された商品又はサービスについて使用するものを指します（商標2①）。商標権は、特許庁に登録することによって初めて権利として成立し（登録主義）、登録した者が独占的にこれを利用することができることになります。

商標権の本質的な機能は、「識別機能」であり、個性化された商品群・役務群を他の商品群・役務群から区別する機能のことを指します。

そして、識別機能を前提として「出所明示機能」「品質保証機能」「宣伝・広告機能」の3つの機能が派生します。出所明示機能は、同一の商標を付した商品・役務は、同一の出所から出たものであることが明らかとなるという機能です。品質保証機能は、同一の商標を付した商品・役務は、同一の品質を有していることを示す機能です。宣伝・広告機能は需用者に商品・役務を印象づけ、需用者の公売意欲を刺激する機能です。

商標権侵害の有無は、商標が同一・類似しているか否かを、社会通念とその登録商標が用いられる分野の商取引の実情を考慮して判断します。ただし、商標が使用されているように見えても、商標としての使用ではない場合、すなわち、例えば商品・役務に関する説明など、出所明示機能を有しない場合には、商標法にいう「使用」（商標2③）に当たりません。

第3 削除請求

1 削除請求の相手方

(1) 削除できる地位にある者は誰か

削除請求を行う場合、その手続については複数の方法があり、いかなる基準でこれを選択すべきか、という大きな問題がありますが、その前段階として、そもそも誰に対して削除を求めることができるのか、削除請求の相手方たる削除義務者は誰か、についても検討しなければなりません。

自身がアカウントを開設して執筆しているブログやウェブサイトであれば発信者自身が内容に対する変更修正権限を有していますので、発信者自身による削除も可能です。しかし、多くの匿名電子掲示板や口コミサイトなどの多数のユーザーによって情報が発信されるウェブサイトの場合、多くのケースでは単に投稿を行っただけのユーザーは記事の削除や修正はできません。後者のようなウェブサイトの場合、削除する権限はウェブサイトの管理者やウェブサイトが設置されているサーバーの管理者が有していますので、発信者に対して削除請求を行ったとしても、発信者はこれを実行することはできないのです。

以上を念頭に置いて、削除請求の相手方、削除義務を負う者は誰かについて整理してみましょう。

(2) 削除請求の相手方となる者

ア 発信者自身

違法情報が公開されている点についての根本的な責任が発信者自身にあることは当然です。よって、原則として発信者自身が削除義務を負うことについては争いがありません。しかし、前述のように発信者自身による削除が技術的に不可能な場合もあります。法は不可能を強いるものではありませんから、発信者自身による削除が不可能なケースでは発信者自身の削除義務が否定されると考えられます。

もっとも、例外である発信者自身による削除が不可能なサイトは現在では非常に多く存在しており、実務的な割合としては発信者に対する削除請求を行う場合はむしろ少ない部類に入ります。

イ サイト運営者（管理者）

口コミサイトの運営者や掲示板管理者等のウェブサイト管理者は、違法情報の公開について直接的な責任はありませんが、管理しているサイトに掲載されている情報について削除修正権限を有しています。

削除請求は、違法情報が掲載されている"状態"の差止めを求めるものですが、この"状態"を維持しているのはサイト運営者にほかなりません。そこで、サイト運営者についても条理上の削除義務が認められています。

条理上の削除義務の発生基準について具体的に判示した裁判例もありますが、実務的にはサイト運営者一般に削除義務が認められるという結論で問題ないでしょう。

なお、発信者が判明している場合、まずは発信者自身に削除請求をすべきであって、サイト運営者に対する削除請求は認められない、という主張がなされることもあります。しかし、発信者が判明しているか否かによって別異に解する理由はなく、発信者に対する削除請求による救済が可能か否かはサイト運営者の削除義務には影響しません。

実務では、誹謗中傷の発信者の場合、訴訟で判決を得ても任意に削除してもらえるか疑わしいケースも多く、記事の削除に関しては直接強制が困難であることから、発信者を相手に削除請求を行うよりもウェブサイト管理者やサーバー管理者を請求の相手方として選択するケースが大半です。

　　ウ　検索サイト運営者

サイト運営者の一種ではありますが、Google、Yahoo!などの検索サイト運営者に対して削除請求を行う場合もあります。検索サイトに対する削除請求は、あくまで検索サイトが掲載している記事を削除するものであって、一般のサイト運営者に対する削除請求と何ら変わるところはありませんが、念のため項を分けて説明しましょう。

検索エンジンの機能が発達した現在は、インターネット上の情報を閲覧する際にはURLを直接入力することはむしろまれで、検索エンジンを利用して必要な情報を探索し、閲覧したい目的のページへ到達することが通常です。すなわち、人格権侵害等の違法な情報がインターネット上に存在したとしても、検索エンジンの検索にヒットしなくなれば（検索エンジンの検索結果上から消えれば）、ほとんど誰の目にも触れることがなくなり対象の情報が削除されたのとほぼ同様の結果を実現することができるのです。

検索サイトもウェブサイトであることに変わりはありませんから、サイト上で公開されている違法情報について検索サイト運営者が削除義務を負うことは当然です。よって、検索サイトで表示される検索結果ページ等に違法情報が掲載されている場合には検索サイト運営者は当該情報の削除義務を負います。

　　エ　サーバー設置者

ウェブサイトのデータが保存されているサーバーを提供しているサーバー管理者も、情報の削除が可能であり、また、自身が管理するサーバー設備から違法情報を発

信し続けていると評価できますので、削除請求の相手方となり得ます。なお、サーバー管理者とサイト運営者が同一であるケースが多くありますが、サイト運営に関与していない、例えばレンタルサーバー事業者のような場合であっても、これは変わりません。

　　オ　ドメイン登録者

　違法情報が掲載されているウェブサイトのドメインを登録しているドメイン登録者については、どのように考えるべきでしょうか。ドメイン登録のみを行った場合、ウェブサイトに掲載されている情報について変更修正する権限はなく、削除は不可能です。よって、ドメイン登録者に削除義務は認められません。

　もっとも、ドメイン登録者はサイト運営者を兼ねる場合が事実上多いこと、サイト運営を行っていない場合でもサイト運営者と何らかの関係性があることが通常ですから、サイト運営者が不明な場合などには、ドメイン登録者に対して削除請求やサイト運営者に関する情報開示請求を求めることは有効です。

2　ウェブフォーム（お問い合わせフォーム）・メールを用いた削除請求

　（1）　オンラインによる削除請求

　削除請求の1つの方法として、サイト上に設置されたウェブフォーム（お問い合わせフォーム）を利用する方法や掲載されているメールアドレス宛に請求を行うなどオンライン上で行う方法があります。

　旧来の弁護士的感覚では法的な請求をメール等で行うということに、不安や違和感があるかもしれません。しかし、インターネット上の記事の削除は、請求を受けた側もオンラインの処理が必要となりますから、紙媒体での請求よりも処理が簡便です。オンラインによる削除請求は、むしろ一般的な削除請求方法といえます。

　（2）　ウェブフォームや連絡先メールアドレスを見つける

　実際にオンラインでの削除請求を行う場合、まずは削除請求の窓口となるウェブフォームや連絡先メールアドレスを見つけなければなりません。

　多くのサイトで、ページ上部のヘッダー部分やページ下部のフッター部分に、「お問い合わせ」ページへのリンクが設定されています。電子掲示板などの場合には「削除依頼」などのページ名で削除依頼フォームが用意されていることも多いです。

　まずは、サイト上の記載をよく読み、ウェブフォームや連絡先メールアドレスを探しましょう。

　また、対象のサイト上にはウェブフォームが設置されていないサイトでも、ブログシステムを提供している事業者などのプラットフォーマーが設置しているウェブフォ

ームを利用できることもあります。具体例を挙げると、ネバダ州法人FC2, Inc.が提供しているブログサービスFC2ブログでは、ブログ執筆者がブログ上で自身の連絡先メールアドレスを掲載することやウェブフォームを設置することもできますが、FC2, inc.の公式サイトに設置されているお問い合わせフォームでもFC2ブログに対する削除依頼を行うことが可能です。この場合、ブログ上に設置されたフォーム等から削除依頼をする場合には、ブログ執筆者が直接連絡を受領するのに対し、FC2, inc.の公式サイトに設置されているお問い合わせフォームから請求を行った場合には、FC2, inc.がこれを受領し、FC2, inc.が必要に応じてブログ執筆者等に連絡することになります。

　オンラインでの削除請求を行う場合、請求が誰によって受領されるのかについて意識しつつ、受領者の立場を考慮した上で削除請求文を作成することが重要です。

　(3)　削除請求の記載内容

　オンラインでの削除請求の場合、削除依頼フォームが用意されているサイトであれば、削除のために必要な情報が整うようにフォームが設計されていますので、フォームに従って記載していけば問題はありません。

　もっとも、絶対に必要となるのは、URLを基本とした削除依頼箇所の厳密な特定です。この点についてはサイトに掲載されている注意事項に従って正確に入力するように努めてください。

　メールや一般的なお問い合わせフォームで削除請求を行う場合であっても、最も重要な注意点は削除箇所を特定することです。メールや自由記述形式のフォームで削除請求を行う場合の書式としては次のような形になります。

件名：記事削除のお願い

Y管理人様

　突然のご連絡にて失礼いたします。弁護士の削除太郎と申します。
　下記の記事について、Xの代理人として削除依頼をさせていただきます。お手数をおかけいたしますが、ご対応のほど宜しくお願いいたします。
　なお、ご不明な点などございましたら当職までお問い合わせいただければ幸いです。

＜削除対象＞
http://＊＊＊＊＊＊＊＊＊＊＊/1234567890/
レス番号：1+2+3+4+5+6

> ＜削除理由＞
> 　上記URLのスレッドは依頼者の勤務先であるA社の社名を冠したスレッドであり、各レスには、実名を明記した上で、会社で横領を行ったなどと投稿されております。
> 　しかし依頼者は、横領など行ったことはなく、全くの事実無根です。
> 　つきましては、大変お手数ですが書き込みの削除をお願いいたします。

(4) ウェブフォームから削除請求を行う場合の注意点

　オンラインでの削除請求を行う場合、問題の情報が削除されると同時に、その書き込みが行われた際の通信ログも削除されてしまう可能性があります。

　発信者情報開示請求を予定している場合には、ウェブ上のフォームから削除請求を行う場合でも、併せて発信者情報開示請求を予定していること、通信ログを消去しないでほしいことは記載しましょう。なお、個人でウェブページを解説している管理者などプロバイダ責任制限法についての理解が十分でない相手の場合、このような記載をしても意味が伝わらず通信ログが消去されてしまう危険性もあります。

　発信者情報開示を求める場合には、ウェブフォームからの削除依頼は行わず、発信者情報開示請求を行った後に、改めて削除請求を行う方が安全と思われます。

3　テレサ書式を用いた送信防止措置依頼

(1)　書式と添付書類

　インターネットサービスプロバイダ等で構成される一般社団法人テレコムサービス協会が、プロバイダ責任制限法の運用についてのガイドラインを制定し書式等も公開しています（通称「テレサ書式」と呼ばれていますので、本書でもこの表記を用います。）。この書式の中に、ウェブ上の記事を削除するための「送信防止措置依頼書」の書式が用意されていますので、こちらを利用して削除依頼を行うことも可能です。

　大手のコンテンツプロバイダ各社の運用も基本的にはこのガイドラインに沿ったものとなっていますので、書面で削除依頼を行う場合には、原則としてテレサ書式を利用するのがよいでしょう。

　なお、書類の送付先や必要な添付資料に関しては請求を行う先のサイト管理者等のサイトに記載があることも多いため、まずはこれを確認するようにしてください。ちなみに送信防止措置依頼書に添付すべき書類として以下のものが求められるのが通常です。

① 　委任状（代理人による請求の場合）
② 　印鑑登録証明書

③　請求者が個人の場合：公的な身分証明書の写し
　　請求者が法人の場合：登記事項証明書（資格証明書）
④　請求者の権利が侵害されていることを示す証拠資料

【侵害情報の通知書兼送信防止措置依頼書】

平成○年○月○日

〒○○○-○○○○
東京都○区○○○○○○○○
株式会社Y
カスタマーサービス担当係　御中

　　　　　　　　　　　　　　　〒○○○-○○○○
　　　　　　　　　　　　　　　東京都○区○○○○○○○○
　　　　　　　　　　　　　　　株式会社X

　　　　　　　　　　　　　　　〒○○○-○○○○
　　　　　　　　　　　　　　　東京都○区○○○○○○○○
　　　　　　　　　　　　　　　開削法律事務所
　　　　　　　　　　　　　　　電　話　○○-○○○○-○○○○
　　　　　　　　　　　　　　　e-mailアドレス　×××××××@proseki.law
　　　　　　　　　　　　　　　上記代理人弁護士　削　除　太　郎　　㊞

侵害情報の通知書　兼　送信防止措置依頼書

　貴社が管理する特定電気通信設備に掲載されている下記の情報の流通により請求者の権利が侵害されたので、貴社に対し当該情報の送信を防止する措置を講じるよう依頼します。

記

掲載されている場所	http://-------------- 番号　　124 投稿日時　　2016/01/15 15:58:17.31 番号　　150 投稿日時　　2016/01/20 08:28:34.44
掲載されている情報	添付資料のとおり

第1章　総　論

侵害情報等	侵害されたとする権利	人格権
	権利が侵害されたとする理由（被害の状況など）	別紙記載のとおり

　上記の内容は、事実に相違なく、発信者にそのまま通知されることになることに同意いたします。

	発信者へ氏名を開示して差し支えない場合は、左欄に○を記入してください。 ○印のない場合、氏名開示には同意していないものとします。

(2)　請求を受けたサイト管理者等の対応

　請求を受けたサイト管理者等は、発信者に連絡をとることができない場合等を除き、原則として発信者に意見照会を行うと、ガイドラインでは定められています。

　その後、発信者に対する意見照会の回答期限を経て請求者に対し正式な回答を行うところが多く、意見照会の期間は7日〜14日間とされていることが多いようです。もっとも、会員登録型のサイトでない限りは、コンテンツプロバイダが削除に際して発信者に意見照会を行うことは一般的に不可能であり、削除請求に際して意見照会がなされないケースの割合も非常に多くなっています。

＜送信防止措置依頼の流れ＞

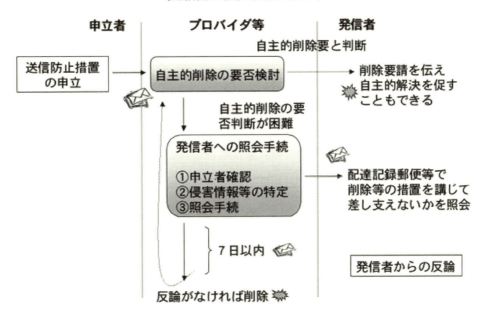

（http://www.isplaw.jp/stopsteps_p.html）

なお、意見照会の際に、発信者に示してもよい情報の範囲や削除対象についてサイト管理者等より問合せがあることがありますので、連絡があった場合には早期に対応してください。請求を行ってから回答がなされるまでの期間は、多くの場合1か月程度はかかります。そのため最初から仮処分命令申立てを行ってしまった方が早く確実な場合も多いです。

4　削除仮処分
(1)　仮の地位を定める仮処分

テレサ書式による削除請求を行って拒否された場合など、任意の削除がなされなかった場合には、裁判手続を利用して削除を求めていくことになります。

記事削除を求める裁判上の方法としては、民事保全法の仮処分手続が利用されることが一般的です。記事削除の仮処分は、仮処分命令の発令により債権者の請求が実現する「仮の地位を定める仮処分」「満足的仮処分」に当たり、仮処分命令発令後の実効性の面においても訴訟と遜色はありません。

「仮の地位を定める仮処分」に関する仮処分命令は、原則として債権者のみではなく債務者に反論の機会を与えた上でなければ発令できません（民保23④）。そのため記事削除の仮処分は訴訟と同様に双方が主張立証を戦わせることになります。

(2)　削除仮処分の管轄

実際に削除仮処分命令の申立てを行おうとする場合、最初に問題となるのが裁判管轄（どこの裁判所に申立てを行うことができるか）です。

原則としては、裁判を起こそうとする相手の住所地を管轄する裁判所となります（民保7、民訴4①）。

また、削除請求は民法709条の不法行為に関する裁判に含まれると解されています。そのため、「不法行為があった地」（民訴5九）にも裁判管轄が認められます。この「不法行為があった地」は、加害行為地と被害結果発生地の双方を含む概念であり、インターネット上での権利侵害の場合、被害結果は全世界で発生しているとも考えられますが、それでは広汎に過ぎるということで、通説や実際の運用では、被害者の住所地のみで被害結果発生地としての裁判管轄が認められています。ちなみに、保全事件の管轄は専属管轄であるため（民保6）、併合請求の裁判籍（民訴7）の規定は準用されません（民訴13）。

よって、削除仮処分命令の裁判管轄は、削除を求める相手である債務者の住所地又は債権者の住所地を管轄する裁判所のいずれかとなります。

なお、発信者情報開示請求の場合の裁判管轄の考え方は削除請求の場合とは全く異

なりますので、発信者情報開示請求の箇所を確認してください。
　(3)　仮処分命令申立書作成における留意事項
　　ア　申立ての趣旨
　削除仮処分命令申立ての、申立ての趣旨の代表的な記載方法としては、次のようになります。

　債務者は、別紙投稿記事目録記載の（各）投稿記事を仮に削除せよ

（別紙）

投　稿　記　事　目　録

閲覧用URL　　http://--------------
1　番号　　124　　投稿日時　　2016/01/15 15:58:17.31
2　番号　　150　　投稿日時　　2016/01/20 08:28:34.44

　仮処分手続においても、削除対象記事を具体的に明示することが重要であり、URLや投稿番号、投稿日時などを記載して特定することになります。そのため、申立ての趣旨に記載すべき事項が非常に多くなってしまいますので、別紙として投稿記事目録を作成し引用する形式とすることが一般的です。なお、投稿記事目録の記載方法については、各サイトの特定に従い幾つかのパターンがありますが、多くのケースでは閲覧用のURLや投稿日時、投稿番号等で特定することになるでしょう。
　また、削除対象記事の特定と並び削除範囲の問題もあります。厳密に検討を行えば、1つの投稿・記事の中にも、違法な部分とそうではない部分が混在していますので、記事の中の違法な部分に限って削除請求（差止請求）が認められるというのが本来の形です。
　しかし、違法な部分とそうではない部分を厳密に分けることが困難なケースもあり、実際は各ウェブサイトの管理上の観点から情報を最小単位で抜き出して違法性を検討することが通常です。投稿記事目録の記載方法についてもそのような単位で行うことになります。なお、電子掲示板のスレッド全体やブログアカウント全体を削除することを認めた裁判例も少ないながら存在しています。
　　イ　削除義務者であることの疎明
　削除仮処分の際には、債務者が申立ての対象となっているサイトに対して管理権限

を有している（削除が可能である）ことを疎明する必要があります。

　サイト管理者であることを示す証拠として、ウェブページのドメインにつきWHOIS検索した結果を用いることを推奨する手引等もありますが、ドメインのWHOIS情報とサイト管理権限に論理的な関係性はなく不十分です。

　ドメイン取得を自社で対応しWHOIS情報とサイト管理者が一致する場合もありますが、これはあくまで「両方行ったから」にすぎません。ドメイン取得だけをサイト運営会社とは別会社が行っているケースも多くあります（Google.co.jpなど）。また、ドメイン取得の際にプライバシープロテクトサービス（WHOIS情報公開代行サービス）を利用している場合、ドメイン取得代行会社の名称がWHOIS情報として登録されています。ドメインのWHOIS情報は、サイト管理者性については、あくまで参考資料の一つにすぎません。

　よって、対象のサイトの管理運営主体を疎明するための証拠としては、サイト管理規約や利用規約等から運営主体が明示されている箇所を提出するのが基本的な考え方になります。

　しかし、東京地方裁判所民事9部（保全部）はドメインのWHOIS情報の提出を形式的な運用として求めており、WHOIS情報の提出がない場合には窓口審査で書記官より追完が求められます。WHOIS情報に特段の意味がないケースが大半ですが、迅速な仮処分命令発令のためにあらかじめ証拠として提出しましょう。

　　ウ　被保全権利・要件事実

　仮処分により保全すべき権利（被保全権利）は、第2で解説した削除請求の根拠となる人格権や知的財産権を選択します。

　なお、保全手続においては、抗弁事由の不存在まで債権者側で主張疎明する必要がありますので、違法性を阻却する抗弁事由の不存在については申立書にて主張しなければなりません。ただし、故意過失などの責任に関する事項については削除義務とは無関係であり主張は不要です。最も頻度の高い類型である名誉権侵害に基づく削除請求（差止請求）を例にとり主張しなければならない要件事実を整理すると次のようになります。

---

① 債務者が削除権限を有していること
② 社会的評価を低下させるおそれのある記載の流布
③ 違法性阻却事由をうかがわせる事情の不存在
　（以下のうちいずれかに該当すること）
　　㋐　公共の利害に関する事実ではないこと

㋑　公益を図る目的でなされたものではないこと
　　　㋒　内容が真実ではないこと
　　　㋓　人身攻撃等論評としての域を逸脱したものであること
　④　記事がインターネット上で現に公開され続けていること（保全の必要性）

　　エ　保全の必要性
　仮処分命令の発令のためには保全の必要性についても主張疎明しなければなりません。もっとも、インターネット上に掲載された情報は全世界で閲覧可能であり高い伝播性を有していることから、インターネット上で権利侵害に当たる記事が現に公開され侵害が継続している場合には、原則として保全の必要性は認められると考えられるでしょう。

　　オ　判断基準時
　削除請求は現に生じている（生じ得る）侵害の差止めを求めるものですので、その判断基準時は現在時点(事実審の口頭弁論終結時）です。
　適法に公開された記事が期間の経過により違法となる場合もあります（更生を妨げられない利益など）。記事の公開時点での違法性ではありません。

【投稿記事削除仮処分命令申立書】

```
                    投稿記事削除仮処分命令申立書

 ┌──┐                                          平成○年○月○日
 │収入│
 │印紙│
 └──┘
東京地方裁判所民事第9部　御中
                            債権者代理人弁護士　削　除　太　郎　㊞


　　当事者の表示　別紙当事者目録記載のとおり
　　仮処分により保全すべき権利　人格権

                    申立ての趣旨
　債務者は、別紙投稿記事目録記載の各投稿記事を仮に削除せよ
との裁判を求める。

                    申立ての理由
第1　被保全権利
　1　当事者
```

(1)　債権者は、東京都において衣料品の製造等を行う株式会社である（疎甲1：債権者ウェブページ写し）。
　　　(2)　債務者は、インターネット上のレンタル掲示板サービス○○（以下「本件サイト」という。）を管理運営している者である。債務者が管理運営する本件サイトには、別紙投稿記事目録記載のスレッド（以下「本件スレッド」という。）が開設されている（疎甲2-1：利用規約、疎甲2-2：WHOIS検索結果）。
　本件スレッドは、誰でもこれを閲覧し又はこれに回答を投稿することが可能であり、本件サイトに投稿された情報は、電気通信により送信され、本件サイトにアクセスする不特定の者によって受信されることとなる。債務者は、本件サイトに書き込みをして情報を発信する者と本件スレッドにアクセスして情報を受信する者との通信を媒介する者である。
　そして本件サイトに書き込まれた情報は、債務者又は債務者から権限を与えられた者しか削除し得ない仕組みとなっている。
　２　債権者の権利を侵害する情報の流通
　　　(1)　本件各投稿記事の存在
　本件スレッドの内容は疎甲第3号証のとおりであり、この内容が氏名不詳者によって投稿され、インターネットを通じて不特定人に広く公開されている（疎甲3：本件スレッド）。
　　　(2)　権利侵害
　別紙投稿記事目録記載の本件スレッドの各投稿記事（以下「本件記事」という。）は、別紙権利侵害の説明記載のとおり債権者の人格権を侵害するものである。また、別紙権利侵害の説明のとおり違法性阻却事由の存在をうかがわせるような事情も存在しない。
　３　債務者の削除義務
　本件記事の内容は、債権者の人格権を侵害するものであるが、前述のとおり本件記事は債務者の管理するシステムによって公開されており、本件記事の削除は債務者又は債務者から権限を与えられた者にしかできない仕組みとなっている。したがって、債務者は債権者に対して本件記事を削除すべき条理上の作為義務を負うものである。
　４　まとめ
　よって、債権者は債務者に対し、人格権に基づき、本件記事を削除するよう請求する権利を有するものである。
第２　保全の必要性
　　　(1)　本件スレッドはインターネットを通じて広く公開されており、誰でも閲覧可能である。よって、債権者の人格権に対する侵害は現在も継続しており、一刻も早く債務者による発信防止措置がとられる必要があり保全手続による迅速な侵害状態からの回復が行われることが不可欠である。
　　　(2)　そこで、債権者は、本申立てに及んだ次第である。

疎 明 方 法

疎甲1号証　　　　債権者ウェブページ写し
疎甲2号証の1　　利用規約
疎甲2号証の2　　WHOIS検索結果
疎甲3号証　　　　本件スレッド
疎甲4号証　　　　注文書
疎甲5号証　　　　陳述書

附 属 書 類

1　証拠説明書(1)　　　1通
2　疎甲号各証写し　　各1通
3　資格証明書　　　　2通
4　訴訟委任状　　　　1通

（別紙）

当 事 者 目 録

〒〇〇〇－〇〇〇〇
〇県〇市〇〇〇〇〇〇〇〇
債権者　X_1株式会社
上記代表者代表取締役　X_2

〒〇〇〇－〇〇〇〇
東京都〇区〇〇〇〇〇〇〇〇
開削法律事務所（送達場所）
電　話　〇〇－〇〇〇〇－〇〇〇〇
ＦＡＸ　〇〇－〇〇〇〇－〇〇〇〇
債権者代理人弁護士　削除太郎

〒〇〇〇－〇〇〇〇
東京都〇区〇〇〇〇〇〇〇〇
債務者　株式会社Y_1
上記代表者代表取締役　Y_2

（別紙）

投 稿 記 事 目 録

閲覧用URL　http://--------------
1　番号　　124　　投稿日時　2016/01/15 15:58:17.31
2　番号　　150　　投稿日時　2016/01/20 08:28:34.44

（別紙）

権利侵害の説明

〔省略〕

---

(4)　削除仮処分命令申立後の手続の流れ

　申立後の期日の進み方については、各裁判所の運用にも差があるところですが、東京地方裁判所本庁の保全部の運用に沿って説明します。
　申立書を裁判所に提出した後の、仮処分命令の発令までの流れ・手順は以下のようになります。

① 申立書提出

② その場で裁判所書記官による形式審査

　疎明資料の追加などを指示されることもありますので、指示があれば債権者面接までに追完をします。

③ 形式面で問題がなければ事件番号付与・債権者面接日程調整

　東京地方裁判所保全部の運用では、債務者呼出しの前段階として、債権者面接が開催されます。裁判官の予定にもよりますが、通常は申立て当日中ないしは数日の間に債権者面接が開催されます。

④ 債権者面接

債権者面接では申立書や提出済みの疎明資料に基づき裁判官と債権者側で事案の把握などが行われます。主張や疎明が足りていない場合には、双方審尋期日を設定する前に再度債権者面接がなされる場合もあります。

申立ての内容に特段の問題がなければ、双方審尋期日を調整します。債務者審尋を行わずに発令を行う無審尋事件の場合には、この場で担保決定があります。

双方審尋期日は、債務者が国内の場合であれば1週間後、国外の場合であれば3週間後に設定されるのが一般的です。

⑤ 債権者面接後、呼出状送付用の切手等の納付

債務者の呼出審尋期日が決定したら、債務者へ呼出状を送るための切手等を裁判所に納付します。債務者が国内の場合には、362円分の切手を納付し、併せて債権者自身で封筒に宛名書きを行いますので、債務者の宛名を記載した宛名シールなどを持参するとスムーズです。

国際スピード郵便（EMS）を用いて呼出状の送付を行うアメリカ等の債務者の場合には、送り先を記載したEMS伝票と呼出状の訳文を提出します。呼出状の訳文には、担当裁判官や担当書記官、当事者名を表記する欄がありますので、あらかじめローマ字表記を確認して用意しておくとスムーズでしょう。

⑥ 申立書副本・疎明資料等一式を債務者に直送

申立書類一式の副本を債権者から債務者宛に速達で直接郵送します。

債務者が国外の場合、副本と一緒に申立書の訳文も直送しますので、申立て段階であらかじめ訳文も作成しておくと手続がスムーズに進みます。EMSの発送から受領までは日本からアメリカへ送る場合で約1週間を要します。

⑦ 双方審尋期日

多くのケースでは、双方審尋期日は1回で結論が出ます。

⑧ 担保決定

債権者側の主張が認められると、仮処分決定発令のために供託する担保金の金額が

決定され、裁判官より伝えられます。担保金の金額の基準はおおむね下記のようになっていますが、対象とする投稿の分量が多い場合（掲示板であればおおむね30～40レスを超える場合）や、無審尋による発令の場合には担保金の金額が下記より増額となります。

＜担保金額の基準＞
・削除仮処分　　　　　　　　：30～50万円
・発信者情報開示仮処分　　　：10～30万円
・発信者情報消去禁止仮処分：10～30万円

⑨　供託（立担保）

担保決定に従い法務局で供託を行います。供託申請書をあらかじめ用意しておくとスムーズです。

供託を行う際の供託申請書の記載は下記のとおりです。第三者供託を行う場合は、備考欄に第三者供託である旨と債権者の住所を記載してください。

なお、債権者が未成年の場合に第三者供託を行うときの備考欄には以下のように法定代理人の住所氏名も記載します。また供託申請の際に、法務局の窓口で戸籍全部事項証明書の提示が求められますので、仮処分命令申立書に添付するものに加えてもう1通戸籍全部事項証明書を用意しておいてください。

第三者供託　債権者住所〒○○○－○○○○　東京都○区○○○○○○○○
前同所　債権者法定代理人親権者父　A
前同所　債権者法定代理人親権者母　B

⑩　供託書・目録の差入れ

供託が完了したら裁判所に発令のために必要な書類を提出します。提出する書類は以下のとおりです。

・供託書の写し1枚　※正本は提示のみ
・目録（当事者目録・発信者情報目録・投稿記事目録など）各3枚
　※ページ番号を付していないもの
　※当事者目録には債務者代理人を追記します。
・決定正本送達用郵便切手　当事者1名につき1,072円
　ただし、目録のページ数が多い場合などは1,082円となることもあります。

⑪　仮処分命令発令・決定正本交付

　午前11時までに上記書類の提出が完了すれば、当日の午後4時に発令されます。午前11時を過ぎてしまった場合は、翌営業日の午後4時に発令されます。

　なお、国外の債務者に対して決定正本を送達する場合、比較的短期間で送達が完了する領事館送達（アメリカなど）でも、4か月程度を要しますが、現在我が国で問題となる多くのサイトは、国内の弁護士を代理人として選任し送達場所の届出も行いますので、海外送達となるケースは特殊な例を除きそれほど多くありません。

(5)　発令後の手続

　国内のコンテンツプロバイダの場合、削除仮処分命令が発令され送達を受ければ、数日から1週間程度で任意に応じるケースが一般的です。ごくまれに即時抗告など上級審で争われることもありますが、保全執行の手続や、本案訴訟の提起まで必要となることは基本的にはありません。

　海外のコンテンツプロバイダであっても、一部の特殊な債務者を除き、裁判所の判断を尊重し任意に応じることが一般的です。

5　削除訴訟

(1)　本案訴訟による削除請求

　裁判上の削除請求には仮処分が利用されることが一般的ですが、本案訴訟によって削除を求めることも当然可能です。

　もっとも、本案訴訟による削除請求を行うのは、例外的かつ限定的なケースであり仮処分に比べて件数も多くありません。前述したとおり通常は仮処分によってその目的を達成することができ、あえて時間のかかる本案訴訟を選択するメリットが少ないことが理由として挙げられます。なお、仮処分よりも期間が必要となってしまう本案訴訟ですが、担保を立てる必要がない、抗弁事由の主張立証責任が被告側である、請求の併合が可能である、など仮処分との比較において有利な点もあります。より長期間をかけてでもこれらのメリットを享受したい場合には本案訴訟による削除請求を選択します。

　発信者自身がウェブサイトを管理しており発信者に対する損害賠償請求と削除請求を併合して行う場合などは、本案訴訟による請求も有効な手段となり得ます。

(2)　削除訴訟を提起する場合の留意事項

　ア　裁判管轄

　削除訴訟の裁判管轄は、削除仮処分と同様です。削除を求める相手である被告の住

所地、又は原告の住所地を管轄する裁判所のいずれかとなります。ただし、仮処分には準用されていない併合請求の裁判籍の規定の適用による管轄も認められます。

　イ　請求の趣旨

まず削除訴訟の請求の趣旨は仮処分と同様に対象記事を目録として整理し、以下のようにすることが一般的です。

1　被告は、別紙投稿記事目録記載の（各）投稿記事を削除せよ
2　訴訟費用は被告の負担とする

（別紙）

投　稿　記　事　目　録

閲覧用URL　http://--------------
1　番号　　124　　投稿日時　　2016/01/15 15:58:17.31
2　番号　　150　　投稿日時　　2016/01/20 08:28:34.44

仮処分との相違としては、「仮に削除せよ」の「仮に」がないこと、訴訟費用の請求をしている点のみです。なお、仮執行宣言の申立てはできません。

　ウ　請求原因事実

仮処分と異なり削除訴訟では抗弁事由は被告側が主張立証する事項です。訴状には請求原因事実までを記載すれば足ります。仮処分と同じく最も頻度の高い類型である名誉権侵害に基づく削除請求（差止請求）を例にとると訴状に記載しなければならない請求原因事実は次のとおりです。

---
①　被告が削除権限を有していること
②　社会的評価を低下させるおそれのある記載の流布

摘示された事実の真実性等や公益目的などの真実性の抗弁（違法阻却事由）については、被告側が主張する事項であり、請求原因事実としては記載不要です。

もっとも、実際上、主たる争点としては抗弁事由の存否となる場合が大半ですので、あらかじめ訴状に抗弁が成り立たないことをあらかじめ記載することの方が多いでしょう。

【削除請求訴訟訴状】

訴　　状

平成○年○月○日

東京地方裁判所民事部　御中

原告訴訟代理人弁護士　削　除　太　郎　㊞

収入
印紙

当事者の表示　別紙当事者目録記載のとおり
投稿記事削除請求事件

訴訟物の価格　160万円
貼用印紙額　1万3000円

請求の趣旨
1　被告は、別紙投稿記事目録記載の（各）投稿記事を削除せよ
2　訴訟費用は被告の負担とする
との判決を求める。

請求の原因
1　当事者
　（1）　原告は、東京都において衣料品の製造等を行う株式会社である（甲1：原告ウェブページ写し）。
　（2）　被告は、インターネット上のレンタル掲示板サービス○○（以下「本件サイト」という。）を管理運営している者である。被告が管理運営する本件サイトには、別紙投稿記事目録記載のスレッド（以下「本件スレッド」という。）が開設されている（甲2－1：利用規約、甲2－2：WHOIS検索結果）。
　本件スレッドは、誰でもこれを閲覧し又はこれに回答を投稿することが可能であり、本件サイトに投稿された情報は、電気通信により送信され、本件サイトにアクセスする不特定の者によって受信されることとなる。被告は、本件サイトに書き込みをして情報を発信する者と本件スレッドにアクセスして情報を受信する者との通信を媒介する者である。
　そして本件サイトに書き込まれた情報は、被告又は被告から権限を与えられた者しか削除し得ない仕組みとなっている。
　2　原告の権利を侵害する情報の流通
　（1）　本件各投稿記事の存在
　本件スレッドの内容は甲第3号証のとおりであり、この内容が氏名不詳者によって投

稿され、インターネットを通じて不特定人に広く公開されている（甲3：本件スレッド）。
　(2)　権利侵害
　別紙投稿記事目録記載の本件スレッドの各投稿記事（以下「本件記事」という。）は、別紙権利侵害の説明記載のとおり原告の人格権を侵害するものである。また、別紙権利侵害の説明のとおり違法性阻却事由の存在をうかがわせるような事情も存在しない。
　3　被告の削除義務
　本件記事の内容は、原告の人格権を侵害するものであるが、前述のとおり本件記事は被告の管理するシステムによって公開されており、本件記事の削除は被告又は被告から権限を与えられた者にしかできない仕組みとなっている。したがって、被告は原告に対して本件記事を削除すべき条理上の作為義務を負うものである。
　4　まとめ
　よって、原告は被告に対し、人格権に基づく妨害排除請求として、本件記事の削除を求める。

証　拠　方　法

　証拠説明書(1)記載のとおり

附　属　書　類

　1　証拠説明書(1)　　　1通
　2　甲号各証写し　　　各1通
　3　資格証明書　　　　2通
　4　訴訟委任状　　　　1通

（別紙）

投　稿　記　事　目　録

閲覧用URL　　http://---------------
1　番号　　124　　投稿日時　2016/01/15 15:58:17.31
2　番号　　150　　投稿日時　2016/01/20 08:28:34.44

（別紙）

権利侵害の説明

〔省略〕

6　内容証明郵便による削除請求

　裁判手続外での削除請求の方法として内容証明郵便が用いられることもあります。
　しかし、内容証明郵便を用いて削除請求を行ったとしても、大手プロバイダはテレコムサービス協会が定めるガイドラインにのっとった対応をしており、プロバイダ側で本人確認に必要な添付書類や、権利侵害の類型ごとに必要な証拠資料を定めています。内容証明郵便では、それらの資料を同封できないため、削除請求の方法としては不適切であり、本書では採用しません。

7　各手法の比較・選択基準

　最後に、削除請求の基本的な方法である3つの比較を整理しておきます。発信者情報開示請求を行わず削除請求のみを行う場合には、管理者・プロバイダ側も比較的任意に応じることが多いため、まずはオンラインによる請求又はテレサ書式による請求を行い、拒否されてしまった場合には仮処分を検討するというスタンスが一般的です。

	オンラインによる請求	ガイドラインにのっとった請求	裁判（仮処分）
期　間	1日〜数日で対応されることが多いが、なんらの回答がない場合もある。	回答までに1か月前後のサイトが多い。1週間程度で回答がなされるサイトもある。	裁判所の決定が出るまでに2週間程度（東京地方裁判所民事第9部の場合）。
効　果	フォームからのメッセージを管理者が確認しているサイトであれば削除してもらえる可能性が高いが、発信者情報開示については難しい。	削除に関しては対応されることが多いが、発信者情報開示については慎重。	裁判所の決定を取得できれば削除も発信者情報開示も速やかに対応される。
コスト・手間	低	中	高（裁判所まで出頭する必要や保証金を供託する必要もある。）
適しているケース	①フォームからの依頼で適切に対処されることが判明しているサイトの場合 ②早急に削除をしたい場合に、書面での請求と並行して行う場合	①個人情報の記載や差別的表現など記載内容自体から権利侵害が明らかなケース ②発信者情報開示は求めない場合	①権利侵害の判断において記載内容の真実性が問題になる場合 ②確実に対処したい場合

第4　発信者情報開示請求

1　プロバイダ責任制限法4条1項　概説

(1)　総論

プロバイダ責任制限法4条1項は、発信者情報開示請求権について定めています。

発信者情報の開示をどのような場合に認めるかという問題は、発信者の有するプライバシーや表現の自由等の権利・利益と権利を侵害されたとする者の権利回復の利益をどのような形で調整するかという点を本質とするものです。そのため、発信者情報開示請求権は手続法上の権利ではなく、私人間の権利・利益の調整を図る実体法上の請求権として規定されました。

そのため、発信者情報開示請求権が認められるためには、同条項の定める要件を満たすことが必要です。

そこで、以下では各要件を説明します。

(2)　特定電気通信による情報の流通

「特定電気通信」とは「不特定の者によって受信されることを目的とする電気通信の送信」と定義されています（プロバイダ責任制限法2一）。ただし、テレビ放送などは除外されます。

要するに、インターネット上のウェブサイトで行う、誰でも閲覧することができる情報発信のことを指していると理解すれば基本的に問題ありません。ログインなどをしなければ閲覧することができないウェブサイトであっても、ユーザー登録などをすることによって誰でもログインして参加できる形式になっているのであれば、特定電気通信に当たります（大阪地判平20・6・26判時2033・40）。

他方、インターネットを介した電気通信としては、メールや、チャット、ダイレクトメッセージのようなものもありますが、これらは「特定電気通信」に当たりません。これらの通信は1対1で送受信が行われているにすぎないため「不特定」の要件を欠くためです（なお、一斉送信なども1対1で送受信が複数存在するだけということになります。）。

なお、P2P方式（コンピュータ同士が対等な立場で直接接続されるネットワークの接続形態）により電子ファイルを送信する場合、1対1の通信があるにすぎないので特定電気通信に当たらないではないかという点が争われたことがあります。この点に関して、東京地裁平成15年9月12日判決（裁判所ウェブサイト）は、「「不特定の者によって受信される電気通信」という定め方ではなく、「不特定の者によって受信されることを目

的とする電気通信」という定め方をしていることからすると、「不特定」か否かの判断は、これを送信するため当該情報の最初の記録又は入力をした発信者を基準として判断すべき」「「通信」という用語の一般的意味は、情報を発信しようとした発信者から、これを最終的に受け取った受信者までの情報の流れ全体をいう」として、当該P2Pユーザーであれば誰でも取得することができる状態にあった以上、特定電気通信に当たるとしています。

(3) 自己の権利を侵害されたとする者

発信者情報開示請求をする者のことで、自然人のみならず、法人、権利能力なき社団なども含むとされます。

なお、「自己の権利を侵害されたとする」というのは、単に自らが被害を受けた旨を述べることで足りるとされており、その権利侵害に関する客観的な根拠の有無や合理性の有無については問われません。

(4) 権利が侵害されたことが明らかであること

この要件は一般的に「権利侵害の明白性」と呼ばれます。「明らか」というのは、権利侵害の存在と、違法性阻却事由の存在をうかがわせるような事情が存しないことを意味します。不法行為に基づく損害賠償請求であれば、違法性阻却事由については請求者側で主張立証する必要はありませんが、発信者情報開示請求においては、情報を開示される発信者側のプライバシー権や表現の自由との関係から立証責任を転換する形で要件が加重されています。

なお、総務省逐条解説では「『明らか』とは、権利の侵害がなされたことが明白であるという趣旨であり、不法行為等の成立を阻却する事由の存在をうかがわせるような事情が存在しないことまでを意味する。」と説明されています。しかし、不法行為の要件のうち故意・過失など主観的要件に係る阻却事由の不存在について、開示請求者の側で立証することは困難です。また、そもそも故意・過失等の主観的要件が不要とされる削除請求のために発信者情報の開示を得たいという場合についても、プロバイダ責任制限法は発信者情報開示を認めています。そのため、発信者の故意・過失を否定する事情の不存在について、開示請求者側で主張立証を行う必要性はなく、「明らか」とは、違法性阻却事由の存在をうかがわせるような事情が存しないことを意味すると考えるべきです。

(5) 正当な理由の存在

開示請求者が発信者情報を取得することの合理的な必要性を有していることを意味します。この合理的な必要性には、情報を開示される発信者側の受ける不利益も考慮した上で、情報開示を行うことが相当であるか否かという判断も含みます。

正当な理由が認められる具体的な例としては、損害賠償請求権の行使のために必要であるため、謝罪広告等の名誉回復措置の要請のために必要であるため、差止請求権の行使のために必要であるため、発信者に対する削除要請のために必要であるため、刑事告訴のためなどが考えられます。

　他方で、正当な理由が認められないケースとしては、私的制裁などの不当な目的のために開示を受けようとする場合、既に賠償金が支払済みであり損害賠償請求権が消滅している場合などが考えられます。

(6) 「開示関係役務提供者」該当性

　プロバイダ責任制限法では「特定電気通信」を用いて電気通信役務を提供する者を「特定電気通信役務提供者」と定義し、発信者情報開示請求の対象となる通信に用いられた特定電気通信設備を管理する「特定電気通信役務提供者」が「開示関係役務提供者」とされます。

　開示関係役務提供者には、例えばサーバーを提供している者、電子掲示板を管理している者、インターネットサービスプロバイダなどが該当します。そして、開示関係役務提供者について営利性などは要求されないため、通信事業を営む事業者以外にも、従業員等のためにインターネット通信設備を設置して利用させている企業・大学・地方公共団体、そして趣味的に電子掲示板を開設している個人なども開示関係役務提供者となる場合があります。

　なお、インターネットへの接続サービスを行っているだけのインターネットサービスプロバイダに対する発信者情報開示請求が認められるかという議論がありましたが、最高裁平成22年4月8日判決（民集64・3・676）は、これについても「特定電気通信役務提供者」に該当すると判示しており、実務上決着しています。

(7) 発信者情報

　発信者情報とは、「氏名、住所その他の侵害情報の発信者の特定に資する情報であって総務省令で定めるもの」とされています。総務省令（プロバイダ責任制限法省令）で定められている情報は以下のとおりです。

① 発信者その他侵害情報の送信に係る者の氏名又は名称（1号）
② 発信者その他侵害情報の送信に係る者の住所（2号）
③ 発信者の電子メールアドレス（3号）
④ 侵害情報に係るアイ・ピー・アドレス（4号）
⑤ 侵害情報に係る携帯電話端末等からのインターネット接続サービス利用者識別符号（5号）
⑥ 侵害情報に係るSIMカード識別番号（6号）

⑦ 侵害情報が送信された年月日及び時刻（7号）

　開示関係役務提供者が把握している発信者に関する情報としては、クレジットカード番号や銀行口座の番号、電話番号などを把握しているケースも少なくないと思われます。しかし、発信者情報は個人のプライバシーに関わるもの、場合によって通信の秘密に関するものもあるので、広くいろいろな情報が発信者情報開示請求によって開示されるとすることは相当とはいえません。他方で、法律中に開示対象となる情報を書き尽くすことも困難です。そこで、プロバイダ責任制限法省令によって発信者情報の範囲を画することとなっています。

　そのため、例えばプロバイダ責任制限法省令に規定のない電話番号などの情報の開示は認められません。

(8)　「保有」の要件

　発信者情報開示の対象となる情報は、開示関係役務提供者が「保有」するものでなくてはなりません。

　「保有」とは、法律上又は事実上、自己の支配下に置いている状態を指すものであり、端的に言えば開示関係役務提供者が開示する権限を有するという意味です。開示を行う権限があれば、第三者に委託して情報管理を行っている場合であっても、「保有」しているといえます。

　他方で、開示する権限が実行可能な状態にあることも必要であり、情報の抽出のために膨大なコストを要する場合や、体系的に保管されておらずその情報の存在を確認できない場合は、「保有」しているとはいえないとされます。

2　発信者情報開示請求の流れ

(1)　総　論

　発信者情報開示請求においてしばしばある誤解は、開示請求を行えば、一度の請求で発信者が特定されると考えているというものです。しかし、そのような例は通常ありません。

　誰が発信（投稿）を行ったのかは、外部からうかがい知ることはできないため、発信者の情報にたどり着くためには、見えている情報（ないしウェブサイト上から探すことができる情報など）を元に順々に情報を辿っていくことが必要です。

　基本的には、次のような手続を踏んでいくことが必要です。

① 　コンテンツプロバイダやホスティングプロバイダに対して発信者情報開示請求を行い、IPアドレス、タイムスタンプ等の開示を受ける。

② 　IPアドレスを元にインターネットサービスプロバイダを特定し、当該インターネ

ットサービスプロバイダに対して発信者情報開示請求を行い、発信者（プロバイダ契約者）の情報開示を受ける。

ただし、インターネットサービスプロバイダがMVNO（仮想移動体通信事業者）であった場合や、ジェイコムであった場合には、②の手続の前にさらに別途開示請求の必要があります。

なお、IPアドレスは「123.45.67.89」などの数字の羅列です。これをWHOISというIPアドレスやドメイン名の登録者などに関する情報を検索できるサービスを用いて調べると、そのIPアドレスがどのインターネットサービスプロバイダに割り振られたものかが分かります。発信（投稿）は、インターネットサービスプロバイダを通さなければすることができないため、IPアドレスを調べることで発信者の利用したインターネットサービスプロバイダが判明することになります。

IPアドレスは不足しているため（ただし、IPバージョン4に限ります。）、端末ごと、又は各インターネットサービスプロバイダの契約者ごとに固有の番号を割り振ることができません。そのため、接続のたびに（又は、ルーターの電源が入れられるたび）などにIPアドレスが割り当てられています（これを「動的IPアドレス」といいます。）。したがって、発信者を特定するには、IPアドレスだけでは不足で、IPアドレスと当該IPアドレスが使用された時間を特定することが必要です。これにより、インターネットサービスプロバイダが誰に当該IPアドレスを割り振ったかを調査し、ようやく発信者が特定されることになります。

(2) MVNO

MVNOとは、自社で無線通信回線設備を保有せずに、自社ブランドで携帯電話やインターネット接続などの移動体通信サービスを行う仮想移動体通信事業者のことです。元々の回線を提供している事業者をMNO（移動体通信事業者）といい、NTTドコモ、KDDI、ソフトバンクなどがこれに当たります。

発信者がMVNOを介してインターネット上で情報発信を行った場合、通信はMNOの設備からコンテンツプロバイダないしホスティングプロバイダの設備に対してなされることになり、コンテンツプロバイダないしホスティングプロバイダから開示されるIPアドレス等はMNOのものとなります。しかし、MNOは発信者と直接の契約があるわけではなく顧客情報を把握していないのが通常です。そこで、MVNO経由での情報発信の場合には、コンテンツプロバイダないしホスティングプロバイダから開示されるIPアドレスから判明するMNOに対してMVNOの情報（名称・住所）の開示を受けた上で、改めてMVNOに対して発信者の住所氏名等の開示請求を行うことが必要になります。

(3) ジェイコム

　ジェイコムとは、株式会社ジュピターテレコムが展開するケーブルテレビ等のサービス名称です。株式会社ジュピターテレコムはケーブルテレビネットワークを通じてインターネット接続事業を行っていますが、カスタマーサービスは各地域を統括する地域会社が行っているので、顧客情報は各地域会社が保有しています。そのため、開示されたIPアドレス等を調べただけでは、各子会社の情報までは出てこず、親会社である株式会社ジュピターテレコムの情報が出てくることが少なくありません。そのため、実際の開示請求をするためには、発信者の顧客情報を保有している各地域会社に対して開示請求を行うことが必要になります。IPアドレスを調べた結果、そのIPアドレスを保有しているのが株式会社ジュピターテレコムであると分かった場合、同社に対して発信者情報開示請求を行うと、実際の顧客情報を保有している地域会社がどこかを教えてくれます。そこで、その情報をもとに地域会社に対して発信者情報開示請求を行うことになります。

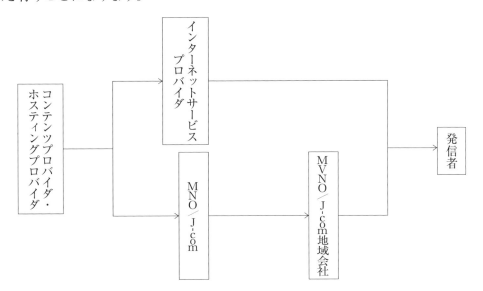

3　コンテンツプロバイダ・ホスティングプロバイダへの発信者情報開示請求

(1)　メール、ウェブフォーム（お問い合わせフォーム）

　発信者情報の開示をするためには、まず投稿が存在しているコンテンツプロバイダないしホスティングプロバイダに対して、IPアドレス等の開示請求をすることが必要です。

　開示請求の手続は種々ありますが、一番簡単な方法として、メールやウェブフォー

ム（お問い合わせフォーム）が設置してあるウェブサイトであれば、それにより開示請求をするということが考えられます。基本的な記載内容は、下記(3)のテレサ書式に書くべき内容であり、権利侵害が明白であるということを積極的に説明することが必要でしょう。

ただし、削除についてはともかく、発信者情報開示請求については慎重な判断をするところが多く、請求をしても別途本人確認書類その他の書類を要求されるなどすることも多く、回答してもらえないことも少なくありません。

(2) 弁護士会照会

次に、弁護士会照会を用いるという方法があります。この照会は法令に基づくものであり、個人情報保護法上の制約を受けないという特色があります。各弁護士会が書式を定めているはずなので、その書式にのっとって開示をしてもらいたい理由を記載していくことになります。弁護士会照会は、あくまで場合によってですが、通常はさらに手続を進めなければ得ることができない、発信者がコンテンツプロバイダやホスティングプロバイダに登録した際の氏名（名称）、住所（所在）、メールアドレスその他の情報を開示してもらえることがあり得ます。そのため、照会事項についてはなるべく多くの項目を記載しておいた方がよいでしょう。ただし、プロバイダ責任制限法を理由に、弁護士会照会に応じることはできないという回答がされることが多いため、過度な期待はできません。

(3) テレサ書式

ア 総論

一般社団法人テレコムサービス協会のウェブサイトには発信者情報開示請求書という書式（本書では「テレサ書式」といいます。）が用意されています。この書式に必要事項を記載して、コンテンツプロバイダないしホスティングプロバイダに対して開示請求を行うことができます。

書式は以下のようなものです。

【発信者情報開示請求書】

```
                                               年  月  日
   至 ［特定電気通信役務提供者の名称］御中

                          ［権利を侵害されたと主張する者］（注1）
                              住所
                              氏名              印
                              連絡先
```

発信者情報開示請求書

　[貴社・貴殿]が管理する特定電気通信設備に掲載された下記の情報の流通により、私の権利が侵害されたので、特定電気通信役務提供者の損害賠償責任の制限及び発信者情報の開示に関する法律（プロバイダ責任制限法。以下「法」といいます。）第4条第1項に基づき、[貴社・貴殿]が保有する、下記記載の、侵害情報の発信者の特定に資する情報（以下、「発信者情報」といいます）を開示下さるよう、請求します。

　なお、万一、本請求書の記載事項（添付・追加資料を含む。）に虚偽の事実が含まれており、その結果[貴社・貴殿]が発信者情報を開示された契約者等から苦情又は損害賠償請求等を受けた場合には、私が責任をもって対処いたします。

記

[貴社・貴殿]が管理する特定電気通信設備等	（注2）
掲載された情報	
侵害情報等	侵害された権利	
	権利が明らかに侵害されたとする理由（注3）	
	発信者情報の開示を受けるべき正当理由（複数選択可）（注4）	1. 損害賠償請求権の行使のために必要であるため 2. 謝罪広告等の名誉回復措置の要請のために必要であるため 3. 差止請求権の行使のために必要であるため 4. 発信者に対する削除要求のために必要であるため 5. その他（具体的にご記入ください）
	開示を請求する発信者情報（複数選択可）	1. 発信者の氏名又は名称 2. 発信者の住所 3. 発信者の電子メールアドレス 4. 発信者が侵害情報を流通させた際の、当該発信者のIPアドレス及び当該IPアドレスと組み合わされたポート番号（注5） 5. 侵害情報に係る携帯電話端末等からのイ

		ンターネット接続サービス利用者識別符号（注5）
		6. 侵害情報に係るSIMカード識別番号のうち、携帯電話端末等からのインターネット接続サービスにより送信されたもの（注5）
		7. 4ないし6から侵害情報が送信された年月日及び時刻
	証拠（注6）	添付別紙参照
	発信者に示したくない私の情報（複数選択可）（注7）	1. 氏名（個人の場合に限る） 2. 「権利が明らかに侵害されたとする理由」欄記載事項 3. 添付した証拠

イ　記載方法

記載方法は次のとおりです。

① 　左上の「［特定電気通信役務提供者の名称］」には、開示を請求する相手となるコンテンツプロバイダないしホスティングプロバイダを記載します。

② 　「［権利を侵害されたと主張する者］」には、依頼者の住所（所在）、氏名（社名）等を書くことになります。連絡先としては、代理人弁護士の事務所の連絡先（事務所名、住所、代理人氏名、電話番号、FAX番号等）を記載します。「印」のところには、代理人の職印を押します。

③ 　「［貴社・貴殿］が管理する特定電気通信設備等」には、発信者情報開示を請求したいと考えているURLを記載します。特定電気通信設備は、インターネットを利用するために用いられている設備を指すところ、URLはどのサーバーにアクセスするべきかを示すものであるため、URLを明記すれば特定電気通信設備を示したことになります。ただし、掲示板やブログのトップページのURLを書いても、ブログのどの記事なのか、どこに問題の書き込みがあるのか分かりませんし、掲示板であればどのスレッドの何番目の書き込みなのか、ということが分かりません。そのため、問題の投稿がある個別具体的な箇所を明示する必要があります。掲示板であれば個別のブログの記事のURL、掲示板であればスレッドのURLとレス番号を明記する必要があります。

④ 　「掲載された情報」には、問題の書き込みがどのような内容を含んでいるのかを要約すればよいです。内容自体が短いものであれば、その内容をコピー&ペーストしてもよいでしょう。

⑤　「侵害された権利」には、どのような権利が侵害されたのかを記載することになります。名誉権やプライバシー権、営業権といった記載をすればよいでしょう。ただし、これは次の「権利が明らかに侵害されたとする理由」に記載する内容と整合している必要があるため、その点は注意してください。

⑥　「権利が明らかに侵害されたとする理由」ですが、これは上記1(4)で説明したとおり、権利侵害の存在と違法性阻却事由の不存在を説明することが必要です。

　投稿内容が依頼者を指していること（同定可能性）から、なぜ当該内容が権利を侵害するものといえるか、違法性阻却事由がないといえるのかを説明してください。なお、コンテンツプロバイダないしホスティングプロバイダは、投稿された内容に関して全く関与していないのが通常です。そのため、背景事情も含めて説明をすることで、事情を把握し権利侵害の明白性があると判断してくれる可能性が高まるため、その点を意識するとよいでしょう。

⑦　「発信者情報の開示を受けるべき正当理由」には、当てはまるものに「○」をつけるか、当てはまるもの以外を削除すればよいです。

⑧　「開示を請求する発信者情報」については、開示を求めたい情報に「○」をつければよいですが、コンテンツプロバイダないしホスティングプロバイダが保有している情報は、IPアドレス、タイムスタンプ等に限られるため、「発信者が侵害情報を流通させた際の、当該発信者のIPアドレス及び当該IPアドレスと組み合わされたポート番号」「侵害情報に係る携帯電話端末等からのインターネット接続サービス利用者識別符号」「侵害情報に係るSIMカード識別番号のうち、携帯電話端末等からのインターネット接続サービスにより送信されたもの」「侵害情報が送信された年月日及び時刻」が当てはまることになります。

⑨　「証拠」ですが、主張の裏付けとなる資料があるのであれば、それを添付して送ることになります。資料はできる限りあった方がよいでしょう。

⑩　「発信者に示したくない私の情報」についてですが、示したくないものについては「○」を付けるなどすればよいです。ただし、発信者情報開示請求書を受け取ったコンテンツプロバイダないしホスティングプロバイダは、発信者に対して意見照会を行うことになりますが、その際の説明が必要であるとして、「「権利が明らかに侵害されたとする理由」欄記載事項」については開示してもよいかという確認がされることはあります。

　　ウ　必要書類等

開示請求をする際、発信者情報開示請求書だけを送るのでは不十分です。

まず、インターネット上に問題の書き込みが存在していたことが分かる資料として、

対象のURLが分かるように保存した証拠（PDF、スクリーンショット等）を送る必要があります。また、第三者によるなりすましによる請求でないことを明らかにするため、印鑑証明書（発行から3か月以内）や身分証（運転免許証、パスポート、健康保険証等）の写しも必要になります。なお、請求者が法人の場合、法人の印鑑証明書のみならず、登記事項証明書も提出するよう要請してくるコンテンツプロバイダないしホスティングプロバイダもあります。

開示請求を送付する方法は、通常は郵送ですが、コンテンツプロバイダによってはメール等で送るように指示されるところもあります。

　　エ　相手方の対応

発信者情報開示請求書を受け取ったコンテンツプロバイダないしホスティングプロバイダは、書類の不備を確認し、不備がなければ発信者に対して2週間の期間を定めて意見聴取を行います。意見聴取の結果、発信者が開示請求に同意すれば、コンテンツプロバイダ又はホスティングプロバイダは情報の開示を行います。

他方、発信者が同意しない場合でも、コンテンツプロバイダないしホスティングプロバイダは発信者の意見に従わなければいけないわけではないため、権利侵害の明白性が認められると判断すれば、開示がされます。

(4)　仮処分

　　ア　総論

発信者情報開示請求は裁判手続を使わなくても可能ですが、必ずしも開示されるわけではありません。そのため、開示されない場合や、開示されない蓋然性が高いとあらかじめ判断する場合、裁判所から開示を命じてもらうため、仮処分を用います。

なお、コンテンツプロバイダないしホスティングプロバイダに対する発信者情報開示請求では、本案訴訟ではなく仮処分を用いることが必要です。本案訴訟で争うこともちろん可能ですが、通信ログの保存期間は3か月又は6か月程度であることが多く、コンテンツプロバイダないしホスティングプロバイダと争っているうちに、インターネットサービスプロバイダの通信ログが削除されてしまうおそれがあります。

　　イ　申立書の記載

【発信者情報開示仮処分命令申立書】

発信者情報開示仮処分命令申立書

収入
印紙

平成○年○月○日

東京地方裁判所民事第9部　御中

　　　　　　　　　　　　　　　　　債権者代理人弁護士　削　除　太　郎　㊞

　　当事者の表示　別紙当事者目録記載のとおり
　　仮処分により保全すべき権利　発信者情報開示請求権

申立ての趣旨
　債務者は、債権者に対し、別紙発信者情報目録記載の各情報を仮に開示せよ
との裁判を求める。

申立ての理由
第1　債務者
　債務者は、○○サイト（以下「本件サイト」という。）その他のウェブサイトを管理・運営する法人である（疎甲2）。

第2　被保全権利
　1　権利侵害の明白性
　本件サイトでは、コメントを投稿する機能があるところ、氏名不詳者により別紙投稿記事目録記載の投稿（以下「本件投稿」という。）がなされた（疎甲1）。
　本件投稿が話題の対象としているのは、別紙権利侵害の説明記載のとおり債権者であり、債権者の人格権を明白に侵害する。
　2　開示関係役務提供者
　本件投稿は、不特定の者が自由に閲覧でき、特定電気通信役務提供者の損害賠償責任の制限及び発信者情報の開示に関する法律2条1号の「不特定の者によって受信されることを目的とする電気通信の送信」に該当する。
　それゆえ、本件投稿が保存されているサーバーコンピューターは「特定電気通信の用に供される電気通信設備」に当たる。
　そして債務者は、上記特定電気通信設備を用いて、本件サイトへの投稿と閲覧を媒介し、又は特定電気通信設備をこれら他人の通信の用に供する者だから、同条3号の「特定電気通信役務提供者」に当たる。
　以上から、債務者は同法4条1項の「当該特定電気通信の用に供される特定電気通信設備を用いる特定電気通信役務提供者」に該当する。
　3　発信者情報開示請求権
　債権者は、本件投稿記事の発信者に対し、権利侵害を理由として、今後の投稿がされた場合の差止請求や不法行為に基づく損害賠償請求等の準備をしている。
　そのためには、本件投稿の投稿者にかかる発信者情報が必要であって、発信者情報の開示を求める正当理由がある。

4 小 括

したがって、債権者は債務者に対し、被保全権利として発信者情報開示請求権を有する。

第3 保全の必要性
1 IPアドレス・接続元ポート番号とタイムスタンプの早期開示の必要性
(1) 債務者の保有する情報

債務者は通信ログとして、本件投稿につき別紙発信者情報目録記載のIPアドレス・接続元ポート番号とタイムスタンプの記録を保有している。

(2) 侵害者の特定方法

債権者が投稿者に対し損害賠償等を請求するには、①債務者からIPアドレス・接続元ポート番号とタイムスタンプの開示を受けた後、②このIPアドレスを保有するインターネットサービスプロバイダに対し、動的IPアドレスの割当先である会員について、氏名及び住所の開示を求めることが不可欠である。

(3) 通信ログが削除されるおそれ

ところが、インターネットサービスプロバイダの通信ログについては、保存義務を定めた規定がなく、無期限に保存されているわけではない。

保存期間はインターネットサービスプロバイダによって異なるものの、多くのインターネットサービスプロバイダで3～6か月、長くて1年程度である。

(4) 損害賠償請求の機会の確保、今後投稿しないことの誓約等の確保

そうだとすれば、債権者が債務者に対しIPアドレス開示の本案訴訟を提起しても、請求が認容された時点では、インターネットサービスプロバイダの通信ログは削除されている可能性が高い。

そうなれば債権者は、投稿者に対する損害賠償等の請求の機会や、今後投稿しないことの誓約等を確保する機会を失ってしまう。

2 小 括

したがって、債権者は債務者に対し、発信者情報の開示を仮に求めておく必要がある。

以 上

疎 明 方 法
1 疎甲第1号証 掲示板スクリーンショット
2 疎甲第2号証 WHOIS検索結果

添 付 書 類
1 疎甲号証 各1通
2 証拠説明書 1通

```
   3  訴訟委任状    1通
   4  資格証明書    1通
```

（別紙）

発 信 者 情 報 目 録

1　別紙投稿記事目録にかかる各投稿記事を投稿した際のアイ・ピー・アドレス及び当該アイ・ピー・アドレスと組み合わされたポート番号
2　前項のアイ・ピー・アドレスが割り当てられた電気通信設備から、債務者の用いる特定電気通信設備に前項の投稿記事が送信された年月日及び時刻

（別紙）

投 稿 記 事 目 録

閲覧用URL	http://www.xxx.com/archives012345689
投稿日時	2016/07/15　16:52:32
投稿内容	○○○○

　仮処分では、大きく被保全権利と保全の必要性の存在を主張疎明することが必要です。発信者情報開示請求仮処分における被保全権利は、発信者情報開示請求権です。債務者（コンテンツプロバイダないしホスティングプロバイダ）が特定電気通信役務提供者であることの説明や、特定電気通信設備を保有していることなどの主張のほか、発信者情報開示請求権があることの主張疎明を行います。ただし、発信者情報開示請求権の発生のうち、権利侵害の明白性以外は、どの債務者を対象にしてもほとんど内容が変わりません。そのため、権利侵害の明白性の部分以外は、「別紙権利侵害の説明」などという形で、別紙を引用する形にすることが簡便と思われます。
　また、保全の必要性とは、早急に決定が出ないと回復できないような損害が生じるおそれがあるということを指す要件ですが、この点はコンテンツプロバイダないしホスティングプロバイダも、さらにはインターネットサービスプロバイダも、通信ログ

を保存している期間は3か月又は6か月程度のことが多いため、早急にIPアドレスやタイムスタンプを開示してもらえないとログが消えてしまい、書き込みをした人物の特定ができなくなるため、この点を指摘すればよいでしょう。なお、保全の必要性についても、債務者がどこになっても変わる部分ではないといえます。

　ウ　手　続

　手続は裁判所によって若干の違いがあります。

　東京地方裁判所、大阪地方裁判所の保全部では、全件債権者面接を実施する運用になっています。したがって、両裁判所に仮処分の申立てをする場合、まず裁判官と面談の上、形式に不備がないか、疎明が不足している部分がないかの指摘を受けます。特に指摘されることがなければ、双方審尋期日の調整をすることになります。

　これ以外の裁判所では、基本的には債権者面接は行われず、特に問題がなければ双方審尋期日が設定されることになります。双方審尋期日は、通常、1週間後に設定されます。なお、申立書や疎明資料の副本は、債務者に直送する扱いです。

　債務者は開示請求を争うことが通常であり、以後、主張疎明の応酬をすることになります。最終的に申立てに一応の理由があるという判断を裁判所がする場合、裁判所は担保決定を行います。担保は、あまりに対象が多いといった事情がなければ、通常は10万円とされることが多いです。なお、削除も一緒に求めている場合には、30万円とされる事例が多いです。

　担保金を法務局に供託し、供託書正本を裁判所に提出すれば、仮処分命令が発令されることになります。

　なお、申立ての際に必要になる印紙額は2,000円です。

4　通信ログ保存（消去禁止）請求

(1)　総　論

　コンテンツプロバイダないしホスティングプロバイダからIPアドレスやタイムスタンプの開示を受けたら、次はインターネットサービスプロバイダに対して、発信者情報開示請求（プロバイダ契約者の情報開示請求）をすることが必要です。

　通信ログの保存期間は法定されているわけではなく、インターネットサービスプロバイダが独自に保存期間を定めていますが、通信ログを保存している期間は3か月又は6か月程度なので、書き込みをされた時点から3か月以内に、インターネットサービスプロバイダに対して開示請求を行う必要があります。

　しかし、インターネットサービスプロバイダによっては、開示請求の審議状況にかかわらず、期間が経過すると一律に通信ログを削除するところもあります。そこで、

インターネットサービスプロバイダに対しては、結果が出るまでは通信ログを保存しておくように（消去しないように）請求する必要があります。

　(2)　任意請求

　通信ログの保存については、仮処分等を経なくても、通信ログの保存を行ってもらいたい旨の連絡をすることで、応じてくれるインターネットサービスプロバイダが多い印象があります。そこで、簡潔に状況を説明した上で、どこにどのようなことが書かれていたのかといったことを投稿記事目録などの形で分かりやすくまとめた上で、通信ログ保存を求めることになります。なお、IPアドレスから判明した先が、MNOの場合もあることから、その場合に備えて、MVNOがどこかを尋ねるようにすると、よりよいだろうと思われます。

【通信ログ保存のお願い】

通信ログ保存のお願い

平成〇年〇月〇日

〒〇〇〇-〇〇〇〇
東京都〇区〇〇〇〇〇〇〇〇
Ｙ株式会社　お客様相談室　御中

　　　　　　　　　　　　　　　　〒〇〇〇-〇〇〇〇
　　　　　　　　　　　　　　　　東京都〇区〇〇〇〇〇〇〇〇
　　　　　　　　　　　　　　　　開削法律事務所
　　　　　　　　　　　　　　　　弁護士　削　除　太　郎　㊞
　　　　　　　　　　　　　　　　電　話　〇〇-〇〇〇〇-〇〇〇〇
　　　　　　　　　　　　　　　　ＦＡＸ　〇〇-〇〇〇〇-〇〇〇〇

前略

　当職は、Ｘ株式会社（以下「Ｘ社」といいます。）の代理人弁護士として、ご連絡を申し上げます。

1　Ｘ社は、「〇〇サイト」で、氏名不詳者により別紙投稿記事目録記載の誹謗中傷を受けておりました。Ｘ社は、サイト運営会社である〇〇社から本件投稿に関する通信ログ（IPアドレス、タイムスタンプ）の開示を受けました。

2　当該IPアドレスを調査したところ、貴社をインターネットサービスプロバイダとして投稿がされていることが判明いたしました。そこで、貴社に対して発信者情報開示請求をすることを考えておりますが、裁判所が開示を認容する判決を下す場合に備え、貴社が保有する通信ログを保存いただきたく考えております。お忙しいところ大変恐

縮ですが、本書到着後1週間以内に、書面にてご回答いただければ幸甚です。
3　なお、既に通信ログが存在していないということであれば、その旨ご連絡ください。また、貴社がMNOとしてMVNOに回線を貸し出しているなど、エンドユーザーの情報を保有していない場合には、エンドユーザーの情報を保有する可能性があるMVNOの名称・連絡先等を、本書到着後1週間以内に、書面にてご回答いただければと思います。

草々

添　付　書　類

1　委任状
2　掲示板のスクリーンショット
3　開示された発信者情報

（別紙）

投　稿　記　事　目　録

閲覧用URL	http://www.xxx.com/archives012345689/
投稿日時	2016/07/15　16:52:32
投稿内容	○○○○
IPアドレス	180.1.0.235
リモートホスト	p11235-ipngn1801marunouchi.tokyo.ocn.ne.jp

(3)　テレサ書式

　上記のような書式をもって通信ログの保存を求めてもよいのですが、テレサ書式の発信者情報開示請求書を送ることでも、事実上通信ログの保存を請求することができます。

　すなわち、発信者情報開示請求を受けたインターネットサービスプロバイダは、前述のとおり、発信者に対して意見聴取を行うことが必要になります。発信者に意見聴取を行うためには、大前提として、インターネットサービスプロバイダにおいてIPアドレス及びタイムスタンプから特定される者（＝発信者）を調査することが必要です。そして、意見聴取の手続は、通常郵便で行われます。

　つまり、インターネットサービスプロバイダが発信者情報開示請求を受けた時点で

通信ログが存在していれば、その時点でインターネットサービスプロバイダは発信者が誰かを把握し、その記録は意見聴取手続の過程で残ることになります。

したがって、発信者情報開示請求を行うことで、事実上通信ログの保存がされるという効果が発生します。

なお、インターネットサービスプロバイダに対する発信者情報開示請求書の記載方法については、後述します（下記5(1)参照）。

(4) 仮処分

発信者情報開示請求書を送付することで、事実上通信ログが保存される以上、基本的には仮処分を用いてまで通信ログの保存を行うべき必要はありません。しかし、通信ログの調査と照合に時間がかかる場合や、必ずしも発信者を1名に特定できないという場合もあり、その場合には仮処分を用いて、インターネットサービスプロバイダと早めに協議等ができる場を設定することが必要になります。

このようなことが必要になる代表的な場合として、NTTドコモのスマートフォンが使用されている場合です。NTTドコモのスマートフォンは、IPアドレスとタイムスタンプでの特定が行われず、接続先のURLと当該URLに接続した時間の2点で発信者を特定します。偶然にも同じ時間に同じ接続先URLに複数の接続がある場合や、何らかの原因でコンテンツプロバイダないしホスティングプロバイダに接続した時間と数秒のずれが発生している場合があり得ます。

このような状況がある中で裁判手続外でやり取りをしていると通信ログの保存期間が過ぎてしまう蓋然性が高いです。そのため、回答期限を区切ることができる仮処分の手続の中でやり取りをした方がよいのです。

【発信者情報消去禁止仮処分命令申立書】

発信者情報消去禁止仮処分命令申立書

収入
印紙

平成○年○月○日

東京地方裁判所民事第9部　御中

債権者代理人弁護士　削　除　太　郎　㊞

当事者の表示　別紙当事者目録記載のとおり
仮処分により保全すべき権利　発信者情報開示請求権

申立ての趣旨

　債務者は、別紙投稿記事目録記載の各投稿記事にかかる別紙発信者情報目録記載の各情報を消去してはならない
との裁判を求める。

申立ての理由

第1　被保全権利
　1　権利侵害の明白性
　債権者は、○○サイト（以下「本件サイト」という。）において、氏名不詳者から別紙投稿記事目録記載の投稿（以下「本件投稿」という。）をされた（疎甲1）。
　本件投稿が話題の対象としているのは、別紙権利侵害の説明記載のとおり債権者であり、債権者の人格権を明白に侵害する。
　2　掲示板管理者からの発信者情報の開示
　本件申立てに先立ち、債権者は、本件サイトの管理会社からIPアドレス等の発信者情報の開示を得た（疎甲2）。
　開示された情報によると、本件各投稿は債務者を経由して投稿されたものである（疎甲3）。
　3　開示関係役務提供者
　本件投稿は、不特定の者が自由に閲覧でき、特定電気通信役務提供者の損害賠償責任の制限及び発信者情報の開示に関する法律2条1号の「不特定の者によって受信されることを目的とする電気通信の送信」に該当する。
　それゆえ、本件投稿が経由したリモートホストは「特定電気通信の用に供される電気通信設備」に当たり、同条2号の「特定電気通信設備」に当たる。
　そして債務者は、かかる特定電気通信設備を用いて、本件サイトへの投稿と閲覧を媒介し、又は特定電気通信設備をこれら他人の通信の用に供する者だから、同条3号の「特定電気通信役務提供者」に当たる。
　以上から、債務者は同法4条1項の「当該特定電気通信の用に供される特定電気通信設備を用いる特定電気通信役務提供者」に該当する。
　4　正当理由
　債権者は、本件投稿記事の発信者に対し、権利侵害を理由として、今後の投稿がされた場合の差止請求や不法行為に基づく損害賠償請求等の準備をしている。
　そのためには、本件投稿の投稿者にかかる発信者情報が必要であって、発信者情報の開示を求める正当理由がある。
　5　小括
　したがって、債権者は債務者に対し、被保全権利として発信者情報開示請求権を有する。
第2　保全の必要性
　1　債務者の保有する情報
　債務者は通信ログとして、各投稿に使用されたIPアドレス及び同アドレスの割当日時

等の記録及び契約者情報として、上記IPアドレス使用者の住所氏名、メールアドレス等の情報を保有している。

2 通信ログ保存の必要性

債務者を含めインターネットサービスプロバイダは、通信ログを3か月から長くとも1年程度しか保存していない。そのため、発信者情報開示の本案訴訟を経たあとでは、もはや通信ログがなく、投稿者に対する損害賠償請求が不可能になるおそれがある。

3 小 括

したがって、債権者は債務者に対し、発信者情報の消去禁止を仮に求めておく必要がある。

以 上

疎 明 方 法

1　疎甲第1号証　　掲示板スクリーンショット
2　疎甲第2号証　　サイト管理者から開示された情報
3　疎甲第3号証　　WHOIS検索結果

添 付 書 類

1　疎甲号証　　　各1通
2　証拠説明書　　1通
3　訴訟委任状　　1通
4　資格証明書　　1通

（別紙）

発 信 者 情 報 目 録

別紙投稿記事目録記載の各投稿記事の投稿に用いられた、同目録記載のアイ・ピー・アドレスを、同目録記載の投稿日時頃に使用した契約者に関する情報であって、次に掲げるもの

1　氏名又は名称
2　住所
3　電子メールアドレス

（別紙）

投 稿 記 事 目 録

閲覧用URL	http://www.xxx.com/archives012345689/
投稿日時	2016/07/15　16:52:32
投稿内容	○○○○
IPアドレス	180.1.0.235

　通信ログの保存は、ある情報の消去をされないように求めるものであるため、発信者情報の消去を禁止するという、一定の行為をしてはならないという形の請求を行うことになります。被保全権利は発信者情報開示請求権であり、これがあるということと、保全の必要性があるということの主張疎明が必要ですが、この仮処分はインターネットサービスプロバイダに過大な負担を強いるものではありません。そのため、インターネットサービスプロバイダに通信ログがあるということが分かれば、そこまで厳しい判断はされず、一応の理由があると判断すると、10万円程度の担保金を条件に、決定が発令されるのが一般的です。

　また、インターネットサービスプロバイダが、一定の期間までであれば通信ログ保存を行うという和解案を提案してくることも少なくありません。

　なお、申立て時に必要になる印紙額は2,000円です。

5　インターネットサービスプロバイダへの発信者情報開示請求

（1）テレサ書式

　インターネットサービスプロバイダに対しても、テレサ書式に基づいて開示請求をすることができます。基本的な書き方は、コンテンツプロバイダないしホスティングプロバイダに対する請求と同様です。しかし、「［貴社・貴殿］が管理する特定電気通信設備等」と「開示を請求する発信者情報」は、書き方が大きく変わります。

　前者については、IPアドレスとタイムスタンプを記載することになります。例えば、以下のように記載します。なお、「別紙投稿記事目録のとおり」などとして、別紙として投稿記事目録を添付するという方法もあり得ます。

［貴社・貴殿］が管理する特定電気通信設備等	IPアドレス：49.98.160.163 タイムスタンプ：2016/07/15　16:52:32

後者については、発信者の氏名又は名称、発信者の住所、発信者のメールアドレスを選択すればよいでしょう。

ただし、この書式で開示請求をしても、開示がされる例はほとんどありません。インターネットサービスプロバイダが安易な開示をしてしまうと、インターネットサービスプロバイダ自身が発信者から損害賠償請求を受けるなどのリスクがあるためです。

(2) 本案訴訟

インターネットサービスプロバイダに対する開示請求は、仮処分を用いることは原則としてできず、本案訴訟が必要になります。

仮処分を利用するためには、保全の必要性を満たす必要があります。しかし、インターネットサービスプロバイダは発信者の情報を保有しており、これについては通信ログの保存さえできれば、開示を受けることができなくなるおそれはありません。したがって、あえて仮処分で開示するべき緊急の必要性がなく、保全の必要性を満たさないためです。

インターネットサービスプロバイダは、立場上開示に応じるわけにはいかないという建前もありますが、権利侵害の明白性の有無については、争ってくることも少なくありません。

【発信者情報開示請求訴訟訴状】

訴　状

平成○年○月○日

東京地方裁判所民事部　御中

原告訴訟代理人弁護士　削　除　太　郎　㊞

　　当事者の表示　別紙当事者目録記載のとおり
　　発信者情報開示請求事件

訴訟物の価額　160万円
貼用印紙額　1万3000円

請求の趣旨

1 被告は、原告に対し、別紙発信者情報目録記載の各情報を開示せよ
2 訴訟費用は被告の負担とする

との裁判を求める。

請求の原因

第1 権利侵害
 1 権利侵害の明白性

原告は、○○サイト（以下「本件サイト」という。）において、氏名不詳者から別紙投稿記事目録記載の投稿（以下「本件投稿」という。）をされた（甲1）。

本件投稿が話題の対象としているのは、別紙権利侵害の説明記載のとおり原告であり、原告の人格権を明白に侵害する。

 2 掲示板管理者からの発信者情報の開示

本件訴訟に先立ち、原告は、本件サイトの管理会社からIPアドレス等の発信者情報の開示を得た（甲2）。

開示された情報によると、本件投稿は被告を経由して投稿されたものである（甲3）。

 3 開示関係役務提供者

本件投稿は、不特定の者が自由に閲覧でき、特定電気通信役務提供者の損害賠償責任の制限及び発信者情報の開示に関する法律2条1号の「不特定の者によって受信されることを目的とする電気通信の送信」に該当する。

それゆえ、本件投稿が経由したリモートホストは「特定電気通信の用に供される電気通信設備」に当たり、同条2号の「特定電気通信設備」に当たる。

そして被告は、かかる特定電気通信設備を用いて、本件サイトへの投稿と閲覧を媒介し、または特定電気通信設備をこれら他人の通信の用に供する者だから、同条3号の「特定電気通信役務提供者」に当たる。

以上から、被告は同法4条1項の「当該特定電気通信の用に供される特定電気通信設備を用いる特定電気通信役務提供者」に該当する。

 4 正当理由

原告は、本件投稿記事の発信者に対し、権利侵害を理由として、今後の投稿がされた場合の差止請求や不法行為に基づく損害賠償請求等の準備をしている。

そのためには、本件投稿の投稿者にかかる発信者情報が必要であって、発信者情報の開示を求める正当理由がある。

 5 小括

したがって、原告は被告に対し、発信者情報開示請求権を有する。

第2 結論

よって、原告は、被告に対し、発信者情報開示請求権に基づき、別紙発信者情報目録記載の各情報の開示を求める。

以　上

証 拠 方 法

1　甲第1号証　　掲示板スクリーンショット
2　甲第2号証　　サイト管理者から開示された情報
3　甲第3号証　　WHOIS検索結果

添 付 書 類

1　訴状副本　　　1通
2　甲号証　　　　各2通
3　証拠説明書　　2通
4　訴訟委任状　　1通
5　資格証明書　　1通

（別紙）

発 信 者 情 報 目 録

別紙投稿記事目録記載のアイ・ピー・アドレスを、同目録記載の投稿日時頃に被告から割り当てられていた契約者に関する以下の情報
1　氏名又は名称
2　住所
3　電子メールアドレス

（別紙）

投 稿 記 事 目 録

閲覧用URL	http://www.xxx.com/archives012345689/
投稿日時	2016/07/15　16:52:32
投稿内容	○○○○
IPアドレス	180.1.0.235

訴訟に勝訴すれば、インターネットサービスプロバイダは多くの場合、控訴はせず、判決確定後に発信者情報を開示してくれます。

なお、発信者情報開示請求訴訟は訴額160万円とみなされるため（民訴費用法4②）、印紙額は1万3,000円です。

(3) 弁護士会照会

弁護士会照会によって発信者情報開示請求を行うという方法もあり得ます。しかし、やはりプロバイダ責任制限法を理由に、弁護士会照会に応じることはできないとの回答がされるのが通常です。

もっとも、アルテリア・ネットワークス株式会社は弁護士会照会に応じてくれます。そのため、同社がインターネットサービスプロバイダである場合は、積極的に弁護士会照会を利用するとよいといえます。

6　MVNO／ジェイコムの場合

(1)　任意請求

上記3〜5は基本的な場合ですが、MVNOやジェイコムがインターネットサービスプロバイダである場合もあります。

IPアドレスの開示を受け、WHOIS検索によりインターネットサービスプロバイダが判明した段階では、実際にはMVNO経由での情報発信がされているかどうかは確定できません。WHOIS検索の結果として、MNO事業を提供している会社名が出てきた場合であれば、MVNOの可能性を考えつつ進めることにはなりますが、直接問い合わせてみないことには確定ができないためです。

また、実際に回線提供をしているジェイコム地域会社が表示されることもあるものの、株式会社ジュピターテレコムが表示されることが多く、どのジェイコム地域会社が回線提供をしているのか、直接問い合わせないことには確定できないためです。

そこで、実際のサービス提供事業者はどこかを確定するためには、通信ログの保存を求める書面や発信者情報開示請求書を送付することなどが必要になります。相手方が実際のサービス提供事業者ではない場合には、多くの場合、実際のサービス提供事業者（MVNOやジェイコム地域会社）の情報を回答してくれることが多いです。

そこで、それが判明すれば、改めてMVNOやジェイコム地域会社に対して発信者情報開示請求をしていくことになります。

(2)　仮処分

MNOがMVNOの情報開示を拒むケースはまれですが、拒まれることもないわけで

はありません。その場合、MNOに対して発信者情報開示請求仮処分を申し立てることが必要です。

発信者情報の開示を受けるためには、MVNOの情報開示を受けた後に、MVNOに対する発信者情報開示請求を行うことが必要であり、そのためにはMVNOの通信ログ保存期間内に早期に行わなければなりません。そのため、早期にMVNOの情報を得る必要があるため、保全の必要性が認められ、仮処分による開示請求が可能です。

MVNOはプロバイダ責任制限法省令が規定する「発信者」ではありませんが、「その他侵害情報の送信に係る者」に該当するため、その名称と住所は発信者情報に含まれます。ただし、プロバイダ責任制限法省令3号の文言上、メールアドレスについては「発信者」のものに限定されているため、MVNO情報の開示を求める場合は、メールアドレスの開示請求はできません。

MNOに対してMVNO情報の開示を求める際の、発信者情報目録の記載は次のとおりです。

（別紙）

発 信 者 情 報 目 録

　別紙投稿記事目録記載のアイ・ピー・アドレスを同目録記載の投稿日時に使用した者に対し、インターネット接続サービスを提供したMVNOに関する情報であって次に掲げるもの
1　名　称
2　住　所

7　管　轄

(1)　相手方が日本法人の場合

発信者情報開示請求の管轄は、債務者ないし被告の普通裁判籍の所在地を管轄する裁判所にあります（民訴4①、民保7）。発信者情報開示請求権は、財産権上の訴え等には当たらず、民事訴訟法5条各号の適用がありません。したがって、例えば依頼者が東京都在住で、プロバイダが大阪府に所在している場合、その管轄裁判所は大阪地方裁判所となるのが原則です。

もっとも、例えば管轄合意をすることができれば、任意の裁判所で管轄を取得することは可能です。民事保全法6条は「この法律に規定する裁判所の管轄は、専属とする」

としているため、保全事件（仮処分）については合意による管轄は認められないのが原則ですが、本案に関して管轄合意をしていれば、当該事件の保全事件については合意している裁判所にて管轄が認められます。そのため、保全事件においても、管轄合意さえすることができれば、債務者の普通裁判籍の所在地を管轄する裁判所以外の裁判所でも管轄を取得することが可能です。

また、プロバイダが発信者情報開示請求を拒否していることを理由に、発信者情報開示請求とともに損害賠償請求を請求する場合、民事訴訟法5条1号、9号などに基づいて、原告の住所地を管轄する裁判所に管轄があるとすることができます（民訴3の6）。

(2) 相手方が国外法人の場合

相手方が国外法人である場合というのは、現時点ではそれほど多いというわけではありません。しかし、種々の国外サービスが日本語で提供されており、例えば、Twitter、Facebook、Googleなどは国外法人がサービス提供をしています。そのため、これらのようなコンテンツプロバイダに対して、発信者情報開示請求を行う場合、国外法人に対して発信者情報開示請求仮処分を起こすことが必要になります。

そこで、このような国外法人に対する請求に関して、管轄を取得することができるかが問題になります。

これらの法人は日本法人を置いてはいるものの、各日本法人は個々の通信内容等に触れることはできないようで、直接的にサービス提供をしているのは国外法人であるということのようです。

したがって、これらの法人は日本において日本語でサービスを提供しているところ、このサービスの過程で日本において権利を侵害されたことを理由にする請求は、「日本における業務に関するもの」であるといえます（民訴3の3五）。

したがって、これらの法人に対する発信者情報開示請求仮処分の管轄は、民事訴訟法10条の2、同規則6条の2により、東京都千代田区を管轄する裁判所、すなわち東京地方裁判所にあるということになります。

なお、ここで注意しなければならないのは、民事訴訟法10条の2の適用が可能なのは、あくまで「この法律の他の規定又は他の法令の規定により管轄裁判所が定まらないとき」であるということです。したがって、例えば削除を求める仮処分の場合、その管轄は民事保全法7条、民事訴訟法5条9号により、不法行為地に管轄が認められるため、民事訴訟法10条の2の適用の余地がありません。

第 5　ウェブサイトの調査

1　会社情報のオンラインでの調査

(1)　会社概要を見る

　掲示板やブログといったサイト（コンテンツプロバイダ）の管理者が誰なのかを調査する最も簡単な方法は、サイト内をくまなく読むことです。一般的なサイトでは、トップページの下部に「会社概要」「運営会社」「プライバシーポリシー」「利用規約」といったリンクがあることが多いため、これらをクリックして、リンク先にサイト管理者の情報がないか調べます。トップページというのは、サイトを構成するウェブページ群のうち、最上位にあるページのことです。本来は「ホームページ」という用語でしたが、どの階層にあるウェブページも全てホームページと表現する誤用が広まったため、区別する意味でトップページという言葉が使われ始めました。なお、Internet Explorerなどのウェブブラウザでは、起動直後に表示するページのことを「ホームページ」と表現していますので、ヘルプ等を読む際に注意してください。

　例えば、Yahoo!知恵袋であれば、パソコン用のURLは「http://detail.chiebukuro.yahoo.co.jp/qa/question_detail/qxxxxxx」といった表記になっていますが（xは数字）、トップページのURLは「http://chiebukuro.yahoo.co.jp」です。「/qa」から右を全て削除して［Enter］キーを押せば、トップページが表示されます。このサイトの場合、ページの最下部に「利用規約」というリンクがあり、クリックすると、「ヤフー株式会社」という会社名とともに、「会社概要」などのリンクが表示されます。

　相談者は、中傷等の書いてあるページだけを印刷して持参しがちですが、印刷物でURLを確認の上、トップページを表示してみると、案外簡単にサイト管理者が判明することもあります。

(2)　ウェブフォーム（お問い合わせフォーム）・メールを利用する

　サイト内に管理者情報が書いてない場合や、「copyright」の右に会社名ではなくサイト名が書いてあるような匿名サイトの場合でも、「お問い合わせフォーム」や「連絡先メールアドレス」を表示している例があります。

　このようなサイトでは、とりあえずウェブフォームやメールを使い、削除請求をしたい旨のメッセージを送ってみるのも1つの方法です。削除依頼の方法など、回答をもらえることがあります。IPアドレスの開示請求にも利用できる方法です。

　最近では、海外のレンタルサーバーを借りて個人が匿名サイトを運営しているケースもありますが、その場合は、レンタルサーバー会社のトップページで「contact us」

などのリンクを探し、「サイト運営者に連絡をとりたい」旨のメールをしてみるとよいでしょう。または、「サイト運営者に以下のメッセージを転送してほしい」として、削除依頼文を送る方法もあります。もっとも、削除依頼文は日本語でいいだろうと考え、「転送してほしい」だけを英語、削除依頼は日本語、という書き方で送った際に、「全て英語で」という返事が来たこともあります。どの言語で何を伝えるかは、臨機応変に対応してください。

サイト管理者のメールアドレスは、下記2で述べる「WHOIS」で判明することもあります。

(3) 過去のウェブサイトの情報を調査する

今では管理者情報が出ていないけれど、過去の一定時期、特に、サイトを立ち上げた当初には、管理者情報が出ていた、という例もあります。

過去にそのサイトがどのような情報を出していたのか知りたいときは、「Internet Archive: Wayback Machine」（http://archive.org/web/）を利用すると便利です。トップページで特定のURLを入力して検索すると、過去の状態を確認できる場合があります。場合がある、というのは、必ずしも全てのサイトが記録されているわけではなく、記録されているサイトにしても、全ての更新が記録されているわけではない、ということです。

実際の活用事例として、サイト管理者の電話番号が過去に表示されていたことを「Internet Archive: Wayback Machine」で確認し、弁護士会照会により住所氏名を特定したというケースがありました。

このサイトは、サイト管理者の調査だけでなく、いつ問題の投稿がなされたのかといった証拠収集にも利用できます。何年何月何日の状態なのかが分かるよう、ウェブページの上部に日付を表示したまま、印刷しておくとよいでしょう。

2 WHOISによるドメイン登録者調査

(1) サイト管理者が分からない場合

サイト内を見回してもサイト管理者が分からない、サイト管理者に関する情報が記載されていないという場合には、次に、「ドメイン名の登録者」が誰なのかを調べましょう。

ドメイン名は、インターネットの中でネットワークを特定するための文字列です。よくインターネットは小規模ネットワークを集めた大規模ネットワークであるとか、ネットワークのネットワークだと言われますが、この小規模ネットワークの住所を特定するものがドメイン名です。上記1のYahoo!知恵袋の例では、「yahoo.co.jp」の部

分が、この意味でのドメイン名です。

　インターネットで使われているドメイン名には、必ず「登録者」が存在します。例えば、清水陽平弁護士が所属する法律事務所アルシエンのドメイン名「alcien.jp」の登録者は清水陽平弁護士ですし、中澤佑一弁護士の所属する弁護士法人戸田総合法律事務所の「一歩踏み出す離婚相談」サイトのドメイン名「rikonlawfirm.com」の登録者は、弁護士法人戸田総合法律事務所です。

　上記の例を見ても分かるように、ドメイン名の登録者は、事実上、サイト管理者と同一人ではないかとの推定が働きます。そのため、サイト内に管理者に関する情報が何も記載されていない場合には、ドメイン名の登録者を調べてみるのが1つの方法です。

　ただし、サイトの作成をウェブ制作会社に完全委託している場合、ウェブ制作会社がドメイン名の登録者になっていることもありますし、ドメイン名を他人に譲渡している場合、名義書換をしていないと、過去の登録者が表示されたままになっていることがあります。そのため、ドメイン名の登録者を調べればサイト管理者が判明する、と言い切れるものではありませんが、1つの手掛かりにはなります。

　(2)　ドメイン名の登録者を調べる仕組み

　ドメイン名の登録者を調べるには、インターネットの「WHOIS」という仕組みを使います。「WHO IS」をつなげた言葉で、「フーイズ」と読みます。東京地裁民事9部（保全部）では、たとえそれがサイト管理者の疎明にならない資料であっても、サイト管理者の疎明として必ずWHOISの提出を求められますので、その仕組みと使い方を押さえておきましょう。

　WHOISは、一般のネット利用者の目には、ドメイン名登録者の検索サービスのように映ります。すなわち、調べたいドメイン名を検索ボックスに入力して「検索」ボタンなどをクリックすると、ドメイン名の登録者に関する情報が表示される仕掛けになっています。

　このような「WHOIS検索サイト」は、世界中に多数あります。検索サイトにおいて「WHOIS」というキーワードで検索すると、いろいろなWHOIS検索サイトが検索結果として表示されます。もっとも、①本家本元のWHOIS検索サイトと、②本家のWHOISから検索結果をコピーし独自のWHOIS検索サービスを提供している検索サイトという、2種類のWHOIS検索サイトがあります。例えて言うなら、2ちゃんねる掲示板とそのコピーサイトの関係に似ています。現状、東京地裁民事9部では、どちらのWHOISでも疎明資料として扱われていますが、情報の正確性（コピーが古いと登録者の情報も古い）を考えると、本家のWHOIS検索サービスを使う方が好ましいでしょう。

本家のWHOIS検索サイトは、ざっくり説明すると、国別・種類別に存在します。例えば、日本のJPドメインについては、「株式会社日本レジストリサービス」の「http://whois.jprs.jp/」では調べられますが、COMやNET専用の「InterNIC」の「https://www.internic.net/whois.html」では調べられません。

(3)　JPドメインの登録者調査

それでは、「alcien.jp」を例に、JPドメインの登録者を調べてみましょう。

「http://whois.jprs.jp/」で検索キーワードとして「alcien.jp」を入力し、「検索」ボタンをクリックします。検索ボックスの下に情報が表示されるはずですが、「Registrant」と書かれている部分が、登録者の氏名・名称です。

(4)　NETドメインの登録者調査

次に、「mopera.net」を例に、NETドメインの登録者を調べてみましょう。

「https://www.internic.net/whois.html」に「mopera.net」と入力し、「Submit」ボタンをクリックします。同じように検索結果が表示されますが、読んでみると、「Registrant」（登録者）の表示がありません。これは、別の組織が「mopera.net」の登録機関であることを示しています。どこが登録しているのかは「Registrar」の情報で分かります。日本語では「レジストラ」と読みます。この例では、レジストラの名前が「1 API GMBH」で、そのWHOIS検索サイトが「whois.1api.net」だと分かります（「Whois Server:」の部分）。

次に、「2ch.net」を例に、NETドメインの登録者を調べてみましょう。

「https://www.internic.net/whois.html」に「2ch.net」と入力し、「Submit」ボタンをクリックします。同じように検索結果が表示されますが、読んでみると、「Registrant」（登録者）の表示がありません。これは、別の組織が「2ch.net」の登録機関であることを示しています。どこが登録しているのかは、「Registrar」の情報で分かります。日本語では「レジストラ」と読みます。この例では、レジストラの名前が「TUCOWS DOMAINS INC.」で、そのWHOIS検索サイトが「whois.tucows.com」だと分かります（「Whois Server:」の部分）。

そこで次に、「http://www.tucowsdomains.com/」にアクセスし、画面の「WhoIs Lookup」欄に「2ch.net」と入力して「lookup」ボタンをクリックした後、画面の指示に従って必要な操作をします（なお、検索画面の仕組みはレジストラによって異なりますので、画面の指示に従ってください。）。

これにより、登録者（Registrant Name）は、「Jim Watkins」、登録者の組織（Registrant Organization）は、「Race Queen, Inc」だということが判明します。

(5) その他の国のドメイン

削除仮処分をする際に必要となる、その他の国のドメインとしては、セイシェル共和国の「.sc」があげられます。この、「.sc」のWHOISはどこにあるでしょう。

検索サイトで「.sc whois」というキーワードで検索するのも1つの方法ですし、Wikipediaの「国別コードトップレベルドメイン」から「.sc」をクリックし、表示された「.sc」のページで右枠にある「nic.sc」をクリックする、という方法でも検索サイトへたどり着きます。このサイトで「2ch.sc」を検索してみると、登録者（Registrant）としては、「Whois Privacy Protection Service by VALUE-DOMAIN」と表示されます。これがどういう意味なのかは、下記(7)で説明します。

(6) WHOIS横断検索サービスの利用

以上のように、本家のWHOISで検索しようとすると、疎明資料の作成につき、若干ハードルが高くなります。そのため、申立ての迅速さや手軽さを優先するなら、WHOISの横断検索サービスを利用するのがよいでしょう。

検索サイトで「WHOIS」をキーワードとして検索すると、幾つかの横断検索サイトが表示されます。例えば、検索結果で上位表示される、合資会社アスカネットワークサービスの「ANSI Whois Gateway」（http://whois.ansi.co.jp/）もその1つです。

com、net、org、info、biz、co.jp、jpなど、複数のWHOISデータベースから登録者情報を検索できます。

(7) プライバシープロテクトサービス

上記(5)のとおり、「2ch.sc」をWHOISで検索すると、登録者名は個人名ではなく、「Whois Privacy Protection Service by VALUE-DOMAIN」と表示されます。これは、「WHOISプライバシープロテクションサービス」、「WHOIS個人情報遮蔽サービス」などと呼ばれるものであり、意訳すると「個人情報なので表示しません」という意味になります。ただし、全く登録者の手掛かりがないかというと、そうでもありません。WHOISプロテクトサービスを行っている事業者の住所や連絡先は掲載されていますので、そちらに連絡の上、「登録者に連絡を取りたい」と伝えることもできます。

また、海外のプロテクトサービスを行っている事業者の場合、メールで「登録者を教えてほしい」と伝えるだけで教えてもらえるケースもあります。

最近では、国内だけでなく、米国やパナマなど、海外のWHOISプロテクトサービスを利用しているサイト管理者も増えてきたため、ドメイン登録者の調査手続は複雑になってきています。

(8) 過去のドメイン登録者を調べるサービス

インターネットには、過去のドメイン登録者を調べられるサービスがあります。例

えば、ドメインの売買があった場合に、現在の登録者にはプロテクトがかかっていても、譲渡した人の情報は表示されていたり、現在はプロテクトがかかっていても、ドメイン登録当初はプロテクトされていなかったり、といった場合に有用です。過去のドメイン登録情報を調べるサイトとしては、「DOMAINTOOLS」（http://www.domaintools.com/）などがあります。

(9) レジストラに対する発信者情報開示請求、削除請求

では、WHOIS情報がプロテクトされている場合、プロテクトサービスを行っている事業者に削除請求、開示請求したり、ドメイン登録事業をしているレジストラに対して削除請求、開示請求することは可能でしょうか。残念ながら、いずれもできません。

まず、削除請求するには、当該事業者が名誉権侵害等をしていると評価できるような状況が必要です。掲示板運営会社に対し削除請求できるのは、違法な情報が掲示板内にある以上、その掲示板を管理している運営会社が違法な情報を発信しているのと同じだと評価できるため、と説明されています。しかし、プロテクト事業者は登録者の個人情報をプロテクトしているだけであり、違法な情報を発信している状況ではありませんし、レジストラもまた、ドメインの登録情報を持っているだけで、違法な情報を発信していると評価できる状況ではありません。

一方、開示請求するには、当該事業者が開示関係役務提供者でなければなりません（プロバイダ責任制限法4）。しかし、プロテクト事業者は違法な特定電気通信を閲覧者との間で媒介していませんし、レジストラも同じです。それゆえ、プロテクト事業者やレジストラに対し、ドメイン登録者を発信者情報開示請求することもできません。

しかし、上記(7)のとおり、メール等で連絡をとることは可能ですので、どうしても手掛かりがない場合には、接触を試みてもよいでしょう。

3 DNSによるサーバー調査

(1) サーバー管理者を調べる方法

サイトが蔵置されたサーバーの管理者は、ドメイン名から調べることができます。手順としては、①ドメイン名をIPアドレスに変換し、②IPアドレスの登録者をWHOISで調べる、という順番になります。

(2) ドメイン名とIPアドレスの対応を調べるための仕組み

インターネットでは、コンピュータとコンピュータは、IPアドレスと呼ばれる数値により、相互の場所を確認し、情報のやりとりをしています。IPアドレス（バージョン4）は、例えば「210.102.5.200」のように、4つの数字を「.」でつないだ形式になっています。各数字は0～255の範囲をとります。

しかし、人間が使うには数字のままのIPアドレスでは扱いにくいため、各IPアドレスに名前を付けたものが「ホスト名」です。そして、ホスト名とIPアドレスとの対応関係を記録しているのがDNS（ドメインネームシステム）です。ちょうど、電話番号と名前の対応を電話帳に書いてあるようなイメージです。

そして、DNSを使えば、ホスト名をIPアドレスに変換することも（正引き）、逆に、IPアドレスをホスト名に変換することも（逆引き）できます。ウィンドウズパソコンの場合、DNSを使った変換には、コマンドプロンプトのnslookupコマンドを使います。

まず、［Windows］キーと［R］キーを同時に押し、「ファイル名を指定して実行」ダイアログボックスを表示します。そして「名前」欄に「cmd」と入力して「OK」ボタンをクリックします。すると、画面上に背景が真っ黒なウィンドウが表示されます。これがコマンドプロンプトです。

使い方は、MS-DOSと同じです。「>」の右にプログラム名などを入力して［Enter］キーを押すと、プログラムが実行されます。例えば、「cls」と入力して［Enter］キーを押すと、画面の内容がクリアされます。

画面が黒いと疎明資料にした際、文字が読みにくいため、背景を白、文字を黒にしておくと良いでしょう。設定変更には、タイトルバー左端のコントロールボックスをクリックして、表示されるメニューから「プロパティ」をクリックします。

（3）正引き（IPアドレスへの変換）

ホスト名をIPアドレスに変換するには、コマンドプロンプトに「nslookup（ホスト名）」の形式で入力し、［Enter］キーを押します。upとホスト名の間には、半角スペースを1つ入れます。例えば、2ちゃんねるのコピーサイトの1つ「mimizun.com」というサイトのIPアドレスは「nslookup mimizun.com」と入力し［Enter］キーを押すと調べられます。画面には「209.54.52.131」と表示され、これがmimizun.comに対応するIPアドレスだと分かります。

このIPアドレスの管理者が誰なのかを調べるにも、上記のWHOISを使います。もっともドメイン名と違って、どの国のIPアドレスなのかは、見ただけでは分かりません。そこで調査の手掛かりとして、上記のWHOIS横断検索サービスを使うとよいでしょう。実際に検索すると、①どのWHOISで検索すると正確に分かるかという情報と、②サーバーの管理会社名が表示されます。そこで、次に①で表示されているWHOISに移り、再度検索すると、今度はサーバー会社の住所等、詳細な情報が表示されます。

ところで、「nslookup（ホスト名）」を実行しても、「見つけられません」といったエラーが表示される場合があります。これは、IPアドレス（バージョン6）が関係しています。IPアドレス（バージョン4）でDNSを検索したいときは、「nslookup（ホスト名）

（DNSサーバー名）」の形式で入力します。ホスト名とDNSサーバー名の間には半角スペースを1つ入れてください。DNSサーバー名は、利用しているプロバイダによって異なりますので、プロバイダのサイトで、「プライマリDNSサーバー」と記載されているサーバーの名前を探してください。

　(4)　逆引き（サーバーのホスト名への変換）

　IPアドレスをホスト名に変換するには、コマンドプロンプトに「nslookup （IPアドレス）」の形式で入力し、[Enter] キーを押します。upとIPアドレスの間には、半角スペースを1つ入れます。

　例えば、「1.66.101.58」というIPアドレスがコンテンツプロバイダからIPアドレス開示仮処分で開示されたとします。このIPアドレスが、どこのプロバイダのものか調べる方法としては、まず、IPアドレス自体をWHOISで検索するという手法があります。もう1つの手法が、逆引きです。「nslookup 1.66.101.58」と入力して [Enter] キーを押すと、「sp1-66-101-58.msc.spmode.ne.jp」とのホスト名が表示されます。このホスト名のうち、ドメイン名である「spmode.ne.jp」は、NTTドコモのSPモードを表しています。そのため、逆引きするだけでも、プロバイダが判明することになります。

　(5)　DNSラウンドロビン・負荷分散

　ホスト名をIPアドレスに変換した際、1つではなく、複数のIPアドレスが表示されるケースもあります。これは、サーバーへの通信集中による負荷を分散するための仕組みで、複数のIPアドレスは、順番に使用されます。

　もっとも、どのIPアドレスも同じサーバー会社のサーバーであることが多いため、サーバー会社を見つけるという目的においては、あまり問題ではありません。

　しかし1つ問題となる場合があります。それは、投稿先IPアドレスをインターネットサービスプロバイダから要求された場合です（投稿先IPアドレスについては287頁参照。）。DNSラウンドロビンの場合、IPアドレスをどれか1つに絞ることはできませんので、「この複数のうちいずれか」という形式で指定するほかありません。実際、この形式で通信ログ保存仮処分が発令されたケースもあります。

　例えば「nslookup twitter.com」で試してみてください。IPアドレスが複数表示されることを確認できるはずです。

4　ウェブサイトの証拠化

　(1)　ウェブサイトの証拠化の目的

　ウェブサイトの証拠化は、特に、裁判所の手続で削除請求、発信者情報開示請求をする場合に必要となります。いくら「ネットに中傷が書かれていた」と主張しても、

客観的に、何がどのような状態で書かれていたのか疎明、証明できなければ、認容決定や認容判決を受けることはおぼつかないはずです。

そこで、何にその証拠を使うのか、立証趣旨、という観点から、各証拠の作り方を説明します。

(2) 印刷物

ウェブサイトにどのようなことが書かれていたかの立証のために、当該ウェブページを印刷します。印刷の際に注意すべき点は、URLがヘッダないしフッタに印刷されるよう、設定しておくことです。ブラウザの印刷設定で、ヘッダ／フッタにURLが印刷されるかどうか、事前に確認してください。印刷されていない場合に、証拠力を否定した知財高裁判例（平22・6・29裁判所ウェブサイト）があります。

印刷する範囲は、基本は削除請求又は発信者情報開示請求をする投稿だけでよいと考えられますが、その前後の投稿も読まないと意味が分からない場合や、当該投稿が特定の投稿への返信である場合などは、関連する投稿も含めて印刷しておくと、立証に役立つことがあります。

(3) PDF印刷

紙に印刷したものを、再度スキャナで読み取ってデータ化すると、解像度が低くなり、文字が読みにくくなったり、画像が鮮明でなくなるなど、証拠価値が低下する可能性があります。そこで、クリアな状態でデータ化するため、PDF印刷や、XPS印刷がお勧めです。これは、紙に印刷するのではなく、PDFファイルとして印刷したり、XPSファイルとして印刷する方法です。印刷画面ではプリンタを選ぶことができますので、PDFプリンタや、XPSプリンタを選択してください（パソコンにインストールされていない場合もあります。）。

PDF印刷やXPS印刷であれば、掲示板をまるごと印刷しても紙の無駄遣いにはなりませんので、関連する記事もとりあえず印刷しておく、という用途にも有用です。

(4) スクリーンショット

名誉権侵害には「公然性」の要件があるため、特定の記事がインターネットで「公然」と閲覧できる状態だったことを疎明、証明する必要があります。そのためには、印刷物では不十分であり、ブラウザの枠が付いた状態で、情報を証拠化する必要があります。そのための手段が「スクリーンショット」「画面キャプチャ」です。

もっとも、以前は東京地裁民事9部でもスクリーンショットを推奨していたようですが、最近では、印刷物でも特に何も言われなくなっています。

ただ、印刷では文字が切れてしまうなど、正しく証拠化できないサイトも珍しくなく、その場合には、印刷ではなくスクリーンショットで証拠化するほかありません。

ウィンドウズパソコンでスクリーンショットを撮るには、キーボードの右上にある［PrtScn］（プリントスクリーン）キーを使います。このキーを押すと、画面全体が画像として、クリップボードにコピーされます。あとは、ワードなり、エクセルなり、画像ソフトなりを開き、ペーストするだけです。

　画面全体ではなく、特定のウィンドウだけを画像にしたいときは、目的のウィンドウをクリックして最前面に表示したあと、［Alt］（オルタネート）キーを押しながら、［PrtScn］（プリントスクリーン）キーを押します。この操作により、アクティブウィンドウ（一番手前にあるウィンドウ）だけが画像としてクリップボードにコピーされます。コピーされた画像を取り出す方法は、全画面の場合と同じです。

　スクリーンショットを撮る際の注意点は、印刷の場合と同じく、URLを完全に表示することです。URLが長くて表示しきれないときは、アドレスバーの右端部分を更に右へドラッグして、アドレスバーを広げます。それでもURLが表示しきれないほど長いときは、URLの左側と右側を別々に画像化すると良いでしょう。

　なお、ウィンドウのサイズは、経験上、横1024ピクセル×縦768ピクセルのものを上下に2つ並べて印刷するのが、読みやすさの点では最適です。

　もっともこの方法では、多くのキーを押したり、コピー＆ペーストのたびにソフトウェアを切り替える必要があり操作が大変です。そこで、スクリーンショット専用のソフトウェア（シェアウェア、フリーソフト）もありますので、そちらを利用するのがお勧めです。

　(5)　画面遷移の証拠化

　何をクリックするとどの画面に遷移し、何が表示されるかといった事実や、画面上でどのような動画が再生されるかといった事実の証拠化のためには、動画撮影ソフトを使ったり、画面操作の様子をビデオ撮影したりするとよいでしょう。

　ただ、ここまでの証拠が求められることは、ほとんどありません。

　(6)　コピー＆ペーストできない設定のサイトからのコピー＆ペースト

　削除仮処分にしても、発信者情報開示仮処分にしても、別紙投稿記事目録として、ウェブページ上の文字列を書き写す必要があります。読みながら書き写しても良いのですが、コピー＆ペーストができれば入力ミスもなく、確実です。しかし、サイトによっては、右クリックができない設定になっていたり、文字列をドラッグして選択できない設定になっているなど、コピー＆ペーストが事実上制限されている場合もあります。

　そんなときは、ページのHTMLソースからコピー＆ペーストするとよいでしょう。ページのHTMLソースを表示するには、Internet Explorerの場合は、画面を右クリッ

クして表示されるメニューで「ソースの表示」、Google Chromeの場合は同じく右クリックメニューで「ページのソースを表示」をクリックします。HTMLソースはHTMLという一種のプログラム言語で記述されているため、目的の文章がどこにあるか分かりにくいかもしれません。そんなときは［Ctrl］＋［F］キーを押して、目的の文字列を検索するとよいでしょう。

　(7)　ソースの印刷

　ウェブページ上の特定の文字列をクリックすると、どこへジャンプするのか（リンク先はどこなのか）を疎明、証明するには、<a>タグのhref属性の値を証拠化することが重要です。また、ページのタイトルを表す<title>タグ、リダイレクト先やキーワード、サイトの説明を表す<meta>タグのcontent属性、画像の保存先である<img>タグのsrc属性の値もまた、立証趣旨によっては証拠価値があります。

　このようなタグの値を証拠化するには、HTMLソースを印刷しておくのがベストです。もちろん、URLをヘッダ／フッタに表示すること、解像度の高いデータにするためPDF印刷やXPS印刷がお勧めであることは、上記(3)(4)と同様です。

　(8)　HTMLファイル等のファイル化

　仮処分中や訴訟中に対象のページを削除されると、後から前後の内容やソースを確認したくなっても、それは困難です。そこで、手控えとして残す意味で、対象のウェブページ（HTMLファイル）をファイルとしてパソコンに保存しておくこともお勧めです。Internet Explorerの場合は［ファイル］－［名前を付けて保存］、Google Chromeの場合は［その他のツール］－［名前を付けてページを保存］をクリックします。

　ファイルとして保存すると、保存先は自分のパソコンのフォルダ名になります。そのため、保存したファイルを開いて印刷しても、元のURLは印刷されません。また、ソースを印刷する場合も同様です。

　したがって、ページとソースの印刷を先に実行してから、ファイルを保存する、という順番にしてください。

第6 海外法人の取扱い

1 コンテンツプロバイダ・ホスティングプロバイダが海外法人である場合

インターネットのインフラが充実してインターネットの国境がほぼ消滅した昨今、誹謗中傷記事の発信されているサーバーが海外法人、コンテンツプロバイダが海外法人というケースは珍しくありません。しかし、海外法人だからお手上げなどと言っていては、この種の案件を扱う上では問題です。

幸いにも、法の適用に関する通則法17条や19条により準拠法は日本法と判断できますし、民事訴訟法により国際裁判管轄を本邦とすることも不可能ではありません。

問題は、海外のコンテンツプロバイダ・ホスティングプロバイダの「登記」をどのようにして取得するか、また、世界には様々な法人制度があるため、日本の法制度を前提にした当事者目録に、どのような内容を記載するかという点です。特に、日本のような登記制度のない国があるほか、登記制度があっても、代表者の記載がない国、日本のように「原本」といったものが存在しない国もあり、初めて取り扱う際には困難が伴います。

以下、このような多様な制度のうち、削除請求や発信者情報開示請求で直面することが多い海外法人を例にして、裁判所の取扱いを説明します。

2 登記の取得

日本の民事訴訟法では、債務者、被告が法人の場合、その登記が必要であり、海外法人ならば登記に相当する書類が必要です。

米国法人の登記は、各州によってルールが異なるものの、「Secretary of State」というインターネットのサイトで取得することができます。例えば、IT企業が集中するカリフォルニア州であれば、「http://kepler.sos.ca.gov/」で企業を検索し、登記を取得することが可能です。FC2のあるネバダ州であれば、「http://nvsos.gov/sos」で検索できます。

しかし実際には、デポジット、カード決済、銀行決済などハードルが多数あり、上手く購入できたとしても、日本に届かない、届いたものが日本の裁判所では通用しないなど、多くの課題が待ち構えています。削除請求なら、まだ時間制限もそれほど厳しくありませんが、発信者情報開示請求ともなると、通信ログ保存期間との戦いですから、1日たりとも無駄にはできません。

そのため、チャレンジしている時間がないと思われるときは、登記取得を代行して

いる企業や司法書士に依頼するのが早いと思われます。ネットで「海外登記　取得代行」などのキーワードで検索すれば、幾つかの事業者がヒットすると思われます。ただし、自分で申請すれば数千円のところ、数万円以上の料金となる可能性があることについては、了承せねばなりません。

3　登記に関する上申

　そのようにして取得した登記が「紙」の登記で、当局の「印」やサインがあり、代表者が記載されていれば、裁判所は問題なく受け付けてくれます。

　他方、電子的な登記しか存在せず、「原本」と呼べる物がない国（州）や、当局の「印」制度が存在しない国（州）、登記に代表者の記載がない国（州）、法人の所在地が登記に記載されていない国（州）などもあります。このような場合は、当該国（州）の制度について上申書を裁判所に提出することが必要です。

　例えばFC2が所在するネバダ州では、紙の登記は存在せず、電子データ及び当該データのCertificate of Good Standingが登記の代わりになります。また、送達代理人という制度があるため、法人の住所は書かず、代わりに登録代理人・送達先となる法人の住所（及び法人名）を記載するルールになっています。ワシントン州のマイクロソフトも同様であり、送達代理人の住所を記載していないと正しく呼出しが行われないため、双方審尋期日に誰も出頭しないという例があります。

　紙の登記が存在するのか否か等については、当該国の担当者に電話やメールで確認し、その回答を上申書に添付する方法が有用です。

4　当事者目録の記載

　以下に、削除仮処分や発信者情報開示仮処分で頻出する当事者について、当事者目録の例を記載します。

【2ちゃんねる（2ch.sc）】

〒367998
シンガポール共和国　プレイフェアロード80カポファクトリービル7-15
　（80 PLAYFAIR ROAD #07-15 KAPO FACTORY BUILDING SINGAPORE 367998）
　　　債務者　パケットモンスターインク　ピーティーイー　エルティーディー
　　　　　（PACKET MONSTER INC.PTE.LTD.）
　　　上記代表者取締役　エフェンディ　アーメッド　ハリス　メリカン
　　　　　（EFFENDY AHAMED HARITH MERICAN）

【2ちゃんねる（2ch.net）】

フィリピン共和国（REPUBLIC OF THE PHILIPPINES）
マカティ市アヤラアベニューHVデラコスタ通り156
シティランド10タワー1ビル2303号室
　（Unit 2303 Cityland 10 Tower 1 Bldg. 156 HV Dela Costa St., Ayala Ave. Makati City）
　　債務者　レースクイーン　インク．（Race Queen（RQI），Inc.）
　　上記代表者社長　ダルタニアン　I　ジュティ（Dartagnan I.Jutie）

【FC2】

アメリカ合衆国ネバダ州
　　債務者　エフシーツー　インク（FC2, INC.）
　　上記代表者社長　デレク　ジー　ローリー（Derek G. Rowley）
（登録代理人・送達先）
89147－7947
アメリカ合衆国ネバダ州ラスベガス
サウスフォートアパッチ通り4730　300号室
　（4730　S.Fort Apache RD Suite300 LasVegas, NV 89147-7947 USA）
　　ネバダコーポレートヘッドクォーターズ　インク
　　（Nevada Corporate Headquarters, Inc.）

【Google】

〒94043
アメリカ合衆国カリフォルニア州マウンテンビュー
アンフィシアターパークウェイ1600番地
　（1600 Amphitheatre Parkway Mountain View CA 94043 USA）
　　債務者　グーグル　インク（GOOGLE INC.）
　　上記代表者　スンダル　ピチャイ（Sundar Pichai）

【Twitter】

〒94103
アメリカ合衆国カリフォルニア州サンフランシスコ市
マーケット通り1355番地900号室
　（1355 Market Street, Suite 900 San Francisco CA 94103 USA）
　　　債務者　ツイッター　インク（Twitter, Inc.）
　　　上記代表者　ジャック　ドーシー（Jack Dorsey）

【Facebook】

アイルランド共和国ハノーバーリーチ5－7ハノーバーキーダブリン2
　（Hanover Reach 5-7 Hanover Quay Dublin 2 Ireland）
　　　債務者　フェイスブック　アイルランド　リミテッド
　　　　　　（FACEBOOK IRELAND LIMITED）
　　　上記取締役　ソニア　アン　フリン（Sonia Anne Flynn）

【YouTube】

〒94043
アメリカ合衆国カリフォルニア州マウンテンビュー
アンフィシアターパークウェイ1600番地
　（1600 AMPHITHEATRE PARKWAY MOUNTAIN VIEW, CA 94043 USA）
　　　債務者　ユーチューブＬＬＣ（YOUTUBE, LLC）
　　　上記代表者社員　グーグル　インク（GOOGLE INC.）
　　　最高経営責任者　スンダル　ピチャイ（Sundar Pichai）

【Microsoft】

アメリカ合衆国ワシントン州
　　　債務者　マイクロソフト　コーポレーション（MICROSOFT CORPORATION）
　　　上記代表者　ジョン　トンプソン（John W. Thompson）
　（登録代理人・送達先）
〒98501
アメリカ合衆国ワシントン州タムウォーター

デシューツ通り南西300番地304号室
（300 DESCHUTES WAY SW STE 304 TUMWATER WA 98501 USA）
マイクロソフト　コーポレーション
コーポレーション　サービスカンパニー内
（MICROSOFT CORPORATION　C/O CORPORATION SERVICE COMPANY）

【TripAdviser】

〒02464
アメリカ合衆国マサチューセッツ州
ニーダム　ストリート　ニュートン　141番地
（141　NEEDHAM STREET NEWTON MA 02464 USA）
　　債務者　トリップアドバイザー　エルエルシー（TRIPADVISOR LLC）
　　　上記代表者最高経営責任者　スティーブン　カウファー（STEPHEN KAUFER）

第 2 章
ケース・スタディ

1 転職支援サイトにブラック企業と書き込まれた事例

> **相談内容**

　X_1株式会社専務X_2と申します。

　最近、採用しても当日になって断られる事が続いておりまして、ネットで「X_1株式会社」と検索すると、「転職会議」というサイトにブラック企業などと当社や当社の社長についていろいろと事実無根の書き込みがなされていることに気が付きました。面接の時はいい会社だと言ってくれていたのに、急に態度を変えられてしまう事が続いて困っております。

　書き込みの削除をお願いいたします。依頼した場合の費用なども教えていただけると助かります。

キーワード	ブラック企業　クチコミサイト
ウェブサイト	転職会議
目　　　的	投稿記事削除
請求の相手方	株式会社リブセンス
手　　　続	任意請求
法 律 構 成	名誉権侵害
依頼者の属性	法人　個人

相談フェーズ

相談者から聴取する事項・調査事項

1　削除対象箇所の特定

　企業から、転職者向けのクチコミサイトである「転職会議」に投稿された記事についての相談です。求人への応募が集まらない、内定辞退が続くなど、採用活動が上手くいかない状況が続いていたところ、調べてみたらクチコミサイトにブラック企業などと書かれていたので対処したいという企業からの相談は多くあります。

さて、相談の前提として、対象の記事の正確なURLを確認することがまずは必要ですが、本ケースでは「転職会議」とサイト名が記載されていますので、対象とする記事のURLは弁護士側で「転職会議」にアクセスして調べてしまえばよいでしょう。しかし、相談者の会社について「転職会議」に投稿されたクチコミのうち、どのクチコミを問題視しているのか、「事実無根」はどの部分かなどを追加で聴き取る必要があります。

なお、「転職会議」は登録制のサイトで、ユーザー登録をして、クチコミを投稿するか、又は有料のポイントを購入することで、全てのクチコミを閲覧することができるようになります。このような手続を行っていない閲覧者の場合、クチコミのうち冒頭の一部分のみしか閲覧できません。そのため、相談者の会社が、クチコミの内容の一部のみしか閲覧していない状態で問合せを行っている場合もあり、全体を把握していない可能性もあります。

そこで、まずは対象箇所の確認のために、「転職会議」に投稿された相談者に関するクチコミを一覧にするなどして共有し、削除希望のクチコミを指定してもらいましょう。

特に、法人からの相談の場合、1つのサイトの中にも法人に対する投稿と、社長や役員などの社員個人に対する投稿が混在しており、対象の投稿によって法的手続の当事者が変わります。当然、委任状など用意すべき必要書類も変わってくるので、対象の特定を早期に行うことが重要です。

2　事実関係の聴き方

加えて、削除希望のクチコミに関して、なぜこれを削除したいのか、相談者が「事実無根」としているのはどのような意味なのかも確認する必要があります。相談者が言っている「事実無根」という意味が法的評価における真実性の抗弁の不存在ではなく、法的意味での事実摘示とはいえない記述（代表者個人の性格面についての個人的意見など）に関する評価の食い違いにすぎない場合も多いためです。

投稿された記述に即して具体的事実を聴き取り、法的な評価を弁護士側で行うことが必要です。

＜聴取・確認事項まとめ＞
① 対象記事のURL（弁護士による調査）
② 削除希望箇所の特定
③ 事実と異なる記述

3　サイト調査

相談者からの必要事項の聴き取りと並行して、対象のサイトの調査も行います。

まず、サイト最下部のフッターと呼ばれる部分に「Copyright ⓒ Livesense Inc. All rights reserved.」との記述があります。また、同じくフッター部分には「運営会社」と記載されたリンクがあります。

このリンク先の運営会社ページを見れば、「転職会議は株式会社リブセンスが運営しております。」との記述とともに、株式会社リブセンスの所在地も記載されています。

ここから転職会議の運営会社が株式会社リブセンスであることが分かるため、同社に対して法的請求を行えばよいことが分かります。

対応方針の検討

1　手続・法的構成の仮検討

転職会議のような転職クチコミサイトへの投稿は、大別すると①「ブラック企業」であるなど労務面・労働環境面に対する投稿と、②代表者・役員個人の資質・人間性に対する投稿があります。

そして、①のような会社に対する投稿と②のような個人に対する投稿では、権利を侵害されている主体が異なります。そのため、法的手続としては、会社と個人でそれぞれ進めることが必要になります。

①会社に対する投稿については名誉権侵害を問題に、②代表者・役員個人に対する投稿については名誉権侵害やプライバシー権侵害を問題にしていくことになるのが通常です。

2　追加聴取・調査事項

代表者・役員個人に対する投稿については、通常の個人に対する誹謗中傷事案と同様に、プライバシー権侵害や名誉権侵害を主張することで立証を検討すればよいことが多く、多くのケースでは対象の人物の陳述書が立証の柱となります。

他方、労務面・労働環境面に対する投稿については、労務管理の状況などについて客観的資料に即した主張が求められます。労務面に関する投稿について法的対処を行う場合、法的構成としては、適切な労務管理がなされていないとの事実摘示、労働環境が劣悪であるとの事実摘示がなされていることを理由とする名誉権侵害を主張することが多くなります。そのため、就業規則や賃金台帳、タイムカードなどの労働関係

の客観的資料によって、労働基準法をはじめとする労働法規の遵守がなされている企業であると立証（疎明）することになります。

なお、「ブラック企業」という表現については、意見・論評にすぎないのか、事実摘示なのかが争いになることもありますが、近年は単語の認知度も高まっていることから、「労働法規を遵守していない、従業員にとって望ましくない企業」という事実の摘示と捉えてよいと考えます。

そこで、これらの労務面に関する客観的資料の提供を相談者に求めることになります。

3　手続・法的構成の再検討

事実に反するクチコミということで、かつ、発信者情報開示を求めずに削除のみであれば、テレサ書式による送信防止措置依頼を行うことで対応できる余地が十分あります。

他方、発信者情報開示を求めるということであれば、仮処分決定がなければ応じてもらえないことが通常です。そのため、発信者情報開示請求をする場合であれば、仮処分を用いることを検討することになります。

4　立証の検討

相談者から労働関係の資料を提供してもらったら、それをもとに労働法規を遵守した適切な労務管理がなされているかを検討します。

就業規則の作成や給与計算については、社会保険労務士に依頼して行っている会社が多く、この種の書き込みを削除したいと考える相談者の側では適法な労務管理であるとの認識を有している場合が大半ですが、実際に資料を突き合わせて賃金計算を行ってみると最低賃金を下回っているケースなどもあります。そのため、労働基準法に関する専門的な知識を有する弁護士の視点で、適法な労務管理がなされているかを実際の運用レベルで確認していく必要があります。

「ブラック企業」との中傷を削除したいとの相談で、実際に賃金計算をしてみたら最低賃金を下回っていたなどという事態となれば、名誉権侵害を理由に法的対処を行うことは当然できません。そのような場合は、まずはいかにして適切な労働環境を構築していくべきかをアドバイスすべきでしょう。

第2章　ケース・スタディ

事案の要点整理

メールでの相談受付後、相談者から聴き取った必要事項を総合した事案の要点は以下のとおりです。

> (1)　X_1株式会社は、○県に所在する金属の精密加工を行う従業員40名ほどの会社である。
> (2)　最近、内定辞退などが続き採用活動が上手くいっていなかったところ、「転職会議」という転職者向けクチコミサイトに、最近になって立て続けに「若い社員が多く会社の雰囲気は比較的よいと感じた。しかしサービス残業が多く、時給に直したら最低賃金以下。長くは続けられないと感じて退職した。」「社長はワンマンタイプで、キレると何をするか分からない。女性社員に対する社長のセクハラ発言もひどく、女性の事務員は入ってもすぐ辞めてしまう。」などの投稿がなされているのが発見された。
> (3)　同社では残業代は正確に支給しており、また、社長は基本的には外回りの営業活動に携わっているため、事務所に居ることがそもそも少なく、女性社員にセクハラ発言をするようなこともない。
> (4)　削除だけでは再発するおそれもあるため投稿者の特定も検討したが、予算の問題から、ひとまず記事の削除だけを行い、その後しばらく再発しないかを注視することになった。

存在する証拠は以下のとおりです。
① 就業規則
② 給与規定
③ 賃金台帳
④ タイムカード
⑤ 代表取締役の陳述書（セクハラを否定）
⑥ 従業員の陳述書（タイムカードの打刻が正確であること、社長のセクハラがないこと）

実際の業務フェーズ

テレサ書式による送信防止措置依頼を行います。
　一個のクチコミの中にも多岐にわたる内容が表記されており、明確に名誉権侵害に

当たる部分と、そうではない部分が含まれていることが通常です。特に転職会議の場合、クチコミのフォーマット自体に「良い点」と「気になること　改善したほうがいい点」という項目が設定されているため、その傾向が顕著です。

　そして、転職会議側は違法性のある記述部分に削除範囲を限定するという方針をとっているため、削除対象としては違法性のある部分に限られるのが原則です。そのため、他の匿名掲示板への削除請求のように、一個の投稿の中から特に悪質な記述をピックアップして法的主張を行う方式だと、言及しなかった部分が削除されずに残存してしまうおそれがあります。

　そこで、クチコミ全体について法的な問題点を丁寧に指摘することが重要です。

【侵害情報の通知書兼送信防止措置依頼書（抜粋）】会社分

掲載されている場所		https://jobtalk.jp/company/answer_******.html 投稿日：2016年11月23日　投稿ID：ans-******
掲載されている情報		「若い社員が多く会社の雰囲気は比較的よいと感じた。しかしサービス残業が多く、時給に直したら最低賃金以下。長くは続けられないと感じて退職した。」
侵害情報等	侵害されたとする権利	名誉権
	権利が侵害されたとする理由（被害の状況など）	上記は、貴社が運営する転職クチコミサイト「転職会議」に開設された依頼者に関するページに投稿されたクチコミです。 　そして、サービス残業が多い、時給に直したら最低賃金以下との記載があり、依頼者の社会的評価を低下させる事実摘示がなされております。 　しかし、依頼者においては時間外賃金の支払は正確に行っておりサービス残業はありません（証拠2～6参照）。また、同様に証拠を見れば明らかなとおり、給与水準も最低賃金を下回るようなものではありません。 　よって、上記記載は事実に反するものであり、違法性阻却事由も認められず、依頼者の名誉権を侵害することが明らかです。

【侵害情報の通知書兼送信防止措置依頼書（抜粋）】社長個人分

掲載されている場所	https://jobtalk.jp/company/answer_~~~~~.html 投稿日：2016年11月25日　投稿ID：ans-~~~~~

掲載されている情報		「社長はワンマンタイプで、キレると何をするかわからない。女性社員に対する社長のセクハラ発言もひどく、女性の事務員は入ってもすぐ辞めてしまう。」
侵害情報等	侵害されたとする権利	名誉権
	権利が侵害されたとする理由（被害の状況など）	上記は、貴社が運営する転職クチコミサイト「転職会議」に開設された依頼者が代表取締役を務めるX₁株式会社に関するページに投稿されたクチコミです。そして、「社長」との記載があることから、上記は依頼者に関する投稿であることが明らかです。 　上記投稿は「女性社員に対する社長のセクハラ発言もひどく、女性の事務員は入ってもすぐ辞めてしまう。」と依頼者が社員に対してセクハラ行為を行っており、そのために女性社員が退職してしまうという、依頼者の社会的評価を低下させる事実が摘示されています。 　しかし、そもそも依頼者はセクハラ行為など行ってはおらず、また過去に依頼者のセクハラが社内で問題となったこともありません（証拠2、3）。そして、依頼者が経営するX₁株式会社においては過去5年間に退職した女性社員は2名ですが、配偶者の転勤に付随しての退職などいずれも依頼者ないしは依頼者が経営する会社に問題があったための退職ではありません。 　よって、上記記載は事実に反する内容であり、違法性が阻却される余地はなく、依頼者の名誉権を侵害することは明らかです。

2 過去の犯罪報道が拡散されているという事例

> **相談内容**
>
> 私の夫の名前で検索すると、わいせつDVDの販売で逮捕されたという検索結果がたくさん表示されます。これを消すことはできますか。

キーワード	犯罪報道　逮捕歴
ウェブサイト	2ちゃんねるコピーサイト　レンタル掲示板　ブログ
目　　　的	投稿記事削除
請求の相手方	サイト管理者
手　　　続	任意請求　仮処分
法　律　構　成	更生を妨げられない利益
依頼者の属性	個人

相談フェーズ

相談者から聴取する事項・調査事項

1 逮捕報道に表示されている人の氏名

逮捕報道の削除という事案では、そもそも消せるのかどうか疑問に思っている人が多いため、最初の相談段階では、自分の名前を明らかにしなかったり、逮捕報道された人の友人・知人・近親者を名乗る人が相談に訪れることが珍しくありません。

実際にどのような検索結果が表示されるのかを確認する必要があることから、まずは、逮捕報道に表示されている人物の氏名の漢字表記を聴き取る必要があります。もちろん、本人以外からの相談の場合には、以後、本人から事情を聴き取らねばなりません。

まれに、同姓同名の他人の犯罪報道が迷惑なので消したいという相談もありますが、これは相談者の権利を侵害していないため、原則として削除は困難です。

2 何年前の何罪の事件なのか

逮捕報道の場合、何年前の何という犯罪なのかを聴くことが重要です。

逮捕報道は、言うまでもなく、報道当時は公益性があり、逮捕された事実自体は真実であるため、その後に不起訴となったり、示談成立により公訴権が消滅したようなケースであっても、報道当時の記事自体につき、その違法性を争うことは困難です。

そのため、逮捕報道の削除請求では、「長時間の経過」という規範を追加し、現時点では公益性が喪失している、という主張をすることになります。「公益性の喪失」は、削除請求権の根拠を名誉権、プライバシー権、更生を妨げられない利益のいずれにおく場合であっても、必要となる考慮要素です。

もっとも、何年経過すれば公益性が喪失するのかについて、規定する条文はありません。人格権侵害差止請求の判例・裁判例は総合衡量的受忍限度判断（大阪高判平4・2・20判時1415・3［国道四三号線事件］、最大判昭56・12・16民集35・10・1369［大阪国際空港公害事件］等）による例が多く、事件後の様々な事情を考慮します。

「長時間の経過」については、一応、その犯罪が起訴されなかったと仮定したら、何年で公訴時効が完成するのかを参考にするとよいでしょう。なぜなら、公訴時効期間の制度趣旨の1つに「公衆の関心の希薄化」があり、その程度の時間が経過すれば、公衆の正当な関心は薄れ、公益性は喪失する、と主張しやすいためです。仮処分が発令されている例からすると、軽微な事件なら、報道から3年〜5年程度経過していれば、公益性の喪失を主張しやすいと考えられます。

相談者が、「先日、起訴猶予で出てきたが、自分の名前で検索するとたくさんの報道記事が出てきて驚いている」と答えた場合には、残念ながら、まだまだ「公益性の喪失」を主張するには時期が早すぎる、と回答することになるでしょう。

3 刑事事件の処分は何であったか

刑事事件に関しては、処分が何であったかを聴き取る必要があります。

相談のパターンとしては、①不起訴、②執行猶予、③略式命令で罰金、④実刑があります。それぞれのパターンごとに、考慮要素が変わります。

① 不起訴

不起訴の理由には、起訴猶予、嫌疑なし、嫌疑不十分、の類型があるものの、本人がどの理由で不起訴になったのか検事は伝えてくれないことが多く、「不起訴処分告知書」にも記載されていません。「嫌疑なし」であり、誤認逮捕だったといった事情が証明できる場合を除けば、不起訴理由の違いは削除請求の主張において、それほど重要な意味を持ちません。

そのため、公訴時効を基準にしつつ、「示談が成立した」などの個別事情を主張し、総合衡量的受忍限度判断により、公益性の喪失を主張することになります。

② 執行猶予

執行猶予の場合には、執行猶予期間満了との関係が問題になります。

まず、公訴時効期間程度の時間が経過していない事例においては、たとえ執行猶予期間が満了していても、削除を認めないとした裁判例（名古屋地決平27・10・2公刊物未登載）があります（公訴時効期間が7年、執行猶予期間が3年で、執行猶予期間満了後1年経過した時点での削除請求）。そのため、公訴時効期間が執行猶予期間より長い場合には、執行猶予期間の満了は、プラス材料とはならない可能性があります。

次に、公訴時効期間より執行猶予期間のほうが長く（公訴時効期間が3年、執行猶予期間が4年など）、かつ、執行猶予期間が満了しているケースであれば、執行猶予期間の満了は削除にとってプラスに働きます。

問題は、公訴時効期間程度の時間は経過しているが、まだ執行猶予期間が満了していないケースです（公訴時効期間が3年、執行猶予期間が5年で、事件後4年程度経過した時点での削除請求）。執行猶予期間中に他の犯罪を犯すと、執行猶予は取り消され、服役する可能性があるため、まだ削除するには早いのではないか、という考慮ができるためです。

もっとも、最高裁は「その者が有罪判決を受けた後あるいは服役を終えた後においては、一市民として社会に復帰することが期待されるのであるから、その者は、前科等に関わる事実の公表によって、新しく形成している社会生活の平穏を害されその更生を妨げられない利益を有する」（最判平6・2・8民集48・2・149［ノンフィクション逆転事件］）としているので、「更生を妨げられない利益」は、「有罪判決を受けた後」から、既に生じている、と理解することも可能です。

③ 略式命令で罰金

法定刑が懲役刑と罰金刑の場合には、純粋に公訴時効期間だけを考えるならば、刑事訴訟法に従って検討することになりますが、実際の犯罪で罰金刑が選択された場合、罰金刑自体の公訴時効期間は3年です。そのため、一応、3年の経過が目安になります。

罰金を納付した相談者は、すぐにでも記事を削除したいと思い、報道の当月にでも相談に来ることがありますが、公衆の正当な関心という観点からは、時間経過が不足していると判断されます。

④ 実　刑

実刑は、公訴時効期間という基準との関係では、最も難しい事案です。公訴時効

期間は満了していなくても、満期出所ないし仮出所する事案はあり、その場合、公衆の正当な関心が薄れていない、として削除請求を認めないのか、上記ノンフィクション逆転事件判決のいうように、「服役を終えた後においては、一市民として社会に復帰することが期待され」「更生を妨げられない利益」を有するのかは、判断が分かれるところと思われます。

なお、上記①～④は、法的措置をとる場合の考え方であり、メール等で任意の削除請求をする場合には、より緩やかな基準で削除に応じてもらえる場合もあります。

＜聴取・確認事項まとめ＞
① 逮捕報道に表示されている人の氏名
② 何年前の事件か
③ 何罪での逮捕か
④ 刑事事件の処分内容

4　サイト調査

たとえ犯罪報道からの時間経過が短い場合でも、全く削除できないという訳ではありません。サイト管理者のポリシーによっては、柔軟に対応してもらえるケースもあります。そのためにも、サイト調査は必要です。

まず、相談者としては、検索サイトで自分の名前を検索すると、多数の犯罪報道が出てくることを問題としているのですから、同じように、検索サイト（Google、Yahoo！等）を使って、相談者の名前で検索してみましょう。場合によっては、「名前＋住所」「名前＋職業」「名前＋会社名」というように、相談者の属性を追加キーワードとして検索してみることも有用です。特に、同姓同名の人物が多そうな名前であれば、住所、職業、会社名といった属性を追加することにより、同定可能性を補強することもできます。

検索結果の何ページ目まで見ればよいのかについては、相談者に確認するのがよいでしょう。Googleの場合、検索結果は1,000件まで表示される仕様になっています。そのため、1ページに10件の検索結果を表示する設定であれば、検索結果は100ページまで存在することになります。したがって、プログラム処理でもしなければ、100ページ全てを確認することは困難と予想されます。

検索結果を並べてみると分かりますが、記事は、マスメディアのニュースサイトに

はあまり表示されていません。というのも、マスメディアは昨今の忘れられる権利の議論をも踏まえ、一定期間経過後には、自主的に記事を削除しているためです。

それゆえ、多くの場合、検索結果として出てくるのは、2ちゃんねる及びそのコピーサイト、まとめサイト、犯罪報道を収集している個人のブログ、探偵会社の情報提供サイト、レンタル掲示板、といったものになります。

対応方針の検討

1 手続・法的構成の仮検討

（1） 記事が2ちゃんねる（2ch.net）にある場合

メールによる削除依頼を検討します。同サイトの説明によると、犯罪報道の削除には裁判所の削除仮処分決定が必要、とありますが、メールによる削除請求により削除してもらえるケースもあります。

（2） 記事が2ちゃんねる（2ch.sc）にある場合

運営会社であるシンガポール法人パケットモンスター社を債務者とする削除仮処分決定が必要になります。

（3） 記事が2ちゃんねるのコピーサイトにある場合

メールによる削除依頼、ウェブフォームによる削除依頼、サーバー管理会社に対する送信防止措置依頼書の送付、といった手段をとります。

（4） 記事がレンタル掲示板や個人のブログ等にある場合

サイト運営会社への送信防止措置依頼書の送付によります。

（5） 記事が海外サイトにある場合

Twitterなどの大手サイトの場合であっても、削除仮処分決定が必要となることが通常です。

管理者が不明であれば、少なくとも検索結果だけは消せるよう、検索サイトに対する削除請求を検討します。

（6） その他

記事が犯罪情報収集サイトのような、「犯罪報道の公表」に一定のポリシーを持っているサイトの場合、任意の削除請求には応じてもらえないことが多く、その場合は、削除仮処分命令申立などにより、裁判所の判断を求めることになります。

また、削除対象記事が多数あり、サイトに応じて、メール、ウェブフォーム、送信防止措置依頼書、削除仮処分命令申立、といった手続を全て実施すると、相談者の費用負担が相当高額になることも考えられるため、場合によっては、記事本体の削除請

求はせず、検索結果の削除請求だけにとどめることも検討する必要があります。

2 追加聴取・調査事項

犯罪報道を削除請求する場合、上記ノンフィクション逆転事件判決がいう「更生を妨げられない利益」という考え方が重要となります。単に長期間が経過して公衆の正当な関心が薄れたというだけでは足りず、当該人物が犯罪後に「更生」したか否かが、総合衡量的受忍限度判断の一考慮要素となります。

例えば、犯罪報道後に、何度も同種犯罪を繰り返し、何度も逮捕されているようなケースでは、当該記事により「更生を妨げられている」とはいえない、と判断される可能性があります。もっとも、逆に当該記事があるために更生できず、何度も同種犯罪をしてしまうのだ、という主張も成り立ち得るので、一概にはいえない、という反論も可能と思われます。

いずれにせよ、当該人物が犯罪報道後に更生したか否かが1つのメルクマールとなりますので、①犯罪報道後、どのような生活を送っているのか、②再犯防止のために実行していることはあるか、③その後、犯罪とは無縁の生活を送っているか、④悪い仲間と付き合っていないかなどを聴き取りましょう。

もう1つ、削除請求に当たっては、当該記事が存在することによる「不利益」を主張する必要があります。よく聞く類型では、①子供が幼稚園、小学校に入学する時期だが、同級生の親などに検索され、子供が仲間はずれにされないか心配、②子供が結婚する予定だが、相手の両親に調べられ、子供の縁談が壊れては大変、③転職に当たり、過去の逮捕報道を調べられると、不利に扱われる可能性がある、④現在の職場で検索されると、退職勧奨等の不利益を受けるおそれがある、⑤自分はもう長くないが、孫子に迷惑をかけるわけにはいかないといった事情があげられます。

このような事情を聴き取って、陳述書の案文を検討することになります。

3 手続・法的構成の再検討

追加聴き取りの結果、やはり検索結果の削除では目的を達成できないということであれば、各サイトに対して削除請求をしていくことになります。

サイトを検索した結果、2ちゃんねるのコピーサイトばかりだという結論になれば、削除請求の方法は、メールや削除依頼ウェブフォーム、送信防止措置依頼書となり、そういった任意の手続では削除しそうにないサイトの場合は、最初から削除仮処分命令申立を検討します。

4　立証の検討

　裁判手続において疎明資料、証拠として提出するために、不起訴であれば「不起訴処分告知書」、有罪判決であれば「判決謄本」が必須です。

　もっとも、長期間経過後に削除したいと相談に訪れるわけですから、そのような書面がもう手元にないことも多く、さらに、そもそも不起訴処分告知書など受け取っていない、というケースもあります。

　そのため、削除仮処分命令申立をする前段階として、これらの書面を担当の地検・区検から取り寄せる必要があります。

　不起訴処分告知書を取り寄せる委任状には、①被疑者名、②被疑者の生年月日、③逮捕罪名、④担当警察署を記載して事件を特定します。

　判決謄本を取り寄せる場合、検察庁は、裁判所の事件番号では書類を管理していないため、刑事の事件番号（裁判所の事件番号）では特定できません。そのため委任状には、①被告人名、②被告人の生年月日、③起訴罪名、④担当裁判所、⑤判決日を記載して事件を特定します。

　詳細な情報が分からない場合は、担当の地検・区検に電話し、分かる限りの情報を伝え、事件記録を探してもらう、ということも可能です。

　なお、代理人による請求は認めず、必ず本人が取りに行かねばならないという地検もあるため、注意が必要です。

　次に、裁判手続では「更生」「削除の必要」を疎明、立証するために、本人の陳述書等が必要となります。聴き取った内容から、①同定可能性の点、②犯罪報道された事件の経緯、③刑事処分の結果、④処分後の更生状況、⑤削除しなければならない必要性の5点について記載するようにしてください。

　そのほか、職場の同僚、知人などによる陳述書、社会貢献活動を示す資料などがあれば補強材料となります。

事案の要点整理

　メールでの相談受付後、相談者から聴き取った必要事項を総合した事案の要点は以下のとおりです。

(1)　東京都○区に居住するＸ（当時35）は、5年前、わいせつDVD販売（わいせつ物頒布罪（2年以下の懲役、250万円以下の罰金又は科料）の嫌疑で逮捕され実名報道された。

(2) 刑事裁判では懲役1年執行猶予3年の判決を受けたが、裁判の様子や刑事の判決内容について報道するメディアはなかった。
(3) インターネットには、報道記事をコピーした記事が現在でも残っており、2ちゃんねるのコピーサイト2つと、レンタル掲示板、ブログ各1つだと判明した。
(4) Xは、事件後にビデオ店の経営を辞め、一般企業に勤務しているが、検索されて逮捕歴を知られると退職勧奨を受けるのではないかと心配している。妻や幼い子供もいるが、既に40歳であり、再就職は難しいだろうと考えている。

存在する証拠は以下のとおりです。
① インターネットに残る実名報道記事の印刷物
② 刑事事件の判決謄本
③ 更生した生活を送っている事実が記載された陳述書

実際の業務フェーズ

1　2ちゃんねるコピーサイト

2ちゃんねるコピーサイトの多くは、メールや削除依頼ウェブフォームによる削除請求を受け付けています。サイトの中で削除依頼へのリンクを探し、メールの送信先、削除依頼の送信フォームを探します。

コピーサイトの管理者は、個々の投稿について利害関係を有していないので、事務的に淡々と削除依頼を出せば足りることが通常です。

ただし、「自分は依頼者Xの代理人弁護士であり（登録番号○○）、Xに代わって貴殿に通知する」「○日以内に削除しなければ、損害賠償請求、刑事告訴といった法的措置も辞さない」といった表現は逆効果です。

【メール記載例】

件名：削除依頼

削除ご担当者様

　突然のご連絡にて失礼をいたします。
　私は東京都○区にて弁護士をしております削除太郎と申します。

以下の記事について、削除をお願いしたくご連絡いたしました。
お忙しいところ勝手なお願いにて大変恐縮ですが、何卒よろしくお願いいたします。

＜請求内容＞
対象URL　http://www.○○○.net/hanzai/112233450/
番号　45、50

＜削除依頼の理由＞
　上記投稿に記載の犯罪報道は、依頼者に関するものです。依頼者はこの事件について懲役1年執行猶予3年の判決を受けましたが、既に事件から5年が経過しており、執行猶予期間も満了しています。執行猶予期間が満了すると、刑の言渡しは効力を失うとされています（刑法27条）。
　そのため、このような犯罪報道が掲載され続けることは、本人のプライバシー権、更生を妨げられない利益を侵害するものです。
　つきましては、上記対象について削除いただきますようお願いいたします。

2　レンタル掲示板・ブログ

　レンタル掲示板・ブログの場合は、運営会社に対し、テレサ書式による送信防止措置依頼書を作成し、送付します。「名誉毀損・プライバシー関係ガイドライン」のものを使用します。運営会社の住所・名称については、サイト内に記載されていることが多いと思われます。

　送信防止措置依頼書を送ると、レンタル掲示板運営会社から、当該掲示板を借りている人物へ、また、ブログ運営会社から当該ブロガーへ転送されることも珍しくありません。これは、運営会社が自らの判断で消すより、掲示板を借りている人やブロガーに消してもらうのが筋だと考えているためです。

　したがって、「権利が侵害されたとする理由」の部分は、上記メールや削除依頼ウェブフォームの場合と同様、シンプルに記載するのがよいでしょう。

【侵害情報の通知書兼送信防止措置依頼書（抜粋）】

掲載されている場所	http://www.○○○.net/hanzai/112233450/
掲載されている情報	「警視庁は10日、東京都○区に住むビデオ店経営者X（35）をわいせつ物頒布罪の容疑で逮捕した。」
侵害されたとする権利	人格権

第2章 ケース・スタディ

侵害情報等	権利が侵害されたとする理由（被害の状況など）	上記投稿に記載の犯罪報道は、依頼者に関するものです。依頼者はこの事件について懲役1年執行猶予3年の判決を受けましたが、既に事件から5年が経過しており、執行猶予期間も満了しています。執行猶予期間が満了すると、刑の言渡しは効力を失うとされています（刑法27条）。 　そのため、このような犯罪報道が掲載され続けることは、本人のプライバシー権、更生を妨げられない利益を侵害するものです。

3 Yahoo!知恵袋に中傷が書かれた事例

相談内容

私は医療法人の理事長をしておりますが、当医療法人で経営している美容クリニックに関して、Yahoo!知恵袋で誹謗中傷をされています。Yahoo!知恵袋で美容クリニックが「ぼったくり」だとか「レビューで☆5つの自作自演をしている」といった根も葉もないことを書かれて困っています。

美容クリニックの名前をYahoo!で検索すると、検索結果の1ページ目に出てきてしまい、とてもイメージが悪いです。私の方でYahoo!に違反報告をして削除してもらっていたのですが、最近、応じてくれなくなってしまいました。

取り急ぎ、イメージがとても悪いので削除をしたいです。

書き込みは、月曜日から金曜日までしかされず、土日や長期休みに入るとピタリと書き込みが止むため、同業他社による嫌がらせだと思います。可能なら、誰がやっているかについても突き止めたいです。

キーワード	Q&Aサイト　自作自演
ウェブサイト	Yahoo!知恵袋
目的	投稿記事削除　発信者情報開示
請求の相手方	ヤフー株式会社
手続	仮処分
法律構成	名誉権侵害
依頼者の属性	法人

相談フェーズ

相談者から聴取する事項・調査事項

1 対象となるサイトのURLと具体的箇所

Yahoo!知恵袋に問題がある内容が書かれていること、相談者がまずこれを削除した

いと考えていることは分かりますが、本当にYahoo!知恵袋に書かれているのかどうかが明らかではありません。Yahoo!知恵袋の内容をコピーしてまとめているサイトも存在しており、そちらを問題にしているかもしれないからです。したがって、問題と考えるサイトのURLを送ってもらうことが必要です。

また、Yahoo!知恵袋には質問と回答があり、回答は複数なされていることも少なくありません。権利侵害の有無は個々の投稿内容から判断せざるを得ないため、質問と回答のいずれに（あるいは、両方に）問題があるのか、また、複数の回答があるとすればどの回答が問題なのかを明示してもらうことが必要です。

2　投稿された日時

本ケースでは、誰がやっているのかを突き止めたいと考えているとのことなので、発信者情報開示請求を検討することが必要ですが、そのためには、Yahoo!知恵袋等のコンテンツプロバイダからIPアドレス、タイムスタンプなどの情報開示を受けた上で、IPアドレスから判明するインターネットサービスプロバイダに対して、さらに発信者情報開示請求を行うことが必要です。

しかし、これらの通信ログの保存期間は法定されておらず、各プロバイダの自主的判断に任されています。携帯電話会社の場合は、通常3か月程度であることが多く、近時はスマートフォンからの投稿もかなり多いことから、3か月が経過してしまっていると、せっかくコンテンツプロバイダから発信者情報の開示を受けても、さらにインターネットサービスプロバイダに対して開示請求ができないという事態が生じ得ます。

そこで、相談を受けた時点で、一般的に通信ログが削除されてしまう期間である3か月程度が経過していないかを確認する必要があります。ただし、3か月以内に相談を受けたとしても、コンテンツプロバイダから発信者情報の開示を受けるまでには、実際には1か月程度は必要であるため、3か月程度が経過した時点で相談を受けたとしても、インターネットサービスプロバイダに対して開示請求をする時点ではログが存在しなくなってしまっている可能性があります。そのため、相談を受けた時点で、投稿時から1～2か月以内かどうかを確認するべきです。

なお、投稿には投稿時の時間が掲載されていることが通常であるため、この確認は、URLを教えてもらうことで解決することが多いでしょう。

3　相談者の氏名・名称等

相談者は「医療法人の理事長」をしているということですが、医療法人の名称や、その運営しているクリニックの名称が不明です。相談内容からして、医療法人が依頼の主体となると考えられますが、コンフリクトその他の確認をするため、医療法人名、クリニックの名称などを確認する必要があります。

＜聴取・確認事項まとめ＞
① 対象となるサイトのURL
② 質問部分と回答部分のいずれが問題か
③ 依頼者となる者の氏名・名称・屋号等

4　サイト調査

Yahoo!知恵袋は、「http://detail.chiebukuro.yahoo.co.jp/」でURLが始まります。また、Yahoo!知恵袋のサイト上には、「Yahoo!JAPAN知恵袋」という表記があるほか、最下部には「Copyright （C） 2016 Yahoo Japan Corporation. All Rights Reserved.」というヤフー株式会社がコンテンツの著作権を有していることの表記があります。

情報提供を受けた上で、URLやこれらの点を確認し、本物のYahoo!知恵袋であるかどうかを改めて確認する必要があります。

対応方針の検討

1　手続・法的構成の仮検討

Yahoo!知恵袋は、テレサ書式による依頼によっても削除を実行してくれることがあります。他方、発信者情報開示請求については、テレサ書式による請求では通常開示されないため、仮処分が必要です。

本ケースでは、発信者情報開示請求をすることまで考えているということなので、仮処分による請求をすることを前提に検討します。

投稿されている内容からして、依頼者となる者はクリニックを運営している主体である医療法人になると思われます。法人が依頼主体になる場合、法人自体に感情はないため、名誉感情侵害を主張することはできず、また権利の性質上自然人のみを対象とするプライバシー権についても主張することはできません。そのため、本ケースにおける請求の法的構成は、名誉権侵害を理由とするものになります。

2　追加聴取・調査事項

　本ケースでは、クリニックが「ぼったくり」だとか「レビューの自作自演をしている」といった投稿がされているとあります。この点が事実無根であるということですが、本当に事実無根といえるものであるかどうかの確認が必要です。

　投稿されている内容からして、名誉権侵害を請求の根拠とする法的構成と考えるべきことになりそうですが、名誉権侵害には事実摘示型、意見・論評型の2種類があります。Yahoo!知恵袋はいわゆるQ&Aサイトであり、利用者がそれぞれ自分の思ったこと・考えたこと・感じたことなどを質問し、回答していることが多く、感情的な物言いも少なくなく、論理的に事実に基づいて書かれているものは少数です。そのため、一見すると意見・論評によるといえそうなものがほとんどを占めています。

　例えば、ぼったくりをしているかどうかの確認をしても、通常「していない」と答えられることになると思われます。「ぼったくり」をしているかどうかが問題ではなく、投稿者にとって「ぼったくり」と感じられる状況があり得るのかという視点が重要です。

　したがって、どのような料金体系であり、同様の施術をした場合の他のクリニックの施術費用はどのくらいかといった点を説明してもらい、ぼったくりといえる内実があるのか否かを聴き取ることが必要です。

　また、「レビューの自作自演をしている」といった投稿は、Yahoo!知恵袋ではしばしばされますが、この点についても本当にないのか、また、従業員にそれと受け取られるような指示やお願いをしたことはないかといった点を聴き取ることが必要です。他に、どのようなレビューを指して自作自演をしているというのか予想がつくのであれば、そのレビューサイト等の内容を確認することも必要です。

3　手続・法的構成の再検討

　聴き取った内容から、Yahoo!知恵袋のコピーサイトではなく、Yahoo!知恵袋そのものであることが判明し、かつ、投稿時から1〜2か月以内かどうかの確認ができれば、仮処分による削除・開示仮処分の方法によることを検討するべきです。

　削除の請求だけであれば、投稿された内容及び裏付け証拠の内容等により、テレサ書式による依頼でも対応される余地がありますが、開示請求をするのであれば、開示請求と削除請求は1つの仮処分手続で行うことができ、かつ、主張・疎明する内容もほとんど同様であるため、これを別の手続で行う理由は基本的にありません。

　他方、投稿時から既に3か月程度が経過してしまっている場合、発信者情報開示請求をしても、インターネットサービスプロバイダに通信ログが保存されていない可能性

があるため、開示請求をしても費用倒れに終わる蓋然性が高くなってきます。そのため、削除のみを請求することになった場合には、テレサ書式による依頼を検討してもよいでしょう。

4 立証の検討

上記のとおり、Yahoo!知恵袋は一見すると意見・論評型の名誉権侵害によるものが多いのが現実です。

意見・論評型の場合、意見・論評の前提としている事実が重要な部分について真実であることが違法性阻却事由の1つとなります。ネット上の投稿については、どのような前提での投稿がされているか分かることは必ずしも多くないため、何が「意見・論評の前提としている事実」なのか判然としないことが多くなります。そうすると、何を立証の対象とするべきかが、際限なく広がってしまうおそれがあり、事実上立証が困難となります。

そこで、できる限り事実摘示型に当たるという構成となるように検討することが必要です。

事実摘示型なのか意見・論評型なのかは、証拠等をもってその存否を決することが可能な他人に関する特定の事項を主張しているか否かにより区別し（最判平9・9・9民集51・8・3804）、一般読者の普通の注意と読み方を基準として、「当該部分の前後の文脈や、記事の公表当時に一般の読者が有していた知識ないし経験等を考慮し、右部分が、修辞上の誇張ないし強調を行うか、比喩的表現方法を用いるか、又は第三者からの伝聞内容の紹介や推論の形式を採用するなどによりつつ、間接的ないしえん曲に前記事項を主張するものと理解されるならば」事実摘示型であり、「間接的な言及は欠けるにせよ、当該部分の前後の文脈等の事情を総合的に考慮すると、当該部分の叙述の前提として前記事項を黙示的に主張するものと理解されるならば」やはり事実摘示型となります。

「ぼったくり」というのは、一見すると意見・論評のように見えますが、一般人の普通の注意と読み方をした場合に「サービスに比して金額が高価で、不相応な金銭を取られた」という意味に取り得るのであり、サービス内容や対価がいくらかということは、証拠等をもってその存否を決することが可能です。そのため、サービス内容や対価についての事実摘示をするものと構成した上で、立証を検討するべきです。

そのため、料金表や施術費用の一覧のようなもの、他のクリニックの施術費用に関するパンフレット、ウェブページ上の記載等を提出してもらうことが考えられます。

また、「レビューの自作自演をしている」という点については、ないことの立証は困

第2章　ケース・スタディ

難である以上、自作自演を自分でしたこと、従業員等に指示をしたことがないこと等を陳述書などで明らかにする必要があります。また、クリニックで利用者アンケートを実施していたり、感謝の手紙を受領している例もあると思われ、そのようなアンケート結果や手紙の内容と一致するものが実際に存在しているのであれば、自作自演をしていない可能性が高まるともいえるため、そのような方向からの立証を検討するのもよいでしょう。

なお、「月曜日から金曜日までしかされず、土日や長期休みに入るとピタリと書き込みがやむため、同業他社による嫌がらせだと思う」とされているところ、その状況が分かる資料があるのであれば、それも送ってもらうべきです。このような嫌がらせとも思える投稿は、Yahoo!知恵袋を利用してしばしば行われますが、それぞれの投稿でYahoo!アカウントが別になっているのが通常です。そのため、別人が投稿している可能性もあるわけですが、投稿の状況と内容から同一人が行っていると想定される場合には、公益目的を欠くことの立証に使用し得る証拠になるからです。

事案の要点整理

メールでの相談受付後、相談者から聴き取った必要事項を総合した事案の要点は以下のとおりです。

(1) 医療法人X_1は、東京都中央区で美容クリニック「X_2クリニック」を運営しているが、Yahoo!知恵袋に頻繁に「X_2クリニックってどうですか」「X_2クリニックで二重まぶたの手術をしたいと考えていますが、どうですか」といった質問をされ、直後に「ぼったくりです」「あそこはやめた方がいいよ。永久保証とかいいながら、2週間で元に戻りました。クレームいれたけど、手術に不備がないとかいって再手術を拒否されました。しかも先生がやたら上から目線だし、レビューサイトでステマしてるし、知恵袋でもせっせと工作してるようだし。」といった回答を付けられるといった被害を受けている。

(2) 被害はしばらく前から始まったが、月曜日から金曜日の朝9時以降17時までしかされず、土日やお盆、年末年始の期間に入ると一切行われていない。状況からすると、同業他社が業者に委託して、ネガティブな投稿を繰り返している可能性が高い。

(3) これまでは医療法人X_1の理事長が、違反報告や削除依頼をすることで削除してくれていたが、年始以降、対応してくれなくなった。現在削除されず残っ

ている投稿は、最近1か月以内に投稿されたものばかりである。
(4)　投稿の削除をするとともに、投稿者を特定することで、今後同様の被害を防止したい。

存在する証拠は以下のとおりです。
① X_2クリニックにおける価格表
② 競合するクリニックの施術費用を記載したウェブページ
③ 手術同意書その他手術概要説明書
④ 利用者アンケート結果
⑤ キャンペーンのパンフレット
⑥ X_2クリニックに対するYahoo!知恵袋での投稿をまとめた一覧表
⑦ 医療法人X_1の理事長の陳述書

実際の業務フェーズ

　削除及び発信者情報開示請求の仮処分を求めていく方針なので、仮処分の申立書を起案することになります。
　投稿記事目録には、削除や開示をしたいと考える投稿を特定するに足りる記事を指定することが必要です。

【投稿記事目録】

（別紙）

投 稿 記 事 目 録

1

閲覧用URL	http://detail.chiebukuro.yahoo.co.jp/qa/question_detail/q12345678901
タイトル	X_2クリニックってどうですか
投稿者	biyoumamaさん
投稿日時	2016年12月15日　10:54:04
投稿内容	ぼったくりです

2

閲覧用URL	http://detail.chiebukuro.yahoo.co.jp/qa/question_detail/q1234 5678902
タイトル	X_2クリニックで二重まぶたの手術をしたいと考えていますが、どうですか
投稿者	biyoudaisukiさん
投稿日時	2016年12月17日　09:57:05
投稿内容	あそこはやめた方がいいよ。永久保証とかいいながら、2週間で元に戻りました。クレームいれたけど、手術に不備がないとかいって再手術を拒否されました。しかも先生がやたら上から目線だし、レビューサイトでステマしてるし、知恵袋でもせっせと工作してるようだし。

　発信者情報目録については、IPアドレスとタイムスタンプ、ポート番号の開示を求めてください。ポート番号を保有していないコンテンツプロバイダは多いのですが、Yahoo!はポート番号を取得しているため、開示請求をするとよいでしょう。

　特定をしていくためにポート番号が必須とするインターネットサービスプロバイダはそれほどあるわけではありませんが、例えばUQコミュニケーションズ株式会社などは、ポート番号が通信ログの特定のために必要となる場合があります。どのインターネットサービスプロバイダが開示されるか分からない以上、開示請求が可能なものは請求しておくべきでしょう。

　なお、プロバイダ責任制限法省令は単に「ポート番号」としていますが、ここで規定されているのは、「送信元」のポート番号のことです。この点はプロバイダ責任制限法省令で明示的に書かれているわけではなく、コンテンツプロバイダが誤って「送信先」ポート番号を開示してくることがあります。そこで、「送信元」であることが明らかになるよう、目録においては「送信元」ポート番号と明示するようにするとよいでしょう。ちなみに、送信先ポート番号は、ウェブページの場合は通常は80となります。

【発信者情報目録】

（別紙）

発　信　者　情　報　目　録

1　別紙投稿記事目録記載1及び2にかかる各投稿記事を投稿した際のアイ・ピー・アドレス及び当該アイ・ピー・アドレスと組み合わされた送信元ポート番号

2 前項のアイ・ピー・アドレスが割り当てられた電気通信設備から、債務者の用いる特定電気通信設備に前項の各投稿記事が送信された年月日及び時刻

権利侵害の説明については、各投稿ごとに権利侵害の有無を検討することになります。

【権利侵害の説明の記載例】

(別紙)

権利侵害の説明

1 同定可能性

債権者は、美容専門医院であるX_2クリニック(以下「本件クリニック」という。)を設置する医療法人である(疎甲〇)。本件投稿では、「X_2クリニックってどうですか」(以下「本件投稿1」という。)、「X_2クリニックで二重まぶたの手術をしたいと考えていますが、どうですか」(以下「本件投稿2」という。)といった質問がされているものであるところ、同名のクリニックは存在しておらず、債権者に関する投稿であることは明らかである。

2 権利侵害及び違法性阻却事由の不存在

(1) 本件投稿1について

ア 社会的評価の低下

本件投稿1では、債権者に関して「ぼったくり」であるとされている。ぼったくりというのは、商品やサービスを相場を大幅に上回る価格で提供し、利用者を欺くことを指す言葉であるから(疎甲〇)、債権者が利用者を欺いて不当な利益を得ているとの事実を摘示するものである。そのため、これにより債権者の社会的評価が低下している。

また仮に、ぼったくりというのが、他のクリニックよりも高額であるということを不適切な表現で行ったものと解釈するとしても、債権者が不十分なサービスしか提供していないにもかかわらず、高額の費用を請求しているとの事実を摘示するものである。不十分なサービスを高額で提供することは、一般的にいって不適切な行為であると判断されるものであるから、その社会的評価が低下している。

イ 真実性の不存在

債権者が提供しているサービスは、他のクリニックの提供するサービスと比して高額ということはなく、手技の内容によってはむしろ他のクリニックよりも安価である(疎甲〇)。また、適時の時期にキャンペーンを行うことなどにより、債権者における通常料金よりも割安にサービスを受けることができる機会を多々提供している(疎甲〇)。

また、本件クリニックの院長及び所属医師は、日本美容外科学会認定専門医として認定されている医師であり（疎甲○）、手術の内容が不十分ということはあり得ず、実際に債権者が実施しているアンケートでも多くの感謝の意見が寄せられている（疎甲○）。

したがって、投稿されている内容は真実ではない。

(2) 本件投稿2について

ア　社会的評価の低下

本件投稿2では、債権者が永久保証をうたいながら、施術の効果が2週間しか継続せず、その点について指摘しても再手術を拒否した、レビューサイトでステルスマーケティングを行い、Yahoo!知恵袋にも多くの自作自演の投稿をしているという事実が摘示されている。

これを一般人の普通の注意と読み方をした場合、債権者が誇大な広告や、利用者を装って債権者にとって都合のよい投稿を繰り返し行うことで集客しているものと受け取られることになる。このような活動は、一般的にいって妥当なものではない以上、本件投稿2により債権者の社会的評価が低下している。

イ　真実性の不存在

債権者はそもそも永久保証をうたった施術をしていることは一切なく、そのようなことをうたっているパンフレット、説明書、ウェブページ等も存在しない（疎甲○）。また、債権者において再手術を行うことはまれにあるものの、その際の記録は当然全てとっており、2週間で施術の効果がなくなったという事例は1つもない。

さらに、債権者はステルスマーケティングや自作自演の投稿は一切しておらず、そのような指示を従業員等にしたこともない（疎甲○）。

したがって、投稿内容は真実ではない。

(3) 公益目的の不存在

本件投稿類似の投稿は、しばらく前から始まっているが、投稿はいずれも月曜日から金曜日の朝9時以降17時までしか行われず、土日やいわゆるお盆休み、年末年始の期間には一切行われていない。しかも、投稿されている内容は毎回ほぼ同内容である。

そのため、本件投稿は同業他社が本件クリニックの評判を落とし、集客を鈍らせることで、同業他社に潜在顧客を送客することを企図しているものと想定される状況である。そして、投稿内容は上記のとおり真実ではない。

したがって、本件投稿はもっぱら嫌がらせ目的に基づきされているものといえ、公益目的は存在しない。

以　上

申立書一式を作成したら、仮処分の申立てをします。仮処分は要審尋事件であるため、債権者面接を経て（債権者面接がない地方裁判所もあります。）、債務者を呼び出すことになります。呼出しは、通常は1週間後程度が指定されます。

　ヤフー株式会社は、代理人を選任し、かなり細かい部分についてまで争ってくることが通常です。また、仮処分決定が発令されても、異議を申し立ててくることもあります。そのため、債権者側の主張を裏付けるだけの疎明資料を積極的に用意し、提出することが必要不可欠です。

4 ニコニコ動画に中傷動画がアップロードされた事例

相談内容

　数年前に悪質なクレーマーがニコニコ動画に当社を誹謗中傷する内容の動画を公開しました。当時、本人に直接動画を削除するように言っても一向に削除されませんでした。クレーム自体は既に収まっているのですが、当時の動画がいまだ公開され続けており当社の信用が害されています。どのように対処すべきでしょうか。

キーワード	動画
ウェブサイト	ニコニコ動画
目的	動画削除
請求の相手方	株式会社ドワンゴ
手続	任意請求
法律構成	名誉権侵害
依頼者の属性	法人

相談フェーズ

相談者から聴取する事項・調査事項

1 動画のURLやタイトル

　まずは問題の動画のそのURLを確認することが重要です。本ケースでは、ニコニコ動画と動画サイトの名前は分かっているため、動画タイトルを聴いた上、問題の動画を検索する方法でも問題ありません。

2 動画内の相談者が問題視する箇所

　動画の場合、実際に動画を視聴しなければ、どのような表現がなされているかは分

かりません。掲示板等とは異なり、テキストを全文検索し、相談者の会社名に言及している部分を探すなどといったことも困難です。

　数分程度の動画であればまだしも、長時間の動画となると法律相談の段階でその全部を視聴することは事実上不可能でしょう。そこで、相談者が問題視している箇所は動画内のどの箇所なのかを、秒数を指定してもらうなどして事前に確認しておく必要があります。また、全体的な動画の内容についても事前に相談者から聴いておくとよいでしょう。

＜聴取・確認事項まとめ＞
① 動画のURLやタイトル
② 動画内で相談者が問題視している箇所
③ 動画の内容

3　サイト調査

　ニコニコ動画に掲載されているとの相談ですが、念のためニコニコ動画なのかについては確認をします。ニコニコ動画のURLは「http://www.nicovideo.jp/」から始まりますのでURLを確認してください。

　ニコニコ動画であることが確認できたら、運営主体を調査します。ニコニコ動画のページを最下部までスクロールすると、フッター部分に「利用規約」というリンク（https://account.nicovideo.jp/rules/account）があります。この利用規約はニコニコ動画を含む「niconico」全体の利用規約ですが、冒頭に「本利用規約は、これらの構成要素全てを含むものとし、株式会社ドワンゴ（以下、「運営会社」といいます）により提供される「niconico」及び「niconico」に関連するサービス（運営会社以外が運営するサービスも一部含み、以下、総称して「niconico」といいます）」との記述があり、運営主体が株式会社ドワンゴと示されています。

　また、同じく動画ページのフッター部分にある「運営会社」というリンクをクリックすると、株式会社ドワンゴの公式ウェブサイトが表示されており、ここからの運営主体が株式会社ドワンゴであることが読み取れます。

　なお、サイトのドメインをWHOIS検索して表示されるドメイン管理者情報も株式会社ドワンゴとなっています。

対応方針の検討

1 手続・法的構成の仮検討

(1) 投稿者本人への削除請求を行うか

　クレーマーがネット上での中傷を繰り広げる場合など、中傷を行っている人物が判明している場合があります。そして、本ケースのような動画サイトなど、発信者本人が問題の記事・動画を削除することができる場合には、発信者本人に対して削除請求を行うという方法をとることも可能です。

　しかし、一般的には発信者本人に対する削除請求は効果的ではありません。基本的には発信者本人は相手にせずサイト管理会社、サーバー管理会社に対して請求を行う方針がよいでしょう。

　なお、プロバイダが負う削除義務はあくまで補充的であり、発信者が判明しているならば発信者に対する請求を先行すべきとの主張が一部のプロバイダよりなされることもあります。しかし、プロバイダが削除義務を負うのはプロバイダ自身が（無意識にではありますが）侵害情報を流通させているからであって、発信者が判明しているか否かは削除義務の発生とは無関係です。

(2) どの部分を捉えて社会的評価の低下を主張するか

　動画には、映像と音声の双方が含まれていますが、名誉権侵害として取り上げる社会的評価を低下させる箇所は、動画の何秒時点のどの部分なのかを相談者から聴き取った情報を基に検討をします。また、ニコニコ動画では特徴的な機能として、動画にかぶせてコメントを投稿する機能があり、この動画の再生とともに表示されるコメント部分が名誉権侵害に該当することもあります。

　映像・音声・コメントでは、裁判上で証拠提出する場合の方式も異なってきますので、この点は重要です。

(3) 仮処分申立てを行う必要があるか

　名誉権侵害の程度にもよりますが、動画の削除を求めるのであれば仮処分が必須というわけではなく、テレサ書式による請求により任意の削除が一定程度なされています。

　そこで、基本的な方針としてはまずはテレサ書式による削除請求を株式会社ドワンゴに対して行い、任意に応じてもらえない場合には仮処分を申し立てるという方針でよいでしょう。

2 追加聴取・調査事項

　名誉権侵害を理由に削除請求を行うために必ずしも必要ではない部分も多いのです

が、本ケースのようにインターネット上での問題の前にトラブルがあり、それがネット上にも波及しているような場合には、念のため元となったトラブルの内容の詳細についても相談者から聴取し把握しておいたほうがよいでしょう。

　特に、クレームのような内容の場合、その内容の真実性は違法性阻却事由の有無にも関わりますので、動画の内容に合わせてトラブルの内容についても確認をしてください。

3　手続・法的構成の再検討

　相談者から追加で聴き取った事実関係を前提に、違法性阻却事由の有無、特に真実性の抗弁の不存在を主張できるかを改めて検討してください。

4　立証の検討

　さて、動画に対する法的対処を行う場合、掲示板等の文字媒体にはない動画特有の検討事項として、権利侵害の動画をどのように証拠提出するかという問題があります。

　動画そのものをダウンロードし、DVD等で提出する方法もありますが、裁判でもテレサ書式による請求でも、紙媒体で証拠化したほうが、事務処理上も簡便です。

　動画に挿入されているテロップなどの映像部分で名誉権侵害がなされているのであれば、該当部分のキャプチャ画像を作成し、その印刷物を証拠とする方法があります。

　また、音声部分で名誉権侵害がなされている場合には、録音データと同様に文字起こしした反訳書を添える方法もあります。なお、ニコニコ動画には実装されていない機能ですが、YouTubeには字幕機能があり音声部分を証拠としたい場合には、字幕を表示させるように設定しつつ動画を再生し、該当部分のキャプチャ画像を作成するという方法も便利です。

事案の要点整理

　メールでの相談受付後、相談者から聴き取った必要事項を総合した事案の要点は以下のとおりです。

> (1)　株式会社Xは、インターネット通販を行っている会社である。
> (2)　販売した商品について、商品が届かないといったクレームを言う顧客がおり、カスタマーサポートとのやり取りなどが都合よく切り取られた上、動画としてまとめられインターネット上に公開されている。

(3) 動画の内容は、株式会社Xについて、「ネットで注文したが商品を送ってこない詐欺会社」などと中傷するものである。

(4) トラブルの発端は、株式会社Xでは銀行振込みの代金先払いを条件に注文を受け付けており、顧客が代金を振り込まなかったため商品の発送がなされていなかったところ、これを理解していない顧客が一方的にクレームを入れたことに始まる。カスタマーサポートから代金先払いの件を説明したところ一度は納得し代金が振り込まれたため、早急に商品を発送したところ、「到着が遅れて使いたいときに使えなかった。その分を補償しろ」などという主張がなされるようになり、それには応じられないと断ったところ、最終的にインターネット上に誹謗中傷の動画が公開された。

(5) 株式会社Xとしては、ある程度期間が経過して当該顧客からの連絡も一切なくなっていることから、動画を削除したいと考えている。

存在する証拠は以下のとおりです。

① 問題の動画をダウンロードしたデータ
② 動画の問題部分のキャプチャ画像
③ 動画音声の反訳文
④ クレーム対応の記録

実際の業務フェーズ

テレサ書式による送信防止措置依頼を行います。

【侵害情報の通知書兼送信防止措置依頼書（抜粋）】

掲載されている場所		http://www.nicovideo.jp/watch/sm123456789
掲載されている情報		別紙動画内容目録記載のとおり
侵害情報等	侵害されたとする権利	名誉権
	権利が侵害されたとする理由（被害の状況など）	別紙動画内容目録記載の動画（以下「本件動画」といいます。）は、そのタイトルに依頼者の社名を含んだものであり、また動画の内容も依頼者が運営している通販サイトに関するものです。したがって、依頼者に関する動画であることが認められます。 　そして、別紙動画内容目録の表現内容欄に記載した箇所は、依頼者がネット通販において注文を受けておきな

侵害情報等	がら商品を引き渡さないという詐欺行為を行っているとの事実を摘示しています。このような表現が依頼者の社会的評価を低下させることは疑う余地もありません。 しかし、本件動画の内容は全くの事実無根です。本件動画はその内容からして、過去に依頼者の通販サイトより商品を購入したY氏によるものであることが明らかですが、同氏については代金先払いの条件で商品を購入しているところ、商品代金が支払われなかったため商品の発送を留保していたにすぎません。Y氏よりカスタマーサポートに電話があった際には、商品代金が未払いであることを説明した上、同氏より代金の支払があった直後に商品を発送しております。 なお、商品発送後Y氏より「到着が遅れて使いたいときに使えなかった。その分を補償しろ」などというクレームがあり、これを断ったところ本件動画が公開されたという経緯がございます。 以上のように、依頼者は詐欺行為を行ってなどおらず、本件動画は事実に反する内容であり、依頼者の名誉権を侵害するものです。

【動画内容目録】

（別紙）

動　画　内　容　目　録

URL　http://www.nicovideo.jp/watch/sm123456789
タイトル　詐欺会社　株式会社X
動画内容

秒数	該当箇所	表現内容
0:03	映像	「詐欺会社　株式会社X」
0:46	音声	ネットで注文したが商品を一切送ってこない
1:23	音声	完全な詐欺

5 自社サイトのコンテンツがコピーされてしまった事例

> **相談内容**

　当社が運営している会員向け有料サイトの記事を丸ごとコピーしているブログがあります。広告収入目当てのアフィリエイトサイトのようなのですが、有料の記事を無料で公開されてしまってはビジネスが成り立たなくなってしまいます。相手を突き止めてやめさせることはできないでしょうか。

キーワード	コンテンツのコピー
ウェブサイト	livedoor Blog
目的	削除　発信者情報開示
請求の相手方	LINE株式会社
手続	任意請求
法律構成	著作権侵害
依頼者の属性	法人

相談フェーズ

相談者から聴取する事項・調査事項

1　コピーして作成されたという問題のブログ記事

　相談者のサイトのコンテンツをコピーしているというブログについて、そのURLを確認することが重要です。コピーされてしまっている実際のブログのURLを確認することで、問題のブログシステムの管理者や法的対処ができるか否かを判断することが可能になります。

2　コピーされてしまった相談者サイトの記事

　コンテンツがコピーされてしまっているという相談であるため、本当にコピーされているといえるのか、コピーの範囲、程度はどの程度なのかを判断するためにも、コ

ピー元である相談者のコンテンツについても確認することが必要です。

本ケースでは、会員向け有料サイトで配信されたコンテンツということなので、そのサイトのURLとログインIDをメールで送信してもらうなどの方法がよいでしょう。また、コピー元となったコンテンツの印刷物を提供してもらう形でもよいでしょう。

＜聴取・確認事項まとめ＞
① コピーして作成されたという問題のブログ記事
② コピーされてしまった相談者サイトの記事

3　サイト調査

相談者より最低限の情報を取得したならば、問題のサイトの管理者や、法的対処を行う場合の手続を検討するためにサイトの調査を行います。

具体的な方法としては、WHOIS検索やサイト上に記載されている運営者情報ページを確認するようにしてください。

コンテンツのコピーのような著作権侵害に当たる事案については、名誉毀損等よりも権利侵害が明確に判断できるため、削除や発信者情報開示について任意に応じる方針をとっている運営者も多くあります。ブログ運営者が定めている利用規約や発信者情報開示請求に関する手続案内などについても確認しておくと、この先の方針検討において有効です。

対応方針の検討

1　手続・法的構成の仮検討

(1) 著作物性が認められるか

コンテンツのコピーの場合、基本的には著作権による対処を行うことになります。そこで、まずはコピーされてしまっている元のコンテンツが著作権で保護される著作物と認められるか否かを検討することになります。

著作物は「思想又は感情を創作的に表現したものであつて、文芸、学術、美術又は音楽の範囲に属するものをいう。」(著作2①一)と定義されています。具体的に問題となるのは、「思想又は感情を創作的に表現」の部分ですが、高尚な思想であることや高度な表現であるという意味ではありません。客観的なデータや数値を表記したにすぎ

ないようなものは著作物とは認められませんが、実務上、著作物性は肯定できる場合が多いと思われます。

なお、著作物として保護されるのは、従来の表現に比して著作者の個性が表現されている部分（表現上の本質的部分）となります。そのため、著作物性自体は争点化しないケースが大半ですが、その表現上の本質的部分はどの範囲なのかについては意識的に検討をする必要があります。

(2) 著作権者は誰か

コピーされた元のコンテンツに著作物性が認められるとして、著作権を有しているのは誰か、ということも問題となります。当然ながら法的な請求は著作権者名義で行う必要があるため、コピーされた著作物の著作権が誰に帰属しているかについても検討してください。

著作者は、当該著作物を著作した者（創作活動を行った者）です。なお、法人等が自然人たる従業者をして創作を行った場合には、法人が著作者となる場合もあります（職務著作(著作15)）。そのため、自社のサイトで公開しているコンテンツについては、基本的には当該サイトの運営主体である法人が著作権を有していると考えることになるでしょう。

他方で、インターネット上の記事について誰が著作権を持っているのかが問題となる場合もあります。主なものとしては次の2パターンがあります。

① 法人の従業員が作成したコンテンツを、作成した従業員名で自社サイトに掲載している場合
② 外部の評論家等に作成を委託したコンテンツをその外部評論家の名義で自社サイトに掲載している場合

このうち、①については学説上争いもあるようですが、法人の従業員がその法人の運営する媒体で公表しているのであれば、大枠としては法人運営媒体の一部として職務著作（法人が著作者）となると考えてよいでしょう。

他方、②については外注先との指揮命令関係にもよりますが、専門家として執筆を依頼している場合などについては通常細かな指揮命令関係はないため、職務著作が成立せず著作者は執筆を担当した外注先になる場合が多くなると思われます。この場合、著作者である外注先との間で著作権が譲渡される旨の契約を締結し、著作権を取得しておかなければなりません。

(3) 侵害されている支分権

著作権侵害と一言で言っても、著作権はその場面に応じて種々の権利（支分権）が含まれており、それぞれ侵害の要件も異なります。そこで、著作権侵害を主張する場

合には、具体的にどの支分権が侵害されているのかを主張しなければなりません。
　インターネット事案においては、公衆送信権・送信可能化権（著作23）が問題となりますので、これらの権利を主張します。
　（4）　著作権の制限
　著作権法30条～49条には、著作権が制限される場合が規定されています。形式上著作権侵害の要件を満たすとしても、これらの規定に該当すれば著作権侵害とはなりません。
　インターネット上の事案において主に問題となるのは「引用」の規定（著作32）です。
　著作権法32条では「引用」に当たり著作権が制限されるための要件として、
①　公表された著作物であること
②　公正な慣行に合致すること
③　目的が正当な範囲にあること
が求められています。
　もっとも、その意味するところは必ずしも明らかではなく、裁判実務上では①明瞭区別性、②主従関係性が重視されています。
　なお、本ケースのような全文転載については、原則として「引用」は認められないと考えてよいでしょう。
　（5）　手続選択・類似の程度
　著作権侵害に当たる場合、具体的にどのような手続を用いて法的な請求を行うのかを検討します。
　選択し得る手続としては、テレサ書式を用いた任意請求、仮処分の申立てが考えられます。人格権侵害を理由に発信者情報開示請求を行う場合には、任意の対応が期待し難いことから、仮処分申立てを選択することが一般的ですが、著作権侵害については比較的権利侵害の有無が明確に判断できることから、発信者情報開示についても任意の開示が期待できます。
　いわゆるデッドコピーと呼ばれるような、そのまま著作物をコピーした事例については、テレサ書式による請求がよいでしょう。

2　追加聴取・調査事項

　コピー元のコンテンツが、相談者名義で公表されているものではない場合には、相談者が著作権を有していることを示す必要が生じます。そのため、コンテンツ作成に至る経緯や従業員と法人との権利関係を確認してください。また、外注先名義によってコンテンツが公表されている場合には、外注先との契約書の提示を求め、著作権が相談者に帰属していることを確認することが必要です。

3 手続・法的構成の再検討

著作権侵害性については大きな争いのないデッドコピー事案だけではなく、翻案に当たるような場合や多少の改変が加えられてコピーされている事案もあります。その場合、著作権侵害に当たるか否かは必ずしも一見して明白とはいえません。この場合は、テレサ書式による請求よりも仮処分手続を検討するべきでしょう。

なお、仮処分手続においても、法的に検討すべき事項はこれまでと基本的には変わりません。また、著作権に基づく請求の場合、東京地方裁判所においては保全部ではなく知的財産部が申立先になるため、その点留意が必要です。

4 立証の検討

著作権侵害を主張するためには、双方のコンテンツが似ているということだけでは足りず、元の著作物に依拠してコピーが作成されたこと（依拠性）も必要です。

もっとも、侵害行為者が実際に原著作物を見てそれに依拠して作成したというのは、侵害行為者の内心の問題であり、これを直接証拠によって立証することは非常に困難です。そこで間接証拠の積み上げによってこれを立証していくことになります。

具体的にはケースバイケースではありますが、通常全く同じコンテンツが偶然作成されることは有り得ませんから公開日時の先後関係によって依拠性を主張・立証することが有効です。そのため、相談者側については、コンテンツをサイトにアップロードした日時についてサイト管理画面の公開日時の表示を証拠化する、加えて、著作権侵害をしている側のコンテンツについても公開日時が記載されている部分を印刷するなどして証拠化しておくことが必要です。

なお、多くのブログでは公開日時を遡らせることも可能であり、場合によっては表示されている公開日時では先後関係を立証できない場合も想定されます。その場合は当該ページのHTTPヘッダにあるLast-Modifiedに記録された最終更新日時から読み取る方法なども検討してください。

事案の要点整理

メールでの相談受付後、相談者から聴き取った必要事項を総合した事案の要点は以下のとおりです。

(1) 株式会社Xは、有料の会員制コミュニティサイトを運営しており、会員向けに情報を提供している。

> (2) 株式会社Xが運営するコミュニティサイトでは、同社社員が執筆する記事のほか、外部専門家に執筆を委託した記事が配信されている。株式会社Xは執筆を担当する外部専門家と著作権については全て買い取るとの条件で執筆契約を締結しており、同社サイトに掲載されているコンテンツの著作権は全て株式会社Xに帰属している。
> (3) 株式会社Xのサイトに掲載された記事をそのままコピーしているブログがLINE株式会社運営のブログサービス「livedoor Blog」に開設されている。
> (4) これ以上の侵害行為を防止するために削除と発信者情報開示請求を行いたい。

存在する証拠は以下のとおりです。
① 株式会社X運営サイトに掲載された記事の印刷物
② コピーして作成されたブログ記事の印刷物
③ 株式会社Xと記事執筆者との間の契約書
④ 株式会社X運営サイトに記事をアップした日時が表示されたサイト管理画面のキャプチャ画像

実際の業務フェーズ

テレコムサービス協会には、著作権侵害に対して削除を求める場合のガイドラインとして、人格権侵害の場合(「名誉毀損・プライバシー関係ガイドライン」)とは異なるガイドライン(「著作権関係ガイドライン」)が用意されています。

このガイドラインの様式に従って「著作物等の送信を防止する措置の申出について」を作成し送付しましょう。

【著作物等の送信を防止する措置の申出について(抜粋)】

1.申出者の住所	東京都○区○○1−1−1	
2.申出者の氏名	株式会社X	
3.申出者の連絡先	電話番号	○○−○○○○−○○○○
	e-mailアドレス	〜〜〜〜〜@*****.jp

4.侵害情報の特定のための情報	URL	http://blog.livedoor.com/##########/entry-12345678.html
	ファイル名	
	その他の特徴	
5.著作物等の説明	申出者が平成28年9月25日付にて申出者サイトにおいて配信した経済状況などに関するコラム記事	
6.侵害されたとする権利	著作権（公衆送信権・送信可能化権）	
7.著作権等が侵害されたとする理由	申出者は、会員制の有料コンテンツ配信サイトを運営する株式会社です。 　申出者が平成28年9月25日付にて申出者サイトにおいて配信した記事（以下、「申出者記事」といいます。）が、上記記載のURLにおいて全文コピーの上公開されています（以下、コピー先記事を「コピー記事」といいます。）。 　申出者記事は申出者と執筆契約を締結しているAが執筆し、同氏の名義にて申出者サイトにおいて配信された記事です。申出者記事はAの創作性が発揮された著作物に当たるところ、申出者は申出者記事の著作者であるAより同記事に関する著作権の譲渡を受けております（証拠4：執筆委託契約書）。 　コピー記事は、申出者記事をなんら改変することなく完全に転載したものであり、その内容は完全に同一です。 　したがって、コピー記事は申出者の著作権（公衆送信権・送信可能化権）を侵害するものです。 　なお、申出者は、申出者記事について申出者サイトでの配信・掲載以外を一切禁止しており、コピー記事に関しても権利許諾を与えておりません。 　よって、コピー記事は申出者の権利を侵害することは明らかです。	
8.著作権等侵害の態様	デッドコピー記事をブログに掲載	
9.権利侵害を確認可能な方法	上記URLの閲覧	

他方、発信者情報開示請求については、著作権侵害に独自の書式はないため人格権侵害の場合と同じように次のように発信者情報開示請求書を作成します。

【発信者情報開示請求書（抜粋）】

貴社が管理する特定電気通信設備等		http://blog.livedoor.com/########/entry-12345678.html
掲載された情報		別添のとおり
侵害情報等	侵害された権利	著作権（公衆送信権・送信可能化権）
	権利が明らかに侵害されたとする理由	請求者は、会員制の有料コンテンツ配信サイトを運営する株式会社です。 　請求者が平成28年9月25日付にて請求者サイトにおいて配信した記事（以下、「請求者記事」といいます。）が、上記記載のURLにおいて全文コピーの上公開されています（以下、コピー先記事を「コピー記事」といいます。）。 　請求者記事は請求者と執筆契約を締結しているAが執筆し、同氏の名義にて請求者サイトにおいて配信された記事です。請求者記事はAの創作性が発揮された著作物に当たるところ、請求者は請求者記事の著作者であるAより同記事に関する著作権の譲渡を受けております（証拠4：執筆委託契約書）。 　コピー記事は、請求者記事をなんら改変することなく完全に転載したものであり、その内容は完全に同一です。 　したがって、コピー記事は請求者の著作権（公衆送信権・送信可能化権）を侵害するものです。 　なお、請求者は、請求者記事について請求者サイトでの配信・掲載以外を一切禁止しており、コピー記事に関しても権利許諾を与えておりません。 　よって、コピー記事は請求者の権利を侵害することは明らかです。
	発信者情報の開示を受けるべき正当理由（複数選択可）	①損害賠償請求権の行使のために必要であるため ②謝罪広告等の名誉回復措置の要請のために必要であるため

侵害情報等		③差止請求権の行使のために必要であるため 4.発信者に対する削除要求のために必要であるため 5.その他（具体的にご記入ください）
	開示を請求する発信者情報 （複数選択可）	1.発信者の氏名又は名称 2.発信者の住所 ③発信者の電子メールアドレス ④発信者が侵害情報を流通させた際の、当該発信者のIPアドレス及び当該IPアドレスと組み合わされたポート番号 ⑤侵害情報に係る携帯電話端末等からのインターネット接続サービス利用者識別符号 ⑥侵害情報に係るSIMカード識別番号のうち、携帯電話端末等からのインターネット接続サービスにより送信されたもの ⑦4ないし6から侵害情報が送信された年月日及び時刻
	証拠	1.本件記事印刷物 2.請求者記事印刷物 3.請求者記事アップロード画面 4.執筆委託契約書
	発信者に示したくない私の情報（複数選択可）	1.氏名（個人の場合に係る） 2.「権利が明らかに侵害されたとする理由」欄記載事項 3.添付した証拠

6 根拠のないランキングサイトで下位に掲載されている事例

相談内容

　当社はリフォームや外壁塗装を事業としていますが、先日、社内のパソコンで「外壁塗装」というキーワード検索したところ、「外壁塗装会社ランキングを大暴露！」というサイトが表示されました。どんな内容か開いてみると、一部上場企業や同業他社も含めて28社の会社名が並べられており、1位から28位までの順位が付けられていました。そして当社は最下位と表示されていました。どうしてこんな順位なのかとサイトの中を読んで回ったところ、「ランキングはクチコミに基づいている」とありましたが、サイト内には、どこにもクチコミは書かれていませんし、クチコミの入力欄もありません。

　もう1つ不思議なことは、4位から10位が有名な一部上場企業なのに、1位から3位になっているのは、それほど有名ではない会社だという点です。私には、どうも根拠のないランキングだと思えてなりません。このランキングによると思われる不利益も生じていますので、ランキングを削除してもらいたいと思います。また、可能であれば、このような根拠のないランキングを作った人物に損害賠償請求もしたいと思います。

キーワード	ランキングサイト　アフィリエイト
ウェブサイト	アフィリエイトサイト
目　　　的	投稿記事削除　発信者情報開示
請求の相手方	エックスサーバー株式会社
手　　　続	本案訴訟
法 律 構 成	名誉権侵害
依頼者の属性	法人

相談フェーズ

相談者から聴取する事項・調査事項

1　問題のサイトのURL

　まずは、問題のサイトのURLを聴き取り、サイトの内容を確認します。

　一般に、クチコミランキングサイトは、閲覧者から投稿されたクチコミを基に評価を数値化し、ランキングを決めていると思われがちです。しかし最近は、クチコミランキングに対する信頼性を悪用し、根拠のないランキングサイトを作る者が増加しています。

　朝日新聞は「「お金を払うから1位にして下さい」。商品やサービスを紹介するランキングサイトに、こう頼む企業が相次いでいる。下位になった企業がサイト側を訴える事例もある。なんでそんなことが起きるのか。」「広告会社などで作る日本アフィリエイト協議会（横浜市）には一昨年ごろから、「上位掲載の依頼が来ているがどうすればいいのか」といった内容の相談が寄せられている。協議会は「やらせランキング」として、サイト運営者に注意を呼びかけている。」と報道しています（平成28年（2016年）1月28日）。

　つまり、アフィリエイターと呼ばれる人たちが、アフィリエイト報酬目当てで、特定の企業を上位にランク付けするというケースがあるのです。

　問題のクチコミランキングサイトがアフィリエイターのアフィリエイトサイトなのか否かは、アフィリエイトリンクの有無から判断できますので、まずは、問題のサイトを調査することが肝要です。

```
＜聴取・確認事項まとめ＞
○　問題のサイトのURL
```

2　ランキングの根拠は何か

　問題のサイトのURLを聴き取ったら、当該サイトを隅々まで読んで、ランキングの根拠が何であるかを調査します。

　よくあるのは、「クチコミを数値化してランキングを作成しました」との表記です。本当に閲覧者がクチコミを投稿している可能性もありますが、クチコミランキングに対する信頼性を悪用している可能性もあります。

クチコミランキングだと書いてある場合は、そのサイトの中にクチコミの記入欄があるか否かを調査しましょう。なければ「やらせランキング」の疑いが高まりますが、クチコミの記入欄があっても、入力内容がどこにも表示されていないケースや、表示されているとしても、入力欄の項目名と表示されているクチコミの項目名が一致していないケースであれば、「やらせランキング」の疑いがあります。例えば、入力欄には「居住地域」という項目名がないのに、表示されているクチコミにはそれがある、というケースにおいて、違法なサイトだと認定された裁判例（東京地判平26・10・15裁判所ウェブサイト）があります。

ほかには、「クチコミを数値化」ではなく、「私のクチコミ」と題し、クチコミランキングの体裁は維持しつつ、「私の」を追加することで、自分の意見・論評だという体裁を取っている例があります。さらに、ランキングの根拠がどこにも書かれていない例もあります。

こういったサイトは、単なる意見・論評なのか、「やらせランキング」なのかの区別ができず、立証が難しくなる傾向にあります。

3　ランキングに付随したコメントに違法な内容がないか

「やらせランキング」にクチコミの内容が表示されている場合、傾向として、上位企業（アフィリエイト報酬が発生する企業）のクチコミには同社商品・役務を絶賛する内容が記載され、それ以外の企業のクチコミには、同社商品・役務に対するネガティブな内容が記載されています。

そうすると、クチコミの内容が名誉権侵害に及んでいるケースも多々あります。そういった違法なクチコミが記載されていれば、当該クチコミを問題として開示請求を行うことで、サイト運営者の情報開示に辿り着ける場合もあります。

4　アフィリエイトリンクの有無

アフィリエイターが作る「やらせランキング」の特徴は、上位企業・お勧め企業の説明に付記されている「企業の公式サイトを見る」「公式サイトへ」といったボタン、リンク文字列が、アフィリエイトリンクになっている点です。

アフィリエイトリンクとは、どのアフィリエイターのサイトから広告主のサイトへ訪問したかが分かるようになっている、アフィリエイトサービスプロバイダ（ASP）が発行するリンク文字列です。

アフィリエイトリンクを調べるには、公式サイトへのボタン・リンクを右クリックして、ショートカットメニューから「ショートカットのコピー」（Internet Explorerの

場合)、「リンクのアドレスをコピー」(Google Chromeの場合)をクリックした後、ワードなどへ貼り付けます。ただし、この方法ではアフィリエイトリンクだと分からないような技術が使われている場合もあります。

アフィリエイトリンクは、例えば以下のような形式になっています。

ASP	アフィリエイトリンクの形式
インフォトップ	http://www.infotop.jp/click.php?aid=000000&iid=00000&pfg=1
フォーイット(アフィリエイトB)	https://track.affiliate-b.com/visit.php?a=0000000&p=000000
ファンコミュニケーションズ(A8.net)	http://px.a8.net/svt/ejp?a8mat=XXXXXX+XXXXXX+XXXX+XXXXX

5 サイト調査

ランキングサイトは、一般的なブログサービスを利用していません。大抵、個人でサーバーを借りて、独自ドメインを登録の上でサイトを運営しています。そして、ドメインにはWHOISプロテクションサービスが利用されており、レジストラは判明するとしても、ドメイン登録者は判明しないことが珍しくありません。レジストラは今のところ、開示関係役務提供者(プロバイダ責任制限法4①)とは考えられていないため、レジストラに対する発信者情報開示請求は困難です。

そのため、ランキングサイトの削除請求や、誰がランキングサイトを運営しているのか調べるための発信者情報開示請求は、サイトが格納されているレンタルサーバー(ホスティングサーバー)の管理会社を相手にするしかありません。

そこで、ドメイン名をIPアドレスに変換し、IPアドレスの登録者をWHOISで調べる方法により、サーバー管理会社を調べておきます。たいてい、さくらインターネット株式会社(大阪市中央区)、エックスサーバー株式会社(大阪市北区)、GMOインターネット株式会社(東京都渋谷区)の系列会社が判明します。

もちろん、海外のサーバー会社が判明する場合もありますが、当該海外サーバー会社が日本を意識してビジネス展開していない場合には、発信者情報開示請求訴訟はできないと解されています(発信者情報開示請求訴訟は、不法行為関連訴訟ではないため、国際裁判管轄が日本にないと説明されます。)。仮に、日本を意識してビジネス展開しているとしても、母国法の制限により、たとえ日本で判決が出ても、契約者情報は開示できない、と言われることもあります。これに対し、海外サーバー会社に対する削除請求は、民事訴訟法3条の3第8号により、日本に国際裁判管轄があります。

対応方針の検討

1　手続・法的構成の仮検討

　ASPへの弁護士会照会（特定のアフィリエイトリンクを利用している者の照会）は、大抵回答を拒否されます。そして、ASPは今のところ開示関係役務提供者とは考えられていないため、ASPを相手とする発信者情報開示請求は困難です。

　また上記のとおり、アフィリエイターの個人サイトは一般的なブログサービスを使っておらず、また、独自ドメインはWHOISプロテクションサービスを利用していることが多いため、WHOISからはサイト管理者が判明しません。

　そのため、ホスティングサーバー管理会社を相手とする、削除訴訟や、サーバー契約者の発信者情報開示請求訴訟を検討することになります。

　裁判官によっては、ホスティングプロバイダ相手の削除請求はできないと明言する人もいるため、総務省逐条解説において「「特定電気通信役務提供者」とは、ウェブホスティングを行う者や電子掲示板の管理者など、特定電気通信の用に供される電気通信設備を用いて他人の通信を媒介している者等である。」と記載されている部分などを示すとよいでしょう。

2　追加聴取・調査事項

　相談者の名誉権を侵害するようなコメント・クチコミが付されている場合には、一般的な名誉権侵害の事案と同じように、どこが反真実なのか、反真実を立証する証拠はあるかについて聴き取ります。

3　手続・法的構成の再検討

（1）　ランキングによる社会的評価の低下

　京都地裁平成26年9月4日判決（公刊物未登載）は、「外壁塗装業者である原告が、同業者28社中最下位の会社であることを具体的に摘示しており、原告の名誉、信用を含む人格権を侵害するものといえる」と判断しており、ランキングにより「信用等の人格的価値について社会から受ける客観的評価を低下させる」ことを肯定しています。また、インターネットの事案ではありませんが、東京地裁平成22年12月14日判決（判時2119・67）は、ランキング表について「原告が最も低い評価を受けたとの事実を摘示するものと解するのが相当」として、社会的評価の低下を認定しています。

　社会的評価の低下について最高裁平成9年9月9日判決（民集51・8・3804）は、「名誉毀損の不法行為は、問題とされる表現が、人の品性、徳行、名声、信用等の人格的価値

について社会から受ける客観的評価を低下させるものであれば、これが事実を摘示するものであるか、又は意見ないし論評を表明するものであるかを問わず、成立し得るものである。」としています。この判断過程においては、ランキングが正当な評価であるか否かや、クチコミを数値化して作られたものか否かや、単なる意見論評にすぎないか事実の摘示に当たるかは、一切関係なく、「社会から受ける客観的評価を低下させる」か否かだけが問題となります。

したがって、低い評価が付けられていたり、低い順位にあれば、社会的評価は低下すると判断できます。それが正当なクチコミ・意見・論評であれば違法性阻却事由とはなり得ますが、社会的評価の低下を否定する理由とはならないため、その点注意が必要です。

(2) アフィリエイトサイトに関する「公益目的」

アフィリエイターの投稿目的について、東京地裁平成27年7月13日判決（公刊物未登載）は、「本件サイトがおすすめ英語教材ランキング第1位ないし第3位とする英語教材についてのアフィリエイトサイトであることが認められ、かかる事実によれば、本件サイトは、原告教材の内容はもとよりその宣伝手法にも言及して悪印象を与え、その評価を下げることにより特定の英語教材の購入に誘導し、アフィリエイト報酬を得ることを主たる目的とするものというべきであるから、本件投稿が専ら公益を図る目的によるものとは認められない。」と判示しています。

公益目的の判断基準について東京地裁平成19年7月11日判決（公刊物未登載）は、「本件記事は、一般読者の好奇心に訴え、刺激的な表現が多用されている面はあるものの、真摯性を欠く、私怨を晴らす、私利私欲を追求するなどといった特段の事情も見当たらないから、本件記事は、公益を図る目的に出たもの」とし、「私利私欲を追求する」事情を公益目的否定の事情としています。

一部の会社から金銭を得ながら、公正なランキングであるかのように装い、かつ、利益を追求する目的で作られたランキングサイトであれば、公益目的を否定する根拠となり得ます。

(3) 記載の反真実性

ランキングそのものについて、「このようなランキングは真実ではない」と主張する方法も考えられますが、サイト管理者がどのような根拠で何を数値化して順位付けしたかが明らかにならない限り、かかる反真実性の立証は困難だと考えられます。

これに対し、ランキングに付随して付けられたコメント・クチコミに反真実の内容が記載されている場合は、その部分による名誉権侵害を主張立証することが可能です。

(4) 採用する手続

ランキングに付随するコメントの名誉権侵害を主張する場合は、誰がコメントを書

いたのか調べるために、まずサイトの管理者を知る必要があります。しかし、コメントを書いた人物のIPアドレスが消失する可能性もあることから、サイト管理者の開示請求は、発信者情報開示仮処分の方法によることになります。

一方、ランキング自体の名誉権侵害を主張する場合は、サイト管理者が権利侵害をしているという主張になります。つまり、サイト管理者＝サーバー契約者となると思われるところ、サーバー契約者の氏名・住所の情報は、早期に消失するリスクは通常なく、また、開示を受ければ更なる手続をとることなく発信者が判明することになります。そのため、保全の必要性を満たさず、仮処分の方法による開示請求ができません。

そのため、発信者情報開示請求「訴訟」の方法によって開示請求することになります。

なお、削除請求では、仮処分、訴訟、いずれの方法も採用できます。

4　立証の検討

(1)　コメントによる名誉権侵害を主張する場合

ランキングに付随して付けられたコメントによる名誉権侵害を主張する場合は、コメントの反真実性の立証を検討します。

しかし、この方法では、サイト管理者（サーバー契約者）の発信者情報開示請求はできても、ランキングの削除請求の根拠とはなりません。この方法で進める場合は、開示請求によりサイト管理者を特定した後、任意交渉等によりランキングの削除を求めることになります。

(2)　ランキング自体の名誉権侵害を主張する場合

これに対し、ランキング自体による名誉権侵害を主張する場合は、当該サイトがアフィリエイトサイトであること、それゆえに「専ら公益目的」であるとはいえないことを主張立証することになります。

アフィリエイトサイトであることは、①「公式サイトへ」等のリンクがアフィリエイトリンクになっていることをHTMLソースの印刷物で示す方法、②「公式サイトへ」等のリンクにマウスポインタをあてて、ステータスバー等に表示されるアフィリエイトリンクを撮影（スクリーンショットを含みます。）する方法、により立証できます。

ページのHTMLソースを表示するには、画面の何もないところを右クリックして、表示されるメニューから「ソースの表示」（Internet Explorerの場合）、「ページのソースを表示」（Google Chromeの場合）をクリックします。

第2章 ケース・スタディ

事案の要点整理

　メールでの相談受付後、相談者から聴き取った必要事項を総合した事案の要点は以下のとおりです。

> (1)　相談者は外壁塗装業者であり、インターネットには外壁塗装業者のクチコミランキングサイトがある。
> (2)　相談者の会社は、当該サイトにおいて、最下位とされている。
> (3)　当該サイトで1位から3位とされている企業の「公式サイトを見る」ボタンには、アフィリエイトリンクが設定されている。
> (4)　当該サイトには、クチコミの入力欄やクチコミの表示がない。

　存在する証拠は以下のとおりです。
① 　ランキングのページの印刷物
② 　ランキングがクチコミランキングだと説明されているページの印刷物
③ 　1位から3位の企業の「公式サイトを見る」ボタンに設定されているリンクがアフィリエイトリンクになっていることを示すHTMLソースの印刷物
④ 　ドメイン名をIPアドレスに変換した結果を示す画面の印刷物
⑤ 　IPアドレスの登録者が被告であることを示すWHOISの検索結果の印刷物

実際の業務フェーズ

　削除請求については、サーバー会社に対する削除請求訴訟、サイト管理者の開示請求については、サーバー契約者の発信者情報開示請求訴訟をします。2つの訴訟は原告被告が同じで、対象となるサイトも同一ですから、2つの訴訟を併合提起することにします。

　発信者情報開示請求を行う際、被告の開示関係役務提供者性を説明することが必要です。例えば、以下のような記載をすればよいでしょう。

【開示関係役務提供者性】

> 　本件投稿は不特定の者の受信を予定した特定電気通信であるところ、被告は、本件投稿を含む本件ページが蔵置されたレンタルサーバーという特定電気通信設備を保有・管理する法人であり、特定電気通信役務提供者であって、特定電気通信役務提供者の損害賠償責任の制限及び発信者情報の開示に関する法律4条1項の開示関係役務提供者に該当する。

【発信者情報目録】

(別紙)

発信者情報目録

別紙投稿記事目録記載のURLにより表示されるウェブページが蔵置されたサーバー領域の契約者に関する情報であって、次に掲げるもの
1　氏名又は名称
2　住　所
3　電子メールアドレス

【権利侵害の説明の記載例】

(別紙)

権利侵害の説明

1　同定可能性
　本件サイトにおいて28位に表示されている「株式会社X」とは原告の商号であり、同サイトに表示されている「東京都〇区〇〇〇〇〇〇〇〇〇」は原告の本社所在地であるから、取引先等において原告だと同定可能である。
2　名誉権侵害
　本件サイトでは、原告について「28位」と記載されており、一般読者の普通の注意と読み方を基準にすると、外壁装業者である原告が、同業者28社中最下位の会社であると読み取れることから、原告の社会的評価を低下させ、名誉、信用を含む人格権を侵害する。
　しかるに、本件サイトはアフィリエイターがアフィリエイト報酬を目的に作成したものであり、私利私欲のために作られたランキングであるから、「専ら公益目的」があるとはいえない。
　したがって、本件サイトのランキングに違法性阻却事由はない。

7 食べログへの掲載自体の削除をしたいという事例

> **相談内容**

　私は北海道で隠れ家バーを経営しているのですが、最近、食べログに掲載されてしまったようです。あくまで「隠れ家」としていたいので、ネット上で場所などを書かれたくなく、そのことはお店でも皆さんにお願いしています。

　また、このようなサイトに掲載されることで、あらぬ中傷を受けることも多くなってしまうのではないかと思います。

　そのため、食べログのページ自体を削除できないでしょうか。

キーワード	ページの削除　クチコミサイト
ウェブサイト	食べログ
目　　的	ページの削除
請求の相手方	株式会社カカクコム
手　　続	法律相談　任意交渉
法　律　構　成	営業権侵害　業務遂行権侵害　不正競争防止法違反等
依頼者の属性	法人

相談フェーズ

相談者から聴取する事項・調査事項

1　対象となるサイトのURLと具体的箇所

　食べログを削除したいという相談ですが、そもそも何という店名なのかも分かりません。対処し得るかどうかはともかくとして、まずはURLを教えてもらい、どのような内容が書かれているのかを確認することが必要です。

2　店舗の運営主体が誰か

　レストランの店名と運営主体は異なるのが通常と思われます。相談者は、「私が経営している」と言っていますが、個人で経営しているのか、法人が経営しているのか、法人経営であるとすると法人名は何か、といった点を明らかにしてもらうことが必要です。

3　店舗に関する広告等は何もないのか

　「隠れ家」をうたっているということですが、店舗である以上、全く広告がないということは通常はあまり考えにくいところです。例えば、ウェブページの有無、店舗の公式Twitter、来店客によるクチコミ投稿のようなものがあるか否かについては、あらかじめ確認しておくべきです。

＜聴取・確認事項まとめ＞
① 問題となるサイトのURLと具体的箇所
② 運営主体の情報
③ 店舗に関する広告等は何もないのか

4　サイト調査

　まずは食べログについての相談かどうかを確認してください。

　食べログは、「http://tabelog.com/」でURLが始まります。また、食べログサイト左上には、「食べログ」という表記があるほか、最下部には「食べログ（タベログ・たべろぐ）はカカクコムグループです。」、「Copyright (c) Kakaku.com, Inc. All Rights Reserved. 無断転載禁止」という記載があり、カカクコム株式会社がコンテンツの著作権を有していることの表記があります。

　次に、相談者は「ページ自体の削除ができないか」としていますが、具体的にどのような内容が記載されているのかについても確認してください。

対応方針の検討

1　手続・法的構成の仮検討

　相談者は、「ページ自体を削除できないか」としており、店舗情報自体が食べログに掲載されないことを希望しています。そして、その理由として、「隠れ家」として経営

していることを挙げています。そこで、インターネット上で取り上げられないことを権利として構成できるかを検討する必要があります。

これまで試みられた法的構成としては、自己情報コントロール権侵害、営業権侵害、業務遂行権侵害、氏名権（名称権）侵害、不正競争防止法違反、商標権侵害があります。

(1) 自己情報コントロール権侵害

自己情報コントロール権については、この権利又は利益の内容・外延が明らかではなく、一般的に認められるものとは扱われておらず、また、仮にこれの権利性を認めるとしても、情報内容や侵害行為の態様により、保護の範囲は異なってくることからすると、差止（削除）請求の根拠とすることはできないといえます。

したがって、自己情報コントロール権に基づく削除請求は困難です。

この点について、大阪地裁平成27年2月23日判決（裁判所ウェブサイト）も同様の判断をしています。

(2) 営業権侵害

削除を請求するためには、人格権侵害や削除の根拠となる明文の規定が必要になります。削除請求は、当該権利が排他性を有していることに基づくところ、営業権は専ら憲法22条1項の職業選択の自由に包摂されるものとして保障されているもので、排他性を有する権利とはいえず、また人格権でもありません。そのため、差止（削除）請求の根拠にはなりません。

この点に関して、上記大阪地裁平成27年2月23日判決は、先行行為に基づく条理上の作為義務が発生するか否かを検討して、作為義務があるのであれば削除が認められるという構成をしています。

同裁判例は、原告には「自らの業務遂行のため、自己の情報に関し、公開するかどうかについて、選択する権利又は利益を有する」としつつ、食べログ側が「店舗情報を完全非公開で営業し、かつ店舗情報非掲載を依頼された店舗については応じる方針」をとっていることを前提に、「本件店舗の店名、住所、電話番号、地図、店内見取り図等は、原告自身がホームページで公開しているし、その他、ブログやツイッター等により、本件店舗の情報が公開されているものは多数認められ」、「一般的に公開されている情報であれば掲載するという方針で原告の申し入れに応じなかったに過ぎないものであるから、被告が、原告からの申し入れに応じないことが違法と評価される程度に侵害行為の態様が悪質ということはできない」として、先行行為に基づく条理上の作為義務の発生を否定しています。

したがって、同裁判例によれば、店舗情報を完全非公開で営業している場合であれ

ば、先行行為に基づく条理上の作為義務の発生があり得るということになります。

しかし、上記のとおり、営業権は削除請求の根拠たり得ない以上、そもそも削除請求権があることを前提にしたかのような議論は前提を誤っていると言わざるを得ません。

(3) 業務遂行権侵害

業務遂行権とは、東京高裁平成20年7月1日決定（判時2012・70）が、法人の「財産権及び業務に従事する者の人格権をも内容に含む総体として」の権利であるとして、営業権とは別個の権利性を認め、差止請求の根拠たり得るとされています。

ただし、それが認められるのは、「法人に対する行為につき、①当該行為が権利行使としての相当性を超え、②法人の資産の本来予定された利用を著しく害し、かつ、これら従業員に受忍限度を超える困惑・不快を与え、③「業務」に及ぼす支障の程度が著しく、事後的な損害賠償では当該法人に回復の困難な重大な損害が発生すると認められる場合」とされており、相当厳格な要件が要求されています。

一般的に言って、クチコミサイトに掲載されること自体が相当性を超えるということは、にわかに考えにくいところであり、これに基づいて削除請求をすることは困難と言わざるを得ないでしょう。

なお、上記大阪地裁平成27年2月23日判決でも業務遂行権侵害が主張されていますが、営業権と同じ枠組みで判断がされていることから、業務遂行権が主張されているものの、特段の根拠をもって主張され、判断されたものとは思料されません。

(4) 氏名権侵害

人格権の中には、氏名権という権利があり、氏名を冒用されない権利を有しています。そこで、これを根拠に差止めを求めることが考えられますが、冒用されているわけでもない以上、これも結論的に困難であろうといえます。

この点に関して、食べログへの非掲載を求めた札幌地裁平成26年9月4日判決（裁判所ウェブサイト。控訴審：札幌高判平27・6・23、上告審：最判平28・5・31）があり、以下のとおり触れられています。

「法人の名称ではない店舗の名称について個人の氏名と同様の保護が与えられるべきか否かはともかくとして、被告は、本件ページを掲載することにより本件名称を表示していることが認められるものの、その態様は……本件店舗を本件サイト内において特定したり、本件ページのガイドやクチコミが本件店舗に関するものであることを示したりするために本件名称を表示しているものにすぎず、本件名称を用いて、被告が本件店舗を営業しているかのように装ったり、原告が本件サイトを運営管理しているかのように装ったりしているわけではなく、本件店舗や本件サイトの運営主体の特定や識別を困難にするものではないから、冒用には当たらない。」

(5) 不正競争防止法違反

この点に関しても、上記札幌地裁平成26年9月4日判決があります。

同裁判例では、不正競争防止法2条1項2号が、自己の商品等表示として他人の著名な商品等表示と同一又は類似のものを使用する等の行為（著名表示冒用行為）を不正競争としているところ、これに当たるという主張がされていました。しかし、同裁判例においては、そもそも著名表示冒用行為に当たらないとした上、「自己の商品等表示として他人の著名な商品等表示と同一又は類似のものを使用したというためには、単に他人の商品等表示（類似のものを含む。）が何らかの形で自己の商品等に付されていれば足りるというものではなく、それが商品等の出所を表示し、自他の商品等を識別する機能を有する態様で用いられていることを要する」として、店舗名は「本件店舗を本件サイト内において特定したり、本件ページのガイドやクチコミが本件店舗に関するものであることを示したりするために用いているもの」にすぎず、商品等の出所を表示し、自他の商品等を識別する機能を有する態様で用いられているということはできないとしています。

クチコミサイトに店舗名が掲載されていても、サイト内において店舗を特定するためのものであるというのが一般的理解と思われ、かかる判決の内容は正当であると評価できます。

したがって、不正競争防止法違反を根拠にすることはできません。

(6) 商標権侵害

店舗名について商標登録をしている場合、商標権侵害に基づく差止請求（商標36）をすることが考えられます。

商標権を侵害する行為態様は、いわゆる商標的使用がある場合であること、すなわち、自他識別機能ないし出所表示機能を害する態様で商標が使用される必要があります。

しかし、クチコミサイトに店舗名が掲載されていても、サイト内において店舗を特定するためのものであり、自他識別機能ないし出所表示機能が害されているとはいえないと思われます。

したがって、商標権侵害を根拠にすることもできません。

2 追加聴取・調査事項

上記のとおり、食べログのページ自体の削除は、店舗情報の一切を非公開にしている場合でなければ、基本的に困難であろうと考えられます。

完全に非公開ではないということであれば、できることは個々の投稿の削除や発信

者情報開示請求になります。そこで、このことを相談者に説明した上で、問題といえる投稿の有無を確認するべきでしょう。

　もっとも、相談者の多くは、自分にとって不快な内容を削除・開示したいと言ってきますが、食べログにおいては単なる感想にとどまる内容が多く、削除を希望する投稿を聞いても対処できないものが多かろうと思います。そのため、二度手間になることを避ける意味でも、投稿されている内容を事前に確認し、対処し得るものかどうかあらかじめ検討しておくとよいでしょう。

3　手続・法的構成の再検討

　ウェブページ自体の削除ができないことを説明すると、その後相談が途切れることが多いのが現実です。

　削除や開示以外の方法で対応ができそうなところがないかなど、相談に乗ってあげる姿勢が必要ではないかと思います。

8 インターネット上で使用しているハンドルネームに対する中傷が行われたという事例

> **相談内容**
>
> 　私は小説や漫画を描くのが趣味でブログやTwitterでこれを公開しているのですが、私の作品に対してパクリだとか著作権侵害といった悪口がインターネット上で多数なされています。最近はまとめサイトなども作られるようになってしまいました。
>
> 　実名でないと名誉毀損が成立しないということも聞いたのですが、創作活動ではハンドルネームを使用しておりブログやTwitterでも本名は公開していません。やはり実名で名指しされないと難しいのでしょうか。悪口を止めるためのなにか解決策があれば教えていただきたいです。

キーワード	ハンドルネーム　同定可能性
ウェブサイト	アメーバブログ
目　　的	投稿記事削除　発信者情報開示
請求の相手方	株式会社サイバーエージェント
手　　続	仮処分
法律構成	名誉権侵害　名誉感情侵害
依頼者の属性	個人

相談フェーズ

相談者から聴取する事項・調査事項

1　削除対象箇所の特定

　多数の中傷がなされているという相談ですが、このような場合であっても、まずは基本として削除対象箇所の特定は必要です。代表的なサイトのURLを相談者から聴

き取るなどして、幾つかのサイトについては実際にネットに掲載されている中傷を確認しましょう。

2 相談者のハンドルネーム

　本ケースはハンドルネームを名指しして行われている悪口に関するものです。そこで、相談者の氏名のみならずハンドルネームも確認する必要があります。なお、この類型の相談の場合、周囲の関係者もハンドルネームで表記されていることが多くあるため、関係者も含めてハンドルネームを確認しておくと人物関係を把握しやすくなります。

＜聴取・確認事項まとめ＞
① 代表的な削除対象記事のURL
② 相談者が行っているブログ・TwitterのURL及び公開されている内容
③ 相談者のハンドルネーム

---

3 サイト調査

　相談者より形式的に必要な事項を聴取した後、次の段階の作業として法的対処を行う対象のサイトを選定し、請求先の調査を行います。

　多数の中傷がなされ、まとめサイトまで作成されるような状況まで進むと、全てのサイトに対処するということは費用的に困難な場合も生じます。そのような場合、まずは新たな中傷を止めるという点を最優先し、そのためには発信者情報開示請求を行い、悪質な攻撃者を何人か特定していくことが基本的な戦略となります。

　そこで、相談者から提示してもらった代表的なサイトを中心に、投稿の時期や発信者情報開示請求に対するサイト管理者のスタンス、投稿内容の悪質性を総合的に考慮し、発信者情報開示請求を行いやすい対象をピックアップしていきましょう。

　その際、記事が掲載されている掲示板やブログサービスの運営者の情報をページヘッダー・フッターに記載されている「運営者情報」から読み取る、運営者情報の記載がなければドメインやサーバーのIPアドレスをWHOIS検索するなどして管理者を調査してください。

対応方針の検討

1　手続・法的構成の仮検討

(1)　名誉権侵害

「パクリ」「著作権侵害」といった点について、それがハンドルネームを名指しして行われたものであったとしても、現実社会の相談者に関する言説であると認められ、社会的評価の低下が発生するのであれば、名誉権侵害が成立する可能性が出てきます。

そこで、名誉権侵害が成立するかをまずは検討しましょう。

(2)　ハンドルネームと現実社会とのつながりはあるか

名誉権侵害の成否について、本ケースは「ハンドルネームに対する権利侵害」の論点が最大の問題となります。

この点について、現在の裁判実務の基本的な考え方としては、あくまで現実社会に実在する人間を基準に権利侵害性を考えており、実在する個人が当該ハンドルネームを使用していると判断できるかが1つの基準になります。もっとも、戸籍上の実名を名指しされない限り絶対に権利侵害性が認められないということではありません。

ハンドルネームを使って実社会でも活動している場合には、ハンドルネームへの中傷イコール当該人物への攻撃と考えることができます。例えば芸能人の芸名や外国人の通名のように、ハンドルネームが現実社会でもその生身の人格を指し示すものとして通用している場合には、「○○こと□□」に対する権利侵害が肯定されています。

また、ハンドルネームで行っているブログやTwitter上で、自分の顔写真などを公開している場合、そのハンドルネームと実在する個人との結びつきが生まれ、権利侵害性が構成される場合もあります。

そこで、相談者がハンドルネームをどの範囲で使用しているのか、インターネット上で公開している情報で現実社会の相談者に結びつく情報としてはどのようなものがあるのかについて確認をしつつ、ハンドルネームに対する権利侵害が実在する個人に対する権利侵害と言えるのかを検討することが重要です。

そして、インターネット上で使用しているハンドルネームの場合、

① 　顔写真を掲載しているか
② 　オフ会等にハンドルネームを名乗って参加したことはあるか
③ 　（創作活動の場合）同人誌即売会に参加したことはあるか

などの点を中心に、検討していくことになるでしょう。

2　手続・法的構成の再検討

(1)　侮辱（名誉感情侵害）

ハンドルネームと現実社会との人格のつながりが認められず、現実社会の人格について社会的評価の低下が認められない場合でも、侮辱（名誉感情の侵害）として違法性が認められる余地もあります。

名誉感情の侵害の成否を検討する場合、問題となるのは被害者自身の内面の問題であり、外部からどのように認識し得るのかとは必ずしも関係がありません。侮辱文言が不特定多数に公表されるという「公然性」の要件も不要とされています。

すなわち、ハンドルネームを名指ししての侮辱がなされた場合、そのハンドルネームが現実社会の誰のことなのかが分からなければ、社会的評価の低下は認められず名誉権侵害は成立しませんが、そのハンドルネームを使用して活動している者の視点では、確かに自分に対して侮辱がなされていることを認識していますので、名誉感情は害されます。

よって、もしハンドルネームと現実社会の人格との結びつきが認められない場合には、侮辱による違法性主張も検討しましょう。

(2)　並列的に主張することも有効

相談者からの聴き取りを踏まえて、ハンドルネーム＝現実社会の人格と認定できることを前提とした名誉権侵害構成を採用するか、侮辱構成を採用するかを決定します。なお、名誉権侵害と侮辱の双方を並列的に主張することも可能です。

手続としては、発信者情報開示を求めることから、原則として仮処分申立てを選択することになります。

3　立証の検討

立証については、①ハンドルネームと相談者との結びつき、②「パクリ」、「著作権侵害」といった点についての反真実性に関するものが中心となります。

①については、ハンドルネームを使用しているブログ、Twitterへログインした上で管理画面を印刷する、ハンドルネームで参加したオフ会等や同人誌即売会の申込書控、相談者の陳述書などを準備しましょう。

②については、実際の作品を提供してもらうことと、その創作活動についての陳述書が中心となります。

事案の要点整理

メールでの相談受付後、相談者から聴き取った必要事項を総合した事案の要点は以下のとおりです。

> (1) 相談者Xは、「〜〜〜」というハンドルネームを使用して小説や漫画の創作活動を行っている。創作活動は全てハンドルネームで行っており、本名は公開していないが、同人誌即売会への参加や、自身の作品の読者とのオフ会、近接するジャンルでの表現活動を行っている人たちとの交流会にも積極的に参加している。
>
> (2) 数年前から、ハンドルネーム「〜〜〜」を名指しして、公開している作品が他の作品のパクリであるとか著作権侵害であるといった中傷がなされるようになった。しかし、作品はオリジナルであり盗作などは一切行っていない。
>
> (3) 中傷の件数も多く継続的になされていることから、特に悪質な、アメーバブログに開設された「〜〜〜のパクリ疑惑検証まとめ」というブログに「アニメ公式画像のトレース・他作家の作品からのパクリを行った同人誌を発行＆販売している、「〜〜〜」氏（Twitter：＊＊＊＊＊＊＊＊）の著作権侵害行為検証し、その結果をまとめて告発するブログです。」という投稿がされているため、これについて削除と発信者情報開示請求を行うことになった。

存在する証拠は以下のとおりです。
① ハンドルネームを使用しているブログ、Twitterへログイン後の管理画面印刷物
② ハンドルネームが表記されているイベントの参加証、申込書控
③ 創作した作品
④ 陳述書

実際の業務フェーズ

アメーバブログは株式会社サイバーエージェントが提供するサービスであるため、同社に対して、名誉権侵害を理由する発信者情報開示請求を行います。ハンドルネームに対する中傷であることから、任意での対応がなされる可能性は低いと見込まれるため、仮処分の申立てを行います。

まずは形式的な面で、当事者の表記ですが、ハンドルネームに対する権利侵害を主張する場合には、当事者表記としては「〜〜〜ことX」とし、実名のみならずハン

ドルネームも含めた当事者表記が実態に合致しており適切でしょう。
　そして、権利侵害性の主張については、ハンドルネームと現実社会の人格の結びつきが主な争点となりますので、この点を中心に主張します。

【権利侵害の説明の記載例】

（別紙）

権利侵害の説明

1　本件投稿の内容
　本件投稿は、無料ブログサービス「アメーバブログ」上に開設された『～～～～のパクリ疑惑検証まとめ』というタイトルのブログ（以下「本件サイト」という。）のトップページになされたものである。
　本件サイトは、同人誌作家である「～～～～」が他人の作品から盗作行為・著作権侵害行為を行っているとの事実の摘示を内容とするものである。

2　本件投稿が債権者の社会的評価を低下させること
　債権者は「～～～～」というペンネームを使用し同人誌の制作・販売を行っている者である。本件投稿には債権者のハンドルネームに加えて債権者のTwitterアカウントも併記されている。よって、本件投稿が債権者に関する記述であることは明らかである。
　そして、債権者は～～～～というハンドルネームを使用して、自身の作品をインターネット上で公開するとともに、同人誌即売会に参加し対面販売を行うなども行っている。よって、～～～～というハンドルネームには現実社会においても同人誌作家としての一定の知名度と社会的評価が存在する（疎甲○）。
　このような状況において～～～～というハンドルネームを名指しし盗作行為・著作権侵害行為を行っているとの事実が摘示されれば債権者の作家としての社会的評価が著しく低下することは明らかである。

3　違法性阻却事由の不存在
　本件投稿は債権者が盗作行為・著作権侵害行為を行っているとの事実を摘示するものであるが、債権者はそのような行為を行ってはおらず、本件投稿は全くの虚偽の事実を摘示するものである（疎甲○）。
　したがって、本件投稿は全くの虚偽の事実を摘示するものであって、違法性阻却事由は認められず、債権者の名誉権を侵害することは明らかである。

9　自身の著作に対する悪いクチコミが書かれたという事例

> **相談内容**
>
> 　私はフリーライターで著書が何冊かあります。先日、著書の評判が気になってAmazonの書評欄を見ていたところ、酷い中傷の書かれたものが幾つか見つかりました。これでは書籍の販売に影響がありますので、削除請求したいと思います。このような削除請求は可能でしょうか。

キーワード	クチコミサイト　カスタマーレビュー
ウェブサイト	Amazon.co.jp
目　　　的	投稿記事削除
請求の相手方	Amazon Services LLC又はアマゾンジャパン合同会社（2016/05/01利用規約）
手　　　続	仮処分
法 律 構 成	名誉権侵害
依頼者の属性	個人

相談フェーズ

相談者から聴取する事項・調査事項

1　レビューの対象となる書籍のURL

　相談者からは、問題のレビューを確認するため、書籍のURLを確認します。アマゾンでは、個々の商品のURLは長いため、間違いがないよう、メール等で送信してもらうのが確実です。

　商品のURLは何種類か表記方法がありますが、「https://www.amazon.co.jp/書籍名-著者名/dp/000000000/ref=pd_bxgy_14_img_2?ie=UTF8&psc=1&refRID=AAAA

AAAAAAA」といった形式の場合は、書籍名-著者名の部分と、最後の「/」（スラッシュ）以降を削除して、「https://www.amazon.co.jp/dp/0000000000/」と短縮しても、同じ商品のページを表示することができます。

　裁判所に印刷物を証拠提出する際は、こちらの短いURLのほうが、書記官も裁判官も確認しやすいと思われます。

2　書籍ではなく著者に言及しているレビューがあるか

　対象書籍のページを確認した後は、相談者が、どのレビューを問題だと考えているのか、聴き取ります。

　ここで注意を要するのは、インターネット情報の削除請求権は、通例、人格権侵害の差止請求権であり、前提として「人格権」の侵害が必要となる点です。書籍という商品に対する中傷が記載されていても、それは物に対する悪い評価、物に対する攻撃であって、原則として、著者の人格に対する評価、攻撃ではありません。そのため、相談者がいくら「書籍に対する中傷」で売上げに影響があると言っていても、それが直ちにレビューの削除請求につながるわけではないのです。

　レビューを削除請求するには、物に対する攻撃を超えて、著者の人格に対する攻撃等が必要です。そういったレビューは、たとえ意見・論評だとしても、「人身攻撃に及ぶなど意見ないし論評としての域を逸脱したもの」（最判平9・9・9民集51・8・3804等）として、違法なレビューだと認定される可能性があります。

＜聴取・確認事項まとめ＞
① 　対象となる書籍のURL
② 　著者の人格権侵害となるレビューの有無

3　サイト調査

　「更新日：2016/05/01」版のAmazon.co.jp 利用規約（https://www.amazon.co.jp/gp/help/customer/display.html?nodeId=201909000）によると、「サイト運営者」は米国ネバダ州の「Amazon Services LLC」（NV Business ID: NV20051709239）だと記載されています。以前は、米国ワシントン州の「Amazon.com Int'l Sales, Inc.」（UBI Number：602030692）だと記載されているため、サイト運営者の変更があったようです。

日本での問合せ先についても、利用規約では「アマゾンジャパン株式会社　気付」から「アマゾンジャパン合同会社　気付」に変更されています。「気付」となっているのは、日本法人はサイト運営者ではなく、単なる窓口にすぎない、という説明のようです。

もっとも、報道によると、アマゾンジャパン株式会社に対する発信者情報開示請求が認容されており（東京地判平28・3・25公刊物未登載）、必ずしも米国法人を相手に申立てをしなくとも、対応されるケースがあるようです。

対応方針の検討

1　手続・法的構成の仮検討
レビューが書籍に対する批判にとどまる限り、削除仮処分の方法による削除請求は認められません。

この場合は、各レビューの右下にある「違反を報告」のリンクから、任意の削除請求を試みるのがよいでしょう。

2　追加聴取・調査事項
書籍の批判を超えて、著者の人格に対する批判だと読み取り得るレビューがあった場合には、その内容について真偽を聴き取ります。

例えば、「この本に書いてあることは嘘ばかり。130ページに書かれている○○はあり得ない。このような大嘘を書く著者は信用ならない狂人」といったレビューであれば、「著者は信用ならない」との意見論評の前提となっているのは「130ページに書かれている○○はあり得ない」との部分です。そこで、かかる事実があったのか否かを聴き取ります。

もちろん「狂人」との表現は意見・論評としての域を逸脱したものと考えられるため、この点は別途主張する必要があるでしょう。

3　手続・法的構成の再検討
著者に対する人格批判のレビューでも、「違反を報告」からの削除を試みることが有効です。

この方法により削除されない場合、まずは、アマゾンジャパン合同会社を債務者とする削除仮処分の申立てを行います。管轄は、同社所在地の普通裁判籍である東京地裁か、不法行為の結果発生地の特別裁判籍により、著者の普通裁判籍の裁判所となり

ます。

同社が答弁書において「日本法人にはレビューの削除権限がない」と主張してきた場合には、削除権限があるという疎明は困難であるため、一旦申立てを取り下げた上、米国法人のAmazon Services LLCを相手に申立てをし直すことが必要です。

管轄は、不法行為の特別裁判籍だけになりますが、利用規約に「法律で認められる管轄裁判所に加え、東京地方裁判所を付加的合意管轄裁判所とします。」との記載があることから、東京地方裁判所を選択することも可能ではないかと考えられます。

4 立証の検討

請求が認められるかどうかは、意見・論評の前提事実が真実か否かという点に大きく関わっています。そのため、反真実性を基礎付ける証拠をなるべく集めることが必要です。

例えば、著者が何かを調査・取材した上で執筆した場合であれば、その調査結果・取材結果が疎明資料の1つとなります。また、いつでも再現可能な事実であれば、再現報告書を作成します。

一方、著者の経験に基づき執筆したものであれば、経験についての陳述書が疎明資料となります。

なお、当該著書が相談者の執筆したものであるかどうか、すなわち同定可能性を明らかにするための資料としては、「amazon著者セントラル」（https://authorcentral.amazon.co.jp/）が活用できるでしょう。

事案の要点整理

メールでの相談受付後、相談者から聴き取った必要事項を総合した事案の要点は以下のとおりです。

> (1) 相談者の著書はAmazon.co.jpで販売されているところ、そのレビュー欄において、「130ページに書かれている○○はあり得ない。このような大嘘を書く著者は信用ならない狂人」というレビューがある。
> (2) 130ページに書かれている内容は、相談者が自ら取材を行い、それに基づくものであり、取材メモ、取材時の録音などの取材記録がある。
> (3) なお、相談者が違反報告を行ってみたが、削除はされなかった。

存在する証拠は以下のとおりです。
① レビュー欄の印刷物
② 著者セントラルの印刷物
③ 取材メモ
④ 取材時の録音記録

実際の業務フェーズ

著者の人格攻撃に及んだレビューが、任意請求では削除されなかったということで、削除仮処分の方法により削除請求をします。

【権利侵害の説明の記載例】

> （別紙）
>
> 　　　　　　　　　　　権利侵害の説明
>
> 1．同定可能性
> 　本件書籍の著者として表示されている「○○」とは債権者である（疎甲2：著者セントラル）。
> 2．名誉権侵害
> 　本件レビューは「130ページに書かれている○○はあり得ない。このような大嘘を書く著者は信用ならない狂人」と指摘しており（疎甲1：レビュー）、一般読者の普通の注意と読み方を基準にすると、債権者は事実でないことを執筆しており信用できない人物だと読めることから、債権者の社会的評価を低下させ、名誉権を侵害する。
> 　しかるに、かかる意見・論評が前提としている主要な事実は「130ページに書かれている○○」の真実性であるところ、当該事実は取材に基づいた記載である（疎甲3：取材記録）。したがって、本件レビューの主要な前提事実は反真実である。また「狂人」との表現は人身攻撃に及んでおり、意見論評としての域を逸脱した表現であって、違法性阻却事由はない。

10　Amazonレビューでの誹謗中傷する者を特定したいという事例

> **相談内容**
>
> 　当社はサプリメントの製造及び販売を行っております。数年前から、アスリート向けのトレーニングサポート用製品も販売しております。販売は店舗販売とAmazonを通じたネット販売を行っているのですが、先日Amazonの当社商品のレビュー欄に、当社のサプリメントを使用している選手がドーピングチェックで陽性反応となったなどとの事実無根の中傷が書き込まれているのを発見しました。
> 　誰か書いているのかを突き止めることはできないでしょうか。

キーワード	クチコミサイト　カスタマーレビュー
ウェブサイト	Amazon.co.jp
目　　的	発信者情報開示
請求の相手方	Amazon Services LLC 又はアマゾンジャパン合同会社（2016/05/01利用規約）
手　　続	本案訴訟
法律構成	名誉権侵害
依頼者の属性	法人

相談フェーズ

相談者から聴取する事項・調査事項

1　レビューの対象となっている商品のURL

　相談者からは、問題のレビューを確認するため、当該商品のURLを確認します。アマゾンでは、個々の商品のURLは長いため、間違いがないよう、メール等で送信してもらうのが確実です。

2　どのレビューが問題か

　対象商品のページを確認した後は、相談者が、どのレビューを問題だと考えているのかを聴き取ります。

> ＜聴取・確認事項まとめ＞
> ①　対象となる商品ページのURL
> ②　問題となるレビュー

3　サイト調査

　「更新日：2016/05/01」版のAmazon.co.jp利用規約（https://www.amazon.co.jp/gp/help/customer/display.html?nodeId=201909000）によると、「サイト運営者」は米国ネバダ州の「Amazon Services LLC」（NV Business ID: NV20051709239）だと記載されています。以前は、米国ワシントン州の「Amazon.com Int'l Sales, Inc.」（UBI Number：602030692）だと記載されていたので、サイト運営者の変更があったようです。

　日本での問合せ先についても、利用規約では「アマゾンジャパン株式会社　気付」から「アマゾンジャパン合同会社　気付」に変更されています。「気付」となっているのは、日本法人はサイト運営者ではなく、単なる窓口にすぎない、という説明のようです。

　もっとも、報道によると、アマゾンジャパン株式会社に対する発信者情報開示請求が認容されており（東京地判平28・3・25公刊物未登載）、必ずしも米国法人を相手に申立てをしなくとも、対応されるケースがあるようです。

対応方針の検討

1　手続・法的構成の仮検討
（1）　削除請求権が認められるか

　本ケースでは、相談者が製造販売している商品についての言説が問題となっています。

　インターネット情報の削除請求権は、通例、人格権侵害の差止請求権であり、前提として「人格権」の侵害が必要です。商品に対するネガティブな情報が記載されてい

ても、それは物に対する悪い評価、物に対する攻撃であって、原則として、人格に対する評価、攻撃とはいえません。そのため、商品に対する言説については、そのままでは削除請求権の根拠とはなり得ず、法的構成を工夫する必要があります。

なお、商品に対する言説について削除請求を行う場合の具体的な注意点や問題点については、ケース9を参考にしてください。

(2) 発信者情報開示請求

発信者情報開示請求については、必ずしも人格権侵害が認められることは要件ではありません。法律上保護される利益の侵害があればよいとされています。

そのため、営業権侵害でも問題ありません。

(3) 手続選択

Amazonのレビューガイドライン（更新日：2016年2月16日）によれば、レビューの投稿はAmazon.co.jpで商品を購入した実績のあるアカウントでなければならないとされています。そして、商品を購入するには住所氏名をAmazonに登録することが必要となりますので、Amazonはユーザーの住所氏名を把握していることが通常と考えられます。

そのため、通常のコンテンツプロバイダに対して発信者情報開示請求を行う場合とは異なり、第一段階目の請求から発信者の住所氏名メールアドレスの開示を求める本案訴訟を提起する方式が可能です。

ただし、登録された氏名や住所が真実であるという保証はないということは頭に入れておく必要があります。

現在の利用規約及び過去の事例を念頭に置くと、アマゾンジャパン合同会社を相手に発信者情報開示請求訴訟を提起する方針が最適でしょう。ただし、本案訴訟によって削除を求めていく場合、結論が出るまでに相当の時間を要し、その間侵害状態が継続してしまいます。よって、本案訴訟では発信者情報開示請求のみを行い、別途、削除仮処分や任意の削除請求などを行う方針がよいと思われます。

2 追加聴取・調査事項

レビューの内容を法的に検討した上で、相談者から細かな事実関係を聴取してください。

事実無根と一口に言っても、どの範囲で事実無根なのかによって法的な主張が変わることもあり得ます。本ケースであれば、相談者の商品を使用していた顧客の中に過去にドーピング違反となった選手が存在するか、商品製造において禁止薬物についてのチェック体制はどのようになっているかなどを聴き取ることが必要でしょう。

3　手続・法的構成の再検討

　追加聴取事項を踏まえて、違法性阻却事由が存在するか否かの判断も行います。本ケースのような言説の場合、名誉権を主張するにしても営業権を主張するにしても基本的には真実に反していることを示さなければ請求は認められないと考えられます。

4　立証の検討

　立証のポイントは、記載された内容の反真実性です。相談者が販売している商品に禁止薬物が含まれていないこと等を客観的な証拠によって立証していくことになります。場合によっては、商品の成分分析を行い、その結果を証拠とすることも検討してください。

事案の要点整理

　メールでの相談受付後、相談者から聴き取った必要事項を総合した事案の要点は以下のとおりです。

> (1)　株式会社Xはアスリート向けサプリメントをAmazon.co.jpで販売しているところ、そのレビュー欄において、ドーピングチェックで陽性反応がでたとの記載がなされている。
> (2)　当該レビューが記載している事実は反真実であり、株式会社Xの製品からは成分分析の結果でも禁止薬物は一切検出されていない。
> (3)　株式会社Xとしては、競合他社のいやがらせも考えられることから発信者を突き止めたいと考えている。

　存在する証拠は以下のとおりです。
① 　レビュー欄の印刷物
② 　商品の成分分析結果

実際の業務フェーズ

　アマゾンジャパン合同会社に対して発信者情報（氏名又は名称、住所、メールアドレス）の開示を求める本案訴訟を提起します。
　この場合の請求の趣旨は次のとおりです。

【請求の趣旨】

請求の趣旨

被告は原告に対し別紙発信者情報目録記載の各情報を開示せよ。

【発信者情報目録】

（別紙）

発信者情報目録

別紙投稿記事目録記載の記事を投稿した者に関する以下の情報
① 氏名又は名称
② 住　所
③ 電子メールアドレス

【投稿記事目録】

（別紙）

投　稿　記　事　目　録

URL　https://www.amazon.co.jp/-------------------
投稿日　2016/3/24
投稿内容
危険です！
このサプリメントを使用しているといつもブログで公言していた選手が、今年の大会のドーピングチェックで失格になってました。正確な成分表示もなされていないのでこれが原因でしょう。正規の大会に出場するような選手は使ってはいけません。

権利侵害の起案例としては次のとおりです。

【権利侵害の説明の記載例】

(別紙)

権利侵害の説明

1．同定可能性
　本件記事がレビューの対象としている商品「○○」は原告が製造及び販売するサプリメントである。
2．名誉権侵害
　本件記事は原告のサプリメントを使用した選手がドーピングチェックで失格となったこと、その原因が原告の製品にあることという事実を摘示している。これを一般読者の普通の注意と読み方を基準にすると、原告はアスリート向けサプリメントメーカーであるにも関わらず、禁止薬物に関するルールも遵守していない企業であるとの印象を与え、原告の社会的評価を低下させ、名誉権を侵害する。
　しかし、原告の商品には禁止薬物は一切含まれておらず、本件記事は全くの虚偽記載である。よって違法性阻却事由は認められず、名誉権を侵害することは明らかである。
3　営業権侵害
　本件記事は虚偽の事実を摘示しつつ、原告の商品について「使ってはいけません。」と結論付けるものである。
　このような記載が商品販売ページでなされれば、商品の売上げを大きく低下させるに十分であり、原告の営業権を侵害するものである。
　そして、本件記事は虚偽の事実を記載しているものであって、営業権侵害を正当化する事由は認められない。
　よって、本件記事は原告の営業権を侵害することは明らかである。

　　　　　　　　　　　　　　　　　　　　　　　　　　　　　　　　　　以　上

11 削除依頼を行ったところ、依頼文がそのまま公開されてしまった事例

相談内容

　これまで当社では、インターネットでの誹謗中傷には自社の総務部だけで何とか対応してきました。市販の誹謗中傷対策マニュアル本などを参考にしつつ、「送信防止措置依頼書」をサイト管理者に送って削除請求をしてきました。

　ところが今般、問題のブログは消してくれたものの、当社から送った送信防止措置依頼書の内容をそのままスキャンしてインターネットに公開するブロガーが現れました。そのような迷惑行為はやめてほしいと要求しましたが、「送信防止措置依頼書には、貴社が事実無根だと言っているブログの内容だけでなく、これに対する貴社の主張・反論・見解も記載されているのだから問題ない」「私が受け取った書面を私が公開するのは私の自由だ」との回答があり、公開を中止してもらえません。

　これでは、何のために送信防止措置依頼書を送ったのか分からない状態です。何とかならないでしょうか。

キーワード	送信防止措置依頼書の公開　削除依頼の公開
ウェブサイト	ブログ
目　　　的	画像削除
請求の相手方	ブログサイト運営会社
手　　　続	任意請求
法 律 構 成	著作権侵害　著作者人格権侵害
依頼者の属性	法人　個人

第2章　ケース・スタディ　　179

相談フェーズ

相談者から聴取する事項・調査事項

1　公開されてしまった送信防止措置依頼書のURL・内容

　プロバイダ責任制限法3条2項は、「侵害情報の送信を防止する措置（以下この号において「送信防止措置」という。）を講ずるよう申出があった場合に、当該特定電気通信役務提供者が、当該侵害情報の発信者に対し当該侵害情報等を示して当該送信防止措置を講ずることに同意するかどうかを照会した場合において、当該発信者が当該照会を受けた日から7日を経過しても当該発信者から当該送信防止措置を講ずることに同意しない旨の申出がなかったとき」、サイト運営会社が送信防止措置を講じても、投稿者からの損害賠償請求は制限されると規定しています。

　そのため、匿名掲示板でもない限り、サイト運営会社に送った送信防止措置依頼書は記事を書いた投稿者へ転送されるとともに、「削除してよいか否か」という意見照会が実施されます。

　意見照会の際、ある程度内容を要約した上で意見照会するサイト運営会社もありますが、送信防止措置依頼書の雛形には「上記太枠内に記載された内容は、事実に相違なく、あなたから発信者にそのまま通知されることになることに同意いたします。」という記載があるため、原則としてそのままの内容で転送されると考えておきましょう。

　相談者は、送信防止措置依頼書の内容が公開されている、と言っていますが、まずは、元の送信防止措置依頼書と全く同じ内容なのか、それともサイト運営会社やブロガーによる要約がなされた上で公開されているのかを確認する必要があります。

　もちろん、どこで公開されているのかを確認することが前提ですので、問題のブログのURLも聴き取りましょう。

2　公開された送信防止措置依頼書に関するコメント

　相談者は「送信防止措置依頼書が公開された」という点にしか着目していませんが、当該送信防止措置依頼書について、ブロガーがどのようなコメントをしているかについても注目する必要があります。

　例えば、「詐欺会社のくせに、こんな削除請求を送ってきた。はやりの情報操作だ。反論内容も実に不合理。どちらの主張が正しいかは明らかだ」といった趣旨のコメントをしているとしたら、当該ページ全体が名誉権侵害を理由とする削除請求の対象となる場合が考えられます。

これに対し、単に事実関係だけを書き、「私のブログに対し削除請求が来たので公開します。当ブログに書いてあった記事と、これに対する会社からの反論を読んでみてください」程度の内容ですと、このコメントを理由とするページ全体の削除請求は困難であり、スキャンされたデータ（画像）の削除請求にとどまります。

＜聴取・確認事項まとめ＞
① 公開された送信防止措置依頼書のURL
② 実際に送った送信防止措置依頼書の内容
③ 公開されている内容（要約・抜粋なのか全体なのか）
④ 公開された送信防止措置依頼書に付随して記載されているコメント

3 サイト調査

本ケースでは、過去に削除依頼した内容が公開されているとの事実関係ですから、既に削除依頼を送る相手は判明しています。原則として相談者から、どこに宛てて送信防止措置依頼書を送ったのかを確認すれば足ります。

もっとも、相談者が送信防止措置依頼書を送った相手が、ブログサイト運営会社ではなく、ブロガー個人の可能性もあります。このような場合には、再度ブロガー個人に送るのではなく、今度はブログサイト運営会社宛に送る方が、手続がスムーズに進むかもしれません。

対応方針の検討

1 手続・法的構成の仮検討

東京地裁平成25年11月1日判決（公刊物未登載）は、削除請求のメールが公開された事案において、メールが「本件ウェブサイト内のコンテンツが原告に対する誹謗中傷にあたるとしてその削除を求めるものであることからすれば、その内容が公開されることはおよそ予定されていない」とし、「「まだ公表されていないもの」（著作権法18条1項）に当たると解されるところ、同電子メールにはその内容をインターネット上に転載することを許可しない旨が記載されており、上記転載についての原告の同意があったと認めることもできないのであるから、これを本件ウェブサイトに転載した本件発信者の行為は、原告の同電子メールの内容に係る著作者人格権としての公表権を侵害

したものというべきである」と認定しています。

この裁判例にならえば、送信防止措置依頼書の公開は、著作者人格権侵害を理由として、公開停止、削除（差止め）を求めることができそうです。

また、ブログでの公開を公衆送信権侵害と捉え、著作権侵害差止請求と構成する方法も考えられます。

もっとも、著作権・著作者人格権侵害差止請求権を使う以上、元々の送信防止措置依頼書の内容が「著作物」でなければいけません。

この点、東京地裁平成25年6月28日判決（公刊物未登載）は、削除請求の内容証明郵便について、「前提となる事実関係を簡潔に摘示した上で、これに対する法的評価及び請求の内容等を短い表現で記載したものにすぎない。原告文書1の体裁、記載内容、記載順序、文章表現は、いずれも内容証明郵便による通知書として一般的にみられるものであり、ありふれたものというべきであるから、原告文書1において何らかの思想又は感情が表現されているとしても、上記思想又は感情が創作的に表現されているものとは認められない」と判断し、削除請求の内容証明郵便の著作物性を否定しています。

したがって、最初に送った送信防止措置依頼書の内容が著作物といえるか否かを検討する必要があります。

さらに、著作物性が認められるとしても、誰が著作者なのかも、一応検討しておきましょう。職務著作（法人著作）の要件を満たしていれば、著作者人格権侵害差止請求のための削除依頼は、法人名義で出すことができます。

2　追加聴取・調査事項

(1)　誰がどのようにして作った文章なのか

著作物性及び著作権・著作者人格権を主張するために、誰がどのようにして作った文章なのか、送信防止措置依頼書の内容を確認しながら聴き取ります。上記東京地裁平成25年6月28日判決のように、削除請求の文章が「体裁、記載内容、記載順序、文章表現」において、ありふれたものであれば、著作物性が否定され、その結果、著作権・著作者人格権侵害差止請求も主張できないことになります。

相談者は、市販の誹謗中傷対策マニュアル本を参考にしたと言っていますので、単に表現のアイデアを参考にしただけなのか、表現そのものを真似しているのかについても、一応確認しておきましょう。

問題のブログの記載を引用しつつ、それがなぜ相談者にとって権利侵害になるのか事実関係に沿って説明されていれば、「ありふれたもの」とはいえない方向に働きます。

(2) 職務著作といえるか

送った送信防止措置依頼書が職務著作といえるかどうかを聴き取ります。誰の指示で、どのような過程を経て作られたか、さらに、公表を前提としない削除依頼ではあっても、公表するとしたら法人名義か否かも確認しましょう。就業規則等に著作者に関する別段の定めがないか否かも確認します。

その際、外部の誹謗中傷対策業者に発注して作ってもらった、と言われた場合には、非弁行為の可能性もあるため注意が必要です。

(3) 公開を許諾しているか

違法性阻却事由の不存在を主張するために、送信防止措置依頼書の公開を許諾していたか、また、許諾する権限を誰にも譲渡又は委託していないことを確認します。

もちろん、「そのような事実はない」との回答が予想されますので、公開を許諾していたと反論されても仕方のないような経緯があるか否かも確認しておきます。

実際の主張の際には、上記東京地裁平成25年11月1日判決のように「誹謗中傷にあたるとしてその削除を求めるものであることからすれば、その内容が公開されることはおよそ予定されていない」という事情を記載してもよいでしょう。

(4) 画像のURL

送信防止措置依頼書がスキャンされ、そのデータ（画像）が公開されているとのことですから、削除依頼のため、画像のURLを調査します。Google Chromeの場合は、対象となる画像を右クリックして、表示されるショートカットメニューで「画像アドレスをコピー」した後、ワードなどに貼り付けます。Internet Explorerの場合は、対象となる画像を右クリックして、表示されるショートカットメニューで「プロパティ」をクリックした後、「アドレス」欄のURLを選択しコピーします。

画像のURLを証拠化するには、調査したURLをブラウザのアドレスバーに入力して［Enter］キーを押し、目的の画像が表示されることを確認した後、スクリーンショットを撮るか、印刷します。

3 手続・法的構成の再検討

ブロガーは、1度目の送信防止措置依頼には応じてくれたとのことですから、本ケースでも削除仮処分ではなく、送信防止措置申出書による削除請求を試みることにします。

もっとも、相手は送信防止措置依頼書を公開する気質のブロガーですから、安易に「前回の送信防止措置依頼書を著作権・著作者人格権侵害差止請求権に基づき削除請求する」という内容で送信防止措置申出書を送ると、たとえ1度目の送信防止措置依頼

書は削除してくれても、本ケースで送信防止措置申出書を公開されてしまう可能性が考えられます。

　もし、公開されてしまった場合には、1度目の著作権・著作者人格権侵害を理由とする発信者情報開示請求をしてブロガーを特定した後、直接交渉などを検討することになります。

　この流れについて、相談者に説明しておきましょう。

4　立証の検討

　ブログサイト運営会社に対し、本ケースが著作権・著作者人格権侵害であることを主張するため、①1度目に送った送信防止措置依頼書、②現在公開されているブログの印刷物・スクリーンショットを少なくとも証拠として用意します。

　削除仮処分の手続であれば、これに加え、職務著作であることの証拠として、会社内での業務指示書、決裁書などを用意します。そのような書類が一切存在しない場合には、陳述書などで補完します。

　公開を許諾していないことの立証については、送信防止措置依頼書の書面に「本書面のインターネットでの公開は禁止します」とでも書いていない限り、やはり陳述書などによらざるを得ないでしょう。

事案の要点整理

　メールでの相談受付後、相談者から聴き取った必要事項を総合した事案の要点は以下のとおりです。

(1)　相談者（法人）を誹謗中傷するブログがあったことから、相談者の社長の指示により、総務部の従業員が送信防止措置依頼書を作成し、会社名義でブログサイト運営会社へ郵送した。

(2)　ブログサイト運営会社が送信防止措置依頼書の内容をそのままコピーしてブロガーに転送し、意見照会に付したところ、ブロガーは、誹謗中傷するブログ自体は削除したものの、意見照会に付されていた送信防止措置依頼書の内容をスキャンし、インターネットで公開した。

(3)　データは画像形式で公開されており、何らのコメントも付加されていない。

(4)　送信防止措置依頼書の内容は、ブログ記事のどの部分がどのように事実と異なり、実際の事実は何であるのか、どうしてブログ記事が違法だと考えられ

> るのかが会社の立場から詳細に記載されており、著作物だと判断できた。
> (5) そこで、送信防止措置依頼書の公開は著作権侵害（公衆送信権侵害）及び著作者人格権侵害（公表権侵害）だと主張して、削除請求（差止請求）することにした。
> (6) ブログサイト運営会社が判断しやすいよう、元の送信防止措置依頼書と、公開されている送信防止措置依頼書の印刷物を証拠資料として添付することにした。

存在する証拠は以下のとおりです。

① 相談者を誹謗中傷するブログの印刷物
② ブログを削除請求するよう総務部に指示した社長からのメール
③ 送信防止措置依頼書の記載内容を検討した総務部のミーティング記録
④ 就業規則
⑤ 一度目の送信防止措置依頼書の写し
⑥ ブログで公開された送信防止措置依頼書の内容の印刷物
⑦ 画像のURLを示す印刷物

実際の業務フェーズ

ブログサイト運営会社に対し、テレサ書式による「著作物等の送信を防止する措置の申出について」を作成し、郵送します。ガイドラインには「著作権関係ガイドライン」があるため、これを利用します。

【著作物等の送信を防止する措置の申出について（抜粋）】

1. 申出者の住所	〒〇〇〇〇-〇〇〇〇 〇〇県〇〇市〇〇丁目〇番〇号	
2. 申出者の氏名	株式会社X	
3. 申出者の連絡先	電話番号	〇〇-〇〇〇〇-〇〇〇〇
	e-mail	abcd@efg.jp
4. 侵害情報の特定のための情報	URL	http://www.abc.ne.jp/aaa/bbb/ccc.pdf
	ファイル名	ccc.pdf
	その他の特徴	

5. 著作物等の説明	侵害情報により侵害された著作物は、当社が創作した著作物「侵害情報の通知書兼送信防止措置依頼書」です。参考として当該著作物の写しを添付します。
6. 侵害されたとする権利	公衆送信権、公表権
7. 著作権等が侵害されたとする理由	当社は、著作物「侵害情報の通知書兼送信防止措置依頼書」に係る公衆送信権及び公表権を有しています。 　当社は、これを公衆送信・公表することについて、いかなる許諾も与えておりませんし、許諾する権限をいかなる者にも譲渡又は委託しておりません。
8. 著作権等侵害の態様	侵害情報は、以下の■の態様に該当します。 □ (a) 情報の発信者が著作権等侵害であることを自認しているもの ■ (b) 著作物等の全部又は一部を丸写ししたファイルであって、著作物等と侵害情報とを比較することが容易にできるもの □ (c) (b)を現在の標準的な圧縮方式（可逆的なもの）により圧縮したもの
9. 権利侵害を確認可能な方法	ウェブサイトを表示し、比較の方法により権利侵害があったことを確認することが可能です。

　上記内容のうち、4・5・7の項目については証拠書類を添付いたします。また、上記内容が、事実に相違ないことを証します。

12 個人情報が2ちゃんねるに書き込まれた事例

> 相談内容

2ちゃんねるに私の個人情報が書き込まれています。早急に削除することはできないでしょうか。

キーワード	個人情報　プライバシー　2ちゃんねる
ウェブサイト	2ch.net
目　　的	投稿記事削除
請求の相手方	Race Queen, Inc
手　　続	任意請求
法律構成	プライバシー権侵害
依頼者の属性	個人

相談フェーズ

相談者から聴取する事項・調査事項

1　本当に2ちゃんねるか

2ちゃんねるは日本で最も著名な電子掲示板です。その著名性ゆえ、かつて家庭用ゲーム機が全て「ファミコン」と呼ばれたように電子掲示板を全て「2ちゃんねる」と呼んでしまう人もいます。

「2ちゃんねるに悪口が……」という相談で、実際に見てみると「ふたばちゃんねる」や「したらば掲示板」だったなどもよくある話です。

さらに、「2ちゃんねる」は、平成26年（2014年）に管理運営を巡る内部対立からサイト自体が分裂しており、2ちゃんねると一口に言っても対処方法は様々であり、相談者が問題視しているスレッドの具体的なURLを確認することは必須となっています。そして、そのURL中のどの部分が問題のものであるかを指摘してもらうことも必要です。

2　2ch.net、2ch.sc、コピーサイトの区別

さて、「2ちゃんねる」の対処を行う場合、分裂騒動の影響もあり、①2ch.net、②2ch.sc、③コピーサイトの3つの類型があることを理解しなければなりません。以下、順に説明しましょう。

① 2ch.net

2ch.netは、平成11年（1999年）に西村博之氏によって開設された電子掲示板です。開設以来、西村博之氏が実質的な管理を行ってきましたが、分裂騒動後の現在は彼の関与はなくなっています。

② 2ch.sc

2ch.scは、2ch.netの運営を巡る争いに端を発し、2ch.netの運営を離れた西村博之氏が平成26年（2014年）に新たに開設した電子掲示板です。2ch.scは、2ch.netに投稿された記事をそのままコピーして表示させるほか、独自の書き込みも受け付ける「上位互換」をうたっています。

③ コピーサイト

「2ちゃんねる」になされる膨大な投稿は、それ自体に商業的価値があるため、広告収入などを狙い「2ちゃんねる」の書き込みをそのまま機械的にコピーして掲載するウェブサイトや、あるカテゴリに絞って（例えばアニメ、ニュースなど）スレッドを集めたサイトなどが多く存在しています。

3　他のサイトへの波及

相談者から聴き取ったURLが、「2ch.net」というドメインのものだった場合、前述のように「2ch.sc」やその他のコピーサイトにおいても同様の情報が掲載されている可能性があります。そのため、それらのサイトに掲載されている情報が存在するか否かについても調査をしておいた方がよいでしょう。特に、本ケースのように個人情報が公開されてしまっているという相談の場合、一部のサイトに対処したとしても効果は薄く、網羅的に削除を進める必要があります。他のサイトにも対処すべき情報が掲載されている場合には、相談者に対して、どの範囲で対処が可能か予算も含めて意向の確認を行ってください。

＜聴取・確認事項まとめ＞
① 対象となるURL
② 問題の投稿
③ 他のサイトへ掲載されている情報の有無

4　サイト調査

2ch.netについて法的な対処を行う場合、その請求の相手方となるのはフィリピン法人のRace Queen, Inc（レースクイーン社）です。

2ch.netのトップページ（http://2ch.net/）には、最下部に「2ch.netにおけるコンテンツの権利はRace Queen Inc. に帰属します。」など、サイトの運営主体がレースクイーン社である旨の記載がなされています。

対応方針の検討

1　手続・法的構成の仮検討

(1)　仮処分命令は必要か

従来の2ch.netは記事の削除や発信者情報開示については非常に慎重な姿勢をとっており、原則として、裁判所の判決や命令がなければ応じてきませんでした。しかし、運営主体がレースクイーン社に変更となってからは方針が大きく転換されています。

現在の記事削除に関する運営方針としては、「2ちゃんねる削除体制」（http://qb5.2ch.net/saku2ch/）として公表されています。削除依頼については、原則としてメールにて受付がなされています。そして、個人の名誉権やプライバシー権等を侵害する投稿については削除がなされている状況です。そのため、基本的な方針としてはメールにて削除請求を行うという考えがよいでしょう。

もっとも、「2ちゃんねる削除体制」の「4.【削除判断基準】」には「犯罪に関する情報及び法人に関する情報の場合は、原則として，裁判手続きによって仮処分を取得して，司法判断を待つことにする。」と記述がされています。法人の権利が侵害されている場合や、犯罪に関する事実については、仮にこれが人格権を侵害するものであったとしても、仮処分命令がなければ削除に応じてもらうことはできないという表示になっています。

したがって、権利侵害を受けている者が個人か法人か（会社スレッドでなされる代表者や従業員に対する中傷などは慎重な判断が必要です。）、削除対象の投稿内容が削除判断基準に合致するか否かを検討し、メールによる削除請求を行うのか、仮処分命令の申立てを行うのかを決定します。

(2)　プライバシー権侵害の成否

本ケースでは個人情報を削除したいという相談ですので、プライバシー権侵害の成否を検討することになります。

しかし、相談者が個人情報として問題視しているものがプライバシー情報として削除対象となるとは限りません。単に氏名が表記されているだけの状態を個人情報が書かれていると表現していることもあります。

そこで、相談者が問題視している具体的な投稿を確認しつつ、プライバシー権の侵害に当たるのか否かを検討することが重要です。

また、プライバシー権侵害については、「その事実を公表されない法的利益とこれを公表する理由とを比較衡量し、前者が後者に優越する場合に不法行為が成立する」とされており、比較衡量による違法性阻却が認められています。そこで、違法性阻却事由の有無についても検討が必要です。

2 追加聴取・調査事項

プライバシー権侵害を検討するに際しては、相談者から投稿の中の具体的にどの部分が自分の属性と合致しているのかを聴取することが必要です。プライバシー侵害が認められるためには必ずしも客観的な真実に合致している必要はなく「私生活上の事実らしく受け取られるおそれのあることがら」（東京地判昭39・9・28判時385・12）であってもよいのですが、あまりに本人の属性とかけ離れたことがらになると、同定可能性の問題も生じ得るため、スタートとしては私生活上の事実と合致している部分の確認から始めましょう。

また、違法性阻却事由に関連して、相談者の職業や活動内容についても確認してください。

3 立証の検討

プライバシー権侵害であることを立証するために、記載されてしまったプライバシー情報に関する証明書等の提示を相談者に依頼します。例えば住所が公開された場合であれば、住民票や運転免許証を依頼するなどです。

4 手続方針の再検討

(1) 仮処分命令申立て

メールでの削除請求を前提に検討を進めてきましたが、「2ちゃんねる削除体制」には裁判所の判断がなければ削除に応じないと規定されている類型もあります。

その場合、レースクイーン社を債務者とする仮処分命令申立てを行わなければなりません。仮処分命令申立ての方針に切り替える場合には、特に立証の部分についてより精密な検討を行ってください。多くの場合、陳述書の作成なども必要となるでしょ

う。

(2) レースクイーン社を債務者とする仮処分の注意点

レースクイーン社は日本国内には営業所を有しておらず、主たる業務担当者も存在しません。

そのため、仮処分を行う場合の管轄については開示請求については東京地方裁判所本庁、削除請求については債権者の住所地を管轄する裁判所に認められることになります。

そして、フィリピン共和国は送達条約・民訴条約に加盟していないため、裁判書類の授受について国際スピード郵便の利用ができず、全ての書類の授受を中央当局送達により行う必要があります。このため双方審尋期日の呼出状の送付についても、中央当局送達を行うことになり数か月という期間が必要です。

通信ログの保存期間による時間制限がある開示請求については無審尋による仮処分命令発令も認められているものの、削除請求の場合には無審尋発令は原則として認められておらず、発令までに長期間を要します。

事案の要点整理

メールでの相談受付後、相談者から聴き取った必要事項を総合した事案の要点は以下のとおりです。

> (1) 相談者Xは東京都○区在住で株式会社Aに勤務する会社員である。
> (2) 2ch.net開設された「嫌いなやつの名前を挙げるスレ」というスレッドに、以下のように氏名と住所・勤務先が投稿された。
>   X
>   東京都○区○○1-2-3
>   勤務先：A
> (3) 投稿は1件だけの単発であったため、早急に削除したいと考えている。

存在する証拠は以下のとおりです。

① 問題のスレッドの印刷物
② 株式会社Aの社員証
③ 相談者の運転免許証写し（現住所が記載されているもの）

実際の業務フェーズ

相談フェーズで検討したように2ch.net（meiyokison@racequeen.ph）宛てにメールにて削除依頼を行います。

なお、本人確認書類の添付が要求されていますので、相談者からあらかじめ取得するようにしてください。ただし、2ch.netの運営は本人確認書類として印鑑証明書以外の書類を要求しているため、注意が必要です。

【メール記載例】

宛先：meiyokison@racequeen.ph
件名：削除申立て
添付ファイル：運転免許証写し
　　　　　　　委任状
　　　　　　　代理人弁護士の身分証明書

2ちゃんねる削除担当者様

　お世話になります。弁護士の削除太郎と申します。
　X氏を代理して下記の記事について削除依頼をさせていただきます。
　お手数をおかけいたしますが、ご対応のほど宜しくお願いいたします。
　本人確認資料として、依頼者身分証明書・委任状・当職身分証明書を添付させていただきますので合わせてご確認ください。

＜削除対象＞
http://*******.2ch.net/test/read.cgi/*****/1234567890/
レス番号：5

＜削除理由＞
　上記投稿には「嫌いなやつの名前を挙げるスレ」とのタイトルのもと依頼者の氏名・住所・勤務先が記載されております。依頼者は純粋な一般人であり、プライバシー情報を公開する必要性はなく、プライバシー権の侵害に当たると思料いたします。
　つきましては、大変お手数ですが書き込みの削除をお願いいたします。

　削除請求メール送信後の削除までの処理期間ですが、通常であれば遅くとも1週間以内には対応されている印象です。なお、削除の可否にかかわらず必ず返答はなされています。

　また、場合によっては本人確認書類の追完を求められる場合もありますので、その場合には指示に従って対応してください。

13　会社の誹謗中傷が2ちゃんねるに書き込まれた事例

> 相談内容

2ちゃんねるに当社に関するスレッドがあり、そこで当社に対する名誉毀損に当たる投稿が多数なされています。削除と投稿者の特定をすることはできないでしょうか。

キーワード	2ちゃんねる
ウェブサイト	2ch.sc
目　　　的	投稿記事削除　発信者情報開示
請求の相手方	PACKET MONSTER INC. PTE. LTD.
手　　　続	仮処分
法 律 構 成	名誉権侵害
依頼者の属性	法人

相談フェーズ

> 相談者から聴取する事項・調査事項

1　対象となるサイトのURLと具体的箇所

2ちゃんねるは日本で最も著名な電子掲示板です。その著名性ゆえ、かつて家庭用ゲーム機が全て「ファミコン」と呼ばれたように電子掲示板を全て「2ちゃんねる」と呼んでしまう人もいます。また、「2ちゃんねる」は、平成26年（2014年）に管理運営を巡る内部対立からサイト自体が分裂しており、相談者が問題視しているスレッドの具体的なURLを確認することは必須です。

そして、そのURL中のどの部分が問題のものであるかを指摘してもらうことも必要です。

2　2ch.net、2ch.sc、コピーサイトの区別

さて、「2ちゃんねる」の対処を行う場合、分裂騒動の影響もあり、①2ch.net、②2ch.sc、③コピーサイトの3つの類型があることを理解しなければなりません。以下、順に説明しましょう。

① 2ch.net

2ch.netは、平成11年（1999年）に西村博之氏によって開設された電子掲示板です。開設以来、西村博之氏が実質的な管理を行ってきましたが、分裂騒動後の現在は彼の関与はなくなっています。

② 2ch.sc

2ch.scは、2ch.netの運営を巡る争いに端を発し、2ch.netの運営を離れた西村博之氏が平成26年（2014年）に新たに開設した電子掲示板です。2ch.scは、2ch.netに投稿された記事をそのままコピーして表示させるほか、独自の書き込みも受け付ける「上位互換」をうたっています。

③ コピーサイト

「2ちゃんねる」になされる膨大な投稿は、それ自体に商業的価値があるため、広告収入などを狙い「2ちゃんねる」の書き込みをそのまま機械的にコピーして掲載するウェブサイトや、あるカテゴリに絞って（例えばアニメ、ニュースなど）スレッドを集めたサイトなどが多く存在しています。

3　他のサイトへの波及

相談者から聴き取ったURLが、「2ch.sc」というドメインのものだった場合、前述のように「2ch.net」やその他のコピーサイトにおいても同様の情報が掲載されている可能性があります。そのため、それらのサイトに掲載されている情報が存在するか否かについても調査をしておいた方がよいでしょう。そして、他のサイトにも対処すべき情報が掲載されている場合には、相談者に対して、どの範囲で対処するかの確認を行ってください。

4　2ch.scオリジナルの投稿か、2ch.netのコピーか

発信者情報開示請求を行う場合には、2ch.scに独自に書き込まれた投稿なのか、2ch.netへ投稿された投稿がコピーされて表示されているものなのかを判別する必要があります。コピーされた投稿の場合、2ch.scの投稿について発信者情報開示請求を行ったとしても、実際の投稿者の情報は2ch.scは保持していませんから、発信者の調査を行うことはできず、そのような場合には2ch.netの大元の投稿に対して発信者情

報開示請求を行うことが必要です。

そこで、いかにして両者を判別するかが重要ですが、これは投稿のID表示で確認することが可能です。IDの末尾が.netとなっているものは2ch.netへ投稿されたものですので、発信者情報開示請求を行うのであれば2ch.netに対して行う必要があります。

> ＜聴取・確認事項まとめ＞
> ①　対象となるURL
> ②　問題の投稿
> ③　他のサイトへ掲載されている情報の有無
> ④　投稿IDから2ch.scオリジナルの投稿か否かを判断

5　サイト調査

2ch.scについて法的な対処を行う場合、その請求の相手方となるのはシンガポール法人のPACKET MONSTER INC.（パケットモンスター社）です。

2ch.sc のトップページ（http://2ch.sc/）を見ると「使い方＆注意」というページへのリンクが表記されています。そして、「使い方＆注意」のページには「2ちゃんねるって誰がやってるの？」という項目があり、「2ch.sc is managed and operated by PACKET MONSTER INC. and more.」と運営主体が明示されています。なお、PACKET MONSTER INC.の正式名称はPACKET MONSTER INC. PTE. LTD.です。

対応方針の検討

1　手続・法的構成の検討

(1)　原則として仮処分命令申立てが必要

2ch.scでは、記事の削除についてのルールである削除ガイドラインが定められサイト上で公開されています。トップページにリンクのある「削除ガイドライン」ページ（http://info.2ch.sc/guide/adv.html#saku_guide）で閲覧可能です。

幾つかの削除類型を定め、それに該当する場合には削除する旨のルールとはなっているものの、運営側による自主的な削除のハードルはかなり高く設定されています。そのため、実務的にはガイドラインの「9. 裁判所の決定・判決」の箇所に記載されている「裁判所より削除の判断が出た書き込みは削除対象になります。」というルールを

利用して削除請求を行っていくことになります。

つまり、仮処分命令申立等を行い裁判所の削除命令を取得することが必要となります。

また、発信者情報開示請求についても、削除と同様に裁判所の開示命令がなければ任意の履行は期待できませんので、同様に仮処分命令申立てを行うことになります。

(2) 名誉権侵害の成否

本ケースでは名誉権侵害に当たるような投稿がなされているという相談ですが、電子掲示板における名誉権侵害事案において多く争点となるのは「同定可能性」の要件です。

投稿の中に社名そのものが表記されているケースはまれであり、伏字や略称によって表記されていることも多くあります。また場合によっては、スレッドの文脈や他の投稿との対応関係によって、誰に対する言説なのかを判断しなければならないこともあります。

まずは問題となっている投稿やその周囲も含めて同定可能性があるのかについて検討をしてください。

また、社会的評価の低下や違法性阻却事由の不存在などその他の要件についても検討を行います。

2　追加聴取・調査事項

名誉権侵害の違法性阻却事由については、真実性の抗弁が認められています。公共の利害に関する事項であり、かつ専ら公益を図る目的により、記載事実が真実に合致するときは違法性が阻却されるというものです。

違法性阻却事由の不存在を主張する場合、基本的には記載内容の反真実性について主張することになります。そこで、相談者に対して記載内容に関係する事実関係を質問し、真実に合致しない部分を確認するとともに、それを示す客観的な証拠の準備を依頼しましょう。

3　立証の検討

反真実性の部分についてできるだけ客観的な証拠により立証することが重要です。「パワハラ」「セクハラ」など、客観的な証拠を示し難い類型もあり、また不存在立証となるため、最終的には「そのような事実はない」という陳述書に頼らざるを得ないこともありますが、できるだけ証拠をそろえるように努め、どうしても足りない部分は陳述書で補完するという意識で立証を検討してください。

事案の要点整理

メールでの相談受付後、相談者から聴き取った必要事項を総合した事案の要点は以下のとおりです。

> (1) 相談者は○県○市で、工業用機械の製造等を行うX株式会社。
> (2) 2ch.scに「【故障】X株式会社【多発？】」というスレッドが開設され、同社の製品について故障が多発していることや、修理対応等のアフターサービスが悪いなどとの投稿がなされている。
> (3) 取引先やメインバンクの担当者からも問合せが入るようになり、問題の記事の削除と再発防止のために投稿者の調査を行いたい。

存在する証拠は以下のとおりです。
① 問題のスレッドの印刷物
② X株式会社の販売商品を記載したカタログ
③ 製品の販売及び修理対応の記録
④ 代表取締役の陳述書

実際の業務フェーズ

2ch.scに対して法的な請求を行う場合、①パケットモンスター社を債務者とする仮処分命令申立てを行い、裁判所の決定を取得した上で、②「削除ガイドライン」に従って指定の掲示板にて削除・発信者情報開示申請を行うという手順を踏むことになります。

1 パケットモンスター社を相手とする仮処分

(1) 管　轄

相手方に仮処分命令申立てを行う場合、通常のサイト管理者等を相手にする場合と若干異なる特徴があります。

まず、債務者となるパケットモンスター社は、各種報道によれば実態のないペーパーカンパニーといわれているため、掲示板の実質的な管理運営を行っているとされる西村博之氏が「主たる業務担当者」であることを主張し、主たる業務担当者の普通裁判籍により裁判管轄を取得します。なお、削除のみを求める場合、債権者の住所地にも管轄が認められます。

(2) 無審尋の上申と送達を遅らせることの上申

削除や発信者情報開示を求める仮処分は、仮の地位を定める仮処分に該当するため、債務者の審尋が原則として必要です。

しかし、シンガポール法人であるパケットモンスター社を呼び出して審尋を行うとなれば多大な時間を必要とし、特に発信者情報開示に関しては通信ログの保存期間との関係もあり、そもそも仮処分命令申立ての目的が達成できない事情があるといえますので、債務者無審尋での仮処分命令の発令を裁判所に上申します。

また、同様に仮処分決定正本の送達を行うには多大な時間を要しますが、仮処分命令発令後は、後で説明するとおり、全て掲示板上で行われるため、債務者への送達は必須ではありません。

そこで、仮処分決定正本の送達を遅らせるよう併せて上申します。

【権利侵害の説明の記載例】

（別紙）

権利侵害の説明

1 同定可能性

本件投稿は、「【故障】X株式会社【多発？】」と、債権者の社名が含まれたタイトルを関したスレッドに投稿されたものである。そして、本件投稿がなされたスレッドでは、債権者が製造する製品である工業用機械に関する投稿が多数なされており、また「○県」等の投稿もなされていることからすれば、債権者に関する話題を扱うスレッドであることが見てとれる。

そして、本件投稿もスレッド上の話題と同じく、工業用機械に関する内容であって、債権者に関する投稿であると認めることができる。

2 社会的評価の低下

本件投稿は、債権者が新商品として今年から販売を始めた工業用機械について製造上の欠陥があり故障が多発していること、製造上の欠陥にもかかわらず顧客からの修理要望について製造元である債権者は使用方法の問題であるなどと主張し一切無償では対応していないことが記載されている。

これらの事実は、債権者について、故障が多発する欠陥商品を販売し、しかも修理等の対応も行わない会社であるとの認識を持たせるものであり、債権者の社会的評価を低下させるものである。

3 違法性阻却事由の不存在

債権者が販売している工業用機械は現在30種類ほどあり、そのうち今年から販売を始

めた新商品はAという商品のみである（疎甲○　商品カタログ）。

　Aについては、現在までに500台あまりの販売実績があるが、そのうち故障等が発生し修理対応の要望が購入先よりなされた件数は5件である。そして、この故障の原因については、落下物等の外力による物理的損傷が4件、原因不明の不良が1件であり、原因不明の1件に関しては債権者が無償で製品自体を速やかに交換して対応を完了したところ問題は発生していない。なお、外力による物理的損傷に関しても、有償ではあるがパーツ交換により修理を完了済みである。

　したがって、債権者の商品について故障が多発している事実はなく、また債権者は、故障発生時においても誠実な対応を行っており、本件投稿は虚偽の事実を摘示したものである。

　したがって、違法性阻却事由も認められず、債権者の名誉権を侵害することは明らかである。

【上申書】

上　申　書

平成○年○月○日

東京地方裁判所民事第9部　御中

上記債権者代理人　弁護士　削　除　太　郎　㊞

第1　管　轄

　2ちゃんねる（2ch.sc）の管理者として表示されている債務者はシンガポール共和国で登記された法人ですが、事業所又は営業所を有しておらず、事業活動も行っていないいわゆるペーパーカンパニーであります。

　2ch.scの実質的な管理・運営は、2ch.scのサイト開設者である西村博之氏が債務者の「主たる業務担当者」（民事訴訟法4条5項）として行っています。

　しかし、債務者の主たる業務担当者である申立外西村博之は現在、日本国内に住所を有してはおらず、居所も不明です。この場合、民事訴訟法4条2項準用により、申立外西村博之の日本国内における最後の住所に裁判管轄が認められることとなります。

　そして、申立外西村博之の最後の住所は東京都○区にあり、本件仮処分の管轄は東京地方裁判所に認められます。

第2　無審尋での仮処分命令発令

　債務者は、シンガポール共和国に本店があり、審尋を行うとすれば多大な時間がかか

ってしまい、その期間中権利侵害性のある投稿が掲載され続けることにより早期に被害回復が図れなくなってしまうことから、審尋期日を経ることにより仮処分命令の申立ての目的が十分に達成できない事情があるといえ、無審尋にて仮処分命令を発令していただきたく上申いたします。

第3　送達について

　仮処分命令が発令された場合、仮処分決定正本の送達がなされなくとも、債務者は任意に応じる運用を行っているため、債務者に対する仮処分決定正本の送達を遅らせることを上申いたします。

以　上

2　仮処分決定取得後の手続

(1)　スレ立て作業

パケットモンスター社を相手とする仮処分手続は、無審尋でかつ送達もされないため、仮処分命令を取得しただけでは2ch.scの運営側には情報が全く伝わっていません。

そこで仮処分決定正本を取得できたら、これを2ちゃんねるの運営ボランティアに伝えるために2ちゃんねるの掲示板上で申請作業を行うことになります。

削除と発信者情報開示で申請を行う掲示板が異なり、それぞれの申請を行う掲示板は以下のとおりです。

削除申請：「削除要請@2ch掲示板」　http://macaron.2ch.sc/saku2/index2.html
　　削除依頼フォームに従って入力してください。

発信者情報開示申請：「事務所@2ch掲示板」　http://sweet.2ch.sc/patisserie/
　　「情報開示を求めるスレ」を立てます。

仮処分決定に基づき申請を行う場合、決定正本をスキャンしたPDFファイルを国内の有料サーバー（無料サービスでは無効です。）にアップロードした上、そのURLへのリンクを申請のスレッドを立てる際に記載します。

決定正本には当事者の氏名や住所が記載されていますが、債権者の住所欄はマスキングしたもので構いません。決定正本に債権者代理人が記載されている場合には、氏名を含む債権者の表示全体をマスキングすることが可能です。

なお、削除依頼や発信者情報開示依頼を行うと、その内容のスレッドが開設され、

インターネット上で公開されます。依頼の際には公開したくない情報を入力しないよう注意してください。

（2）　削除依頼フォームへの入力方法

削除依頼フォームは、必要情報を入力していくと、フォームが変化し順次新たな入力窓表示されるようになります。最終的な入力項目及び入力の要領は以下のとおりです。

① 削除の区分

仮処分決定を取得していますので、一番右の「判決／命令」にチェックします。

② 地裁・事件番号

「○○地方裁判所平成○○年（ヨ）第○号」と仮処分決定の事件番号を入力します。

③ 所属／申請者

削除依頼を行う者の名前を入力します。

会社など法人名義で削除依頼を行う場合には、フォームに入力する者の役職と名前を入力します。

弁護士が代理人として削除依頼をする場合「弁護士○○○○」と入力してください。

④ メール

メールアドレスを入力します。フリーメールや存在しないアドレスの場合、処理されないこともあるようです。正確に入力してください。

⑤ 削除対象URL

削除したい書き込みのURL及びレス番号を削除対象URLとして指定します。

レス番号の指定は、例えばレス「50」を指定する場合

http://qb.2ch.sc/test/read.cgi/saku2ch/12345678/50

このようにスレッドのURLの最後のスラッシュの左に記載します。

また、複数のレスを指定する場合「/10-20」（レス10から20まで全て）や「/15+25+35」（15と25と35）のような指定方法でも構いません。

なお、ブラウザのアドレスバーで表示されるスレッドURLの末尾に「l50」（エル50）と記載がある場合

例：http://qb.2ch.sc/test/read.cgi/saku2ch/12345678/l50

これは最新の書込み50件という意味ですので、「l50」の部分はスレッドのURLとして記載する必要はありません。

削除対象URLは1行に1URLずつ記載してください。3つ目まで入力すると自動で新たな入力フォームが表示される仕様になっています。

⑥　依頼の理由　詳細・その他

　　仮処分命令や判決に基づいて依頼を行う場合には、

　　　　削除（&IP開示）仮処分決定

　　　　決定正本アドレス

　　　　　　http://〜〜〜〜

と、裁判所の決定が出ていることと、決定正本をアップロードしたURLへのリンクを記載します。

　また、削除依頼だけではなく発信者情報開示請求も行う場合には、「IP開示も別途請求いたします。」などと合わせて表記しておくと削除ボランティアにも分かりやすくその後の手続もスムーズとなりますので、開示請求を合わせて行う場合には、末尾にその旨を記載します。

(3)　発信者情報開示請求スレ記載要領

前述の「事務所@2ch掲示板」(http://sweet.2ch.sc/patisserie/)をページの末尾までスクロールすると「新規スレッド書き込み画面へ」というボタンが表示されますので、そのボタンをクリックし、スレッド書き込みフォームへ移動します。

　入力内容は次のとおりです。

①　タイトル

　　「情報開示を求めるスレ：〇〇地方裁判所平成〇年（ヨ）〇〇号」等、事件番号を記載してください。

②　名　前

　　開示依頼を行う者の名前を入力します。

　　弁護士が代理人として削除依頼をする場合「弁護士〇〇〇〇」と入力してください。

③　E-mail

　　メールアドレスを入力してください。

④　内　容

　　以下のような形式で対象の書き込みと決定正本へのリンクを記載します。

【投稿記載例】

　　IP開示をお願いいたします。ログ不存在でしたら、お知らせください。対象アドレス　http://qb.2ch.sc/test/read.cgi/saku2ch/12345678/50
　　理由：削除&IP開示仮処分決定　決定正本アドレス　http://〜〜〜〜

14 Twitterでなりすまし被害を受けている事例

> **相談内容**
>
> Twitterで私になりすまして、友人のTwitterをフォローして友人を誹謗中傷するメッセージを送られて困っています。何とかなりませんか。

キーワード	なりすまし
ウェブサイト	Twitter
目的	投稿記事削除　発信者情報開示
請求の相手方	Twitter, Inc.（米国法人）
手続	仮処分
法律構成	名誉権侵害　プライバシー権侵害　氏名権侵害　アイデンティティ権侵害
依頼者の属性	個人

相談フェーズ

相談者から聴取する事項・調査事項

1 問題のアカウントは何か

Twitterでなりすましの被害にあっているとされていますが、そもそも実際にどのようなアカウントが作られているのかが分かりません。

問題となっているTwitterのアカウントが閲覧できるURLを送ってもらうのが一番よいのですが、Twitterの場合、スマートフォンのアプリで閲覧している人が多く、TwitterのアカウントごとにURLが振られていることを知らない人も少なくありません。そのため、URLが分からないようであれば、問題と考えるアカウント名（ユーザー名）を教えてもらうべきです。

アカウント名は、例えば「@prosekihou」といったものです。この情報を得ること

ができれば、「https://twitter.com/」を先に付けることで、又は、アカウント名自体を検索エンジンで検索することで、アカウントのURLを特定することができます。なお、上記アカウントをURLに直すと「https://twitter.com/prosekihou」となります。

2　相談者の氏名

Twitterではアカウント名とは別に、名前を自由に設定することが可能なので、第三者が他人の名前を無断で使用することも当然のようにできてしまいます。

相談者はなりすましを受けていると主張していますが、アカウントにおいて相談者の氏名が使われていることが分かれば、なりすましのアカウントである可能性が高まるといえます。

したがって、相談者の氏名を確認することが必要です。

3　相談者になりすましているといえる理由・根拠

仮に相談者の氏名をそのまま使っているアカウントがあるとして、世の中には同姓同名の他人が存在しているのが通常です。そのため、単に氏名が一致しているだけでは、同姓同名の他人である可能性を排除できません。

そこで、そのアカウントが相談者になりすましていると考えている理由や根拠を聴き取ることが必要です。

4　どのような対処をしたいと考えているのか

相談内容では「何とかなりませんか」とされているにとどまり、具体的にどのような対処をしたいと考えているのか明らかではありません。

相談者の多くは、どのような対処ができるのかを知らないことが多いため、こちらからどのような対処がし得るのかを提示してあげた方がよい場合も多くあります。大別すると、削除する、特定する、という2つの方法があり得るわけですが、まずこの点は説明する方がよいでしょう（なお、Twitterの場合は凍結するということもあり得ます。）。

しかし、削除や凍結をしたとしても、アカウントは幾つでも作ることができるため、同様の被害を再び受ける可能性があり、根本解決にならないことがあります。他方、加害者の特定ができれば、同様の行為をしないことの誓約を求めるほか、損害賠償、場合によっては刑事告訴をするという方法で、繰り返しの被害を受けないようにすることができる可能性があります。

そのため、この点の説明もした上で、どのような対処を望むのかを聴き取ることが

必要です。

> ＜聴取・確認事項まとめ＞
> ① 対象となるURLないしアカウント名
> ② 相談者の氏名
> ③ なりすましといえる理由・根拠
> ④ どのような対処を望むか

5　サイト調査

Twitterは、「https://twitter.com/」でURLが始まります。Twitterかどうかを間違うということは基本的にはないと思いますが、Twitterに関しては、togetterなど多数のツイートをまとめるサイトがあるため、そのようなまとめサイトではないことを確認しましょう。

Twitterであることを確認した場合、最終投稿がいつになっているかを確認してください。発信者情報開示請求をすることを考える場合には、最終投稿から1か月以内程度のものでないと、手続中にTwitterの通信ログがなくなってしまうおそれもあるためです。

対応方針の検討

1　手続・法的構成の仮検討

Twitterでは、通報用のウェブフォーム（https://support.twitter.com/forms）が用意されています。なりすましについては、このウェブフォームから通報することにより、アカウントを凍結してもらうことができる場合があります。

そのため、削除だけを望むのであれば、このウェブフォームから凍結の申請をするという方法が検討できます。

他方で、アカウントの使用者を特定したいと考える場合、TwitterからIPアドレス、タイムスタンプの開示を受けることが必要です。これらの情報開示を受けるためには、仮処分決定に基づいていることが必要であるため、開示請求を考える場合には仮処分を考える必要があります。次に、なりすましをされた上で友人を誹謗中傷するメッセージを送っているとされていますが、この時点で2〜4つの法的構成を考えること

ができます。

　まず、なりすましの被害を受けているということであるため、アイデンティティ権による構成です。自分自身による自己認識という意味においての自己同一性のみならず、「他者から見た自分」「他者に認識される自分」について、その同一性を保持することも、人格的生存に不可欠な要素です。そこで、この他者との関係において人格的同一性を保持する利益が「アイデンティティ権」であり、これついては大阪地裁平成28年2月8日判決（公刊物未登載）が、その存在を肯定しています。本ケースでもなりすましの被害を受けることで、他者に認識される自分についての同一性が侵害されている可能性があります。

　これと似たものとして、氏名が冒用されていれば、氏名権の侵害という構成もあり得ます。

　また、名誉権又はプライバシー権を根拠とする構成があり得ます。

　友人を誹謗中傷するメッセージを送っているということなのですが、Twitterにおいて「メッセージ」といっても、「ダイレクトメッセージ」や「リプライ」といった複数の方法があり得ることに注意が必要です。ごく簡単に言えば、ダイレクトメッセージは当事者間でのみ閲覧することができるメールのようなものであり、リプライは誰でも閲覧することができる状態でのやりとりのことです。

　ダイレクトメッセージにより友人に誹謗中傷のメッセージが送られているというのであれば、公開されていない以上、社会的評価の低下を認めることは難しく、これを名誉権侵害と構成することは困難です。しかし、リプライにより誹謗中傷のメッセージが送られているのであれば、第三者からも「誹謗中傷を行うような人物だ」と認識される可能性があるため、社会的評価の低下を認めることができます。したがって、名誉権侵害を理由とする構成が考えられるところです。

　さらに、投稿の中に相談者のプライバシーに関わる情報がある場合には、プライバシー権侵害を検討することができる可能性もあります。

2　追加聴取・調査事項

（1）　相談者の年齢

　Twitterによるなりすましは、しばしば未成年者が被害に遭っています。未成年者は行為能力がないため、直接依頼を受けることができず、依頼を受けるためには、法定代理人からの依頼を受けることが必要です。

（2）　相談者の住所

　発信者情報開示請求における裁判管轄は、被告（債務者）の住所地を管轄する地方

裁判所ですが、Twitterを含む日本に拠点を有しない海外法人に対するものは、必ず東京地方裁判所が管轄裁判所になります（84頁参照。なお、日本にはTwitter Japan株式会社が存在していますが、これはTwitter, Inc.の関連会社にとどまり、Twitter, Inc.とは別法人です。）。他方で、削除請求における裁判管轄は、債権者の住所地を管轄する裁判所となります（12頁参照）。

相談者が東京都に在住していれば、東京地方裁判所で両方の請求を1つの仮処分で申し立てることができますが、地方在住であれば発信者情報開示請求と削除請求とは、それぞれ別の裁判所にしか管轄がないので、1つの仮処分で申し立てることができません。

費用の問題も発生してくる以上、この点は確認しておくべきでしょう。

3　手続・法的構成の再検討

聴き取った内容から、第三者からでもなりすましを認定し得ると考えることができる場合には、削除についてはウェブフォームからアカウントの凍結を申請することを検討した方がよいでしょう。

削除を請求する場合、基本的には仮処分によることが必要であるところ、仮処分により請求する場合、個々の投稿内容が権利侵害に当たるかどうかを判断することが必要となり、アカウント自体の削除は難しいことが通常です。そのため、アカウント自体を凍結できる方法を検討した方が、相談者の意思に合致した結果となると思われるためです。

他方、発信者情報開示請求をするためには、仮処分が必要であるため、仮処分を検討することになります。

4　立証の検討

なりすましであることを立証するためには、自分がなりすましの被害を受けているということを裏付けることが必要です。直接的な立証は難しいため、陳述書において、自身で当該アカウントを作っていないことや、なぜ自分のことであるのかを説明し、なりすましの被害に遭っているということを述べることが最低限必要でしょう。

また、当該アカウントが表示している内容や投稿内容から、相談者のことであると同定できる資料、例えば、氏名や住所、勤務先、学校、顔写真等が記載されているのであれば、身分証明書などを証拠とすることで立証を検討するべきです。

事案の要点整理

メールでの相談の受付後、相談者から聴き取った必要事項を総合した事案の要点は以下のとおりです。

> (1) 相談者は○県○市のA大学教育学部4年生のX。
> (2) 相談者はTwitterをやっていないが、相談者になりすました「X」というTwitterアカウントを作られた。なりすましTwitterのプロフィールには、相談者が写ったプリクラを接写したものがアカウントの画像に設定され、A大学教育学部4年生であるとも書かれている。
> (3) なりすましTwitterは、「@bakabakkarisine」というもので「バカばっかり死ね」と読める。ツイートの内容も、誰彼構わず誹謗中傷しているような振る舞いをしているものである。これを見つけた相談者の友人も、実際に相談者を非難するLINEを送ってきた。友人は、なりすましの被害を受けているという説明をすることで理解をしてくれたが、相談者に全員が連絡をくれるわけでもない。
> (4) 最近では、相談者の友人をフォローして、その友人を誹謗中傷するリプライやダイレクトメッセージを送っている様子である。連絡もなく突然LINEをブロックされるなどしており、このなりすましTwitterが原因だろうと思われる状況である。
> (5) ツイート内容は、大学の授業に関係しているものもあるため、相談者の知り合い、しかも身近な者が、なりすましTwitterを利用していることが予想される。しかし、誰がやっているのかは不明であり、相談者としては笑顔で話しかけてくる友人がやっているのではないかと考えると、怖くて大学に行きたくなくなっている。なりすましTwitterをしている犯人を突き止めない限り、同じ被害が続くと思われるため、行為者を特定することで、被害を止めたい。

存在する証拠は以下のとおりです。
① なりすましアカウントの投稿全てをプリントアウトしたもの
② 陳述書
③ 学生証
④ 運転免許証

実際の業務フェーズ

　Twitterに対して、発信者情報開示請求の仮処分を求めていく方針ですが、仮処分の申立てのためには、Twitterの登記を取得することが必要です。Twitterには日本法人が存在していますが、日本法人はプロモーション活動を主として行っており、IPアドレス等を調査したり開示したりすることができないとされています。そのため、Twitterに開示を求めるためには、海外法人であるTwitter, Inc.に請求をすることになります。Twitter, Inc.は米国カリフォルニア州の法人であるため、カリフォルニア州から登記を取得することが必要です。なお、登記の取得にはおおむね1か月程度がかかると思っておいた方がよいです。

　次に、仮処分の申立書を起案していくことが必要ですが、発信者情報目録には工夫が必要になります。

　すなわち、一般的な掲示板の場合、掲示板に投稿した際のIPアドレス、タイムスタンプなどの情報が掲示板側に残っていることになるため、その開示を請求すれば足ります。しかし、Twitterはログインをしなければ投稿ができない仕組みになっているところ、ログイン時のIPアドレス、タイムスタンプが保存されている一方、投稿時のIPアドレス、タイムスタンプが保存されていません。そのため、Twitterに対する開示請求では、ログイン時のIPアドレス及びタイムスタンプの開示を求めることが必要になります。

　ところで、このようなログイン型投稿の場合、ログインの際には侵害情報が送信されているものではないため、ログイン時のIPアドレスが「当該権利の侵害に係る発信者情報」に当たるのか問題があります。この点について、東京高裁平成26年5月28日判決（判時2233・113）は、「法4条1項が開示請求の対象としているのは「当該権利の侵害に係る発信者情報」であり、この文言及び特定電気通信を用いて行われた加害者不明の権利侵害行為の被害者の当該加害者に対する正当な権利行使の可能性の確保と、発信者の表現の自由及びプライバシーの確保、これに伴い役務提供者が契約者に対して有する守秘義務等の間の調整を図る法の趣旨に照らすと、開示請求の対象が当該権利の侵害情報の発信そのものの発信者情報に限定されているとまでいうことはできない。」としている例があります。

　また、ログイン時のタイムスタンプについては、プロバイダ責任制限法省令7号が「侵害情報が送信された年月日及び時刻」としていることから、開示対象にならないとの見解があるものの、この開示を認める例もあります（東京地決平26・10・28公刊物未登載）。

　そこで、以下のような発信者情報目録になります。なお、「平成28年8月1日以降のも

ので」という限定が付いているのは、このような限定がないと補充性の観点から問題が生じかねないためです。

【発信者情報目録】

（別紙）

発信者情報目録

　下記のアカウントにログインした際のアイ・ピー・アドレス及びタイムスタンプのうち、平成28年8月1日以降のもので、債務者が保有するもの全て。

記

ユーザー名：@bakabakkarisine

そして、権利侵害の説明を行います。ここでは、侵害の理由となり得る主張を複数主張する形にしましたが、いずれかの主張をするだけでも足ります。

【権利侵害の説明の記載例】

（別紙）

権利侵害の説明

1　同定可能性
　本件アカウントでは、債権者の氏名である「X」という表示名が用いられ、その顔写真がプロフィールに用いられ、かつ、「A大学教育学部4年生」という表示がされている。これらの属性は全て債権者と一致するものであるから、本件アカウントにより投稿を行っている者が債権者であると受けとられることになることは明らかである。
2　権利侵害及び違法性阻却事由の不存在
　（1）氏名権侵害
　債権者は、上述のとおり、いわゆるなりすましの被害を受けているものであり、その表示名において債権者の氏名が冒用されている。
　そして、氏名は、その個人の人格の象徴であり、人格権の一内容を構成するものというべきであるから、人は、その氏名を他人に冒用されない権利を有する（最判平成18年1月20日民集60巻1号137頁）。

したがって、債権者はその氏名権を冒用されている。そして、冒用である以上、債権者がこれを許諾しているということはあり得ず、違法性阻却事由が存在しないことは明らかである。

(2) 名誉権侵害

また、本件においては、氏名の冒用のみならず、債権者の顔写真がプロフィールに用いられ、かつ、「A大学教育学部4年生」という表示がされた状態で、他者に対して「頭悪そうな顔さらしてんじゃねーよ、ブス！」「キチガイ乙www」「ホントこんな授業クソつまらねーし、誰かあのセンセ殺してくんない？？w」などの暴言を繰り返し投稿している。

これにより、債権者がこのような暴言を繰り返し、他者を中傷する人物であると受けとられることになる。したがって、債権者の社会的評価が低下している。

そして、債権者はTwitterを一切使用しておらず、このような暴言や他者を中傷してもいないから、何ら真実性があるものではない。

(3) アイデンティティ権侵害

本件は、上述のとおりなりすましの被害を受けているものであるから、債権者は、他者との関係において人格的同一性が侵害されている。

すなわち、自己同一性を保持し自我・自分を獲得することは、人格的生存の大前提となる行為であるところ、自己同一性は、共同体内において他者との関わりを持つことで確立していく側面があるものである。そのため、なりすまし行為によって本人以外の別人格が構築され、当該別人格の言動が本人の言動であると他者に受け止められる状態になれば、他者との関係における人格的同一性を保持する利益（以下、「アイデンティティ権」という。）が侵害される（大阪地判平成28年2月8日）。

債権者は、当該アカウントが債権者のものであると誤認した友人から非難を受け、また、友人から突然、友人関係を拒否されるといった状況に陥っており、まさに当該別人格の言動が本人の言動であると他者に受け止められる状態となっている。

したがって、債権者のアイデンティティ権が侵害されている。

そして、このようななりすましを正当化する理由は一切なく、何らの違法性阻却事由がないことは明らかである。

以　上

　申立書類一式を作成したら、東京地方裁判所に申立てを行います。申立ては郵送でも可能です。

　東京地方裁判所では全件面接方式が取られており、申立てをすると必ず債権者面接をすることが必要です。債権者面接を経て呼出しをすることになると、おおむね3週間後程度が双方審尋期日に指定されます。

裁判所からは、債務者に対して呼出状を発送することが必要になりますが、呼出状は英訳することが必要です。呼出状の英訳を裁判所に提出し、2,000円分の郵券と債務者の宛名を記載したEMSラベルを裁判所に提出すると、裁判所は呼出状を発送します。また、債権者は、副本及び副本の英訳をTwitter, Inc.に直送します。

このように、外国法人を債務者とする場合は、申立書や呼出状を英訳することが必要になる点に注意が必要です。呼出状のフォーマットは書記官から受領してください。

なお、双方審尋期日においては、Twitter, Inc.から選任された日本の代理人弁護士が対応することになるのが通常のため、その後の手続においては英訳の必要はありません。

15　Facebookでなりすまし被害を受けている事例

相談内容

　数年前からFacebookで何者かに私のなりすましアカウントが作られ、私の写真や勤務先を含めた個人情報を晒されています。

　なりすましアカウントは幾つかあり、どれも良い印象を与えるようなものではないのですが、相手も分かっているのか書き込みの内容も犯罪のギリギリのラインを狙っている感じで、顔写真を使用しているアカウントは違反報告で削除されたものの、その他のアカウントについては削除依頼を行っても削除されず、現在もいやがらせが続いている状況です。

　あまりにもつきまとい方が長く異常ですので、相手の特定を考えています。

キーワード	なりすまし
ウェブサイト	Facebook
目　　　的	投稿記事削除　発信者情報開示
請求の相手方	Facebook Ireland Ltd
手　　　続	仮処分
法　律　構　成	アイデンティティ権侵害　名誉権侵害　プライバシー権侵害
依頼者の属性	個人

相談フェーズ

相談者から聴取する事項・調査事項

1　対象アカウントの特定

　SNSの1つであるFacebook上でのなりすまし被害についての相談です。

　ブログや電子掲示板においてもなりすましの被害はありましたが、近時のSNSの爆発的普及により、SNSのアカウントを利用したなりすましに関する相談は増えていま

す。

　さて、法律相談前の相談の前提として、対象の記事の正確なURLを確認することが必要です。もっとも、Facebookの場合、設定によっては検索エンジンで検索した場合には対象のアカウントが表示されない場合もあります。また、本ケースのようななりすまし事案の場合ですと、どのアカウントがなりすましであり、どのアカウントが本物なのかということも判断できなければなりません。

　そこで、対象のなりすましアカウントのトップ画面のURL（「https://www.facebook.com/--------------------」、以下、「ユーザーアカウントURL」と表記します。）を、相談者からメール等で送信してもらう、又はアカウントの表示名やプロフィール画像として設定されている画像を口頭で確認しつつ、Facebookのサイト内検索によって対象を調査するなどして、アカウントのURLを確定しましょう。

　なお、Facebookの通信記録（通信ログ）は、全てユーザーアカウントに紐づいて行われています。そのため、例えば対象のアカウント以外の他人のページに書き込まれた場合や、相談者自身の投稿への返信コメントとして中傷がなされたような場合であっても、その投稿を行ったアカウントのユーザーアカウントURLを確認しておくことが必須です。

　そして、対象のユーザーアカウントURLと、投稿内容との結びつきも証拠として確保しておく必要があります。htmlソース表示画面を印刷するなどし、投稿に表示されているリンク先ユーザーアカウントURLも記録化しておきましょう。

2　なりすましの態様について

　なりすましがなされているという相談には、顔写真を無断で掲載しているような悪質なものから、単に同姓同名の他人が登録しているにすぎないような相談者自身の勘違いや被害妄想的なケースもあります。

　そこで、対象のアカウントが確定した次の段階として、どのような態様でなりすましがなされているのかも聴取しましょう。

　例えば、プロフィールとして設定されている画像が相談者の写真なのか、公開されている経歴やプロフィールは相談者自身のものに合致するのか、その他相談者を特定するに足りる個人情報等の掲載があるのか、といった情報を確認してください。

　一般論ですが、なりすましが認められやすい類型として氏名、顔写真の冒用がなされているケース、氏名に加えて所属先が記載されているケースなどがあります。

　氏名のみの記載では同姓同名の可能性が捨てきれないため、その他の記載事項等から詳細になりすましなのか否かを判断することになります。他方、氏名の冒用がない

場合においても、なりすましを認めた例もありますので、氏名が冒用されていない場合であっても、その他の事情からなりすましといえるかを検討していくことになります。なりすましといえるかは、対象アカウントに現れている前記のような事情のまさに総合考慮となりますので、なぜ相談者はそのアカウントをなりすましと主張しているのかを丁寧に聴き取ることが重要です。

> ＜聴取・確認事項まとめ＞
> ①　対象アカウントのURL
> ②　対象アカウントに記載されている事項と相談者属性の合致度合い

3　サイト調査

相談者からの必要事項の聴き取りと並行して、対象のサイトの調査も行います。

本ケースで問題となっているサイトはFacebookですが、まず結論から説明しますと、法的対処を行う場合の相手方であるサイト管理者はアイルランド共和国法人のFacebook Ireland Ltdです。米国カリフォルニア法人のFacebook, Inc.ではありません。

これは、Facebookの「サービス規約」に記載されています。規約の「18その他」欄には以下のような記述があります。

> 米国またはカナダに居住しているか、事業の主たる拠点を持っている場合、本規約は利用者とFacebook, Inc.の間で締結されます。それ以外の場合、本規約は利用者とFacebook Ireland Limitedの間で締結されます。「弊社」とはFacebook, Inc.またはFacebook Ireland Limitedのうちいずれか該当するものを指します。

(https://www.facebook.com/legal/terms)

ここを見ますと、Facebookは、Facebook, Inc.とFacebook Ireland Ltdの共同事業として運営されており、米国・カナダのユーザーはFacebook, Inc.との間で利用契約が締結され、他の地域のユーザーはFacebook Ireland Ltdとの間で利用契約が締結されていることが分かります。ユーザーコンテンツの削除や発信者情報開示についての権限を有しているのは、ユーザーと利用契約を締結している主体と考えるべきですので、我が国のユーザーについて法的対処を行う場合の相手としてはFacebook Ireland Ltdとなります。

なお、厳密にいえば、米国在住のユーザーが日本人になりすましている場合など、被害者は日本人ですが、加害者と利用契約を締結しているのはFacebook, Inc.であるといったケースもありえます。しかし、実際に発信者情報開示を受けるまでは対象のユーザーがどこに居住しており、Facebook, Inc.とFacebook Ireland Ltdのいずれが当該ユーザーと利用契約を締結しているかを判断することはできません。よって、この点については、Facebook側より具体的な反論がなされた場合に、請求の相手方を変更するといった対応で問題ないでしょう。

対応方針の検討

1　手続・法的構成の仮検討

まず前提として対象のアカウントがなりすましであると認められるかということも当然問題となります。そこで、アカウントのプロフィールとして設定されている情報などが相談者の属性とどの程度合致しているのかを中心に、第三者の視点からそのアカウントが相談者のものと誤認されてしまうものなのかを検討してください。そして、なりすましであることを立証していくためには、身分証明書などで相談者の属性を明らかにすること、対象のアカウントが相談者自身のものではないことを示すための陳述書なども必要となります。

そして、なりすましであると認められる場合、なりすまし状態で発信されている言動が、そのなりすまされた被害者によるものであると受け取られてしまうことで、なりすまされた被害者に対する名誉権侵害又はプライバシー権侵害が成立するかを検討するのが基本です。すなわち、なりすまし行為によって、「自分がこんな人物であると思われてしまっては困る」という主張です。なりすまし状態でなされる犯罪自慢などが典型的なケースでしょう。

本ケースでも、なりすましであると認められるのか、なりすまし状態でなされている行為が相談者の権利を侵害しているのかをまずは検討しましょう。

もっとも、なりすまし事案では、通常の名誉権侵害事案とは異なり、社会的評価を低下させる明確な事実摘示がなされないケースもあります。特にSNSでなされるなりすましの場合、他のユーザーと会話がなされているだけで、その会話の中で悪意ある印象操作がなされているとはいえても、名誉権侵害的な事実摘示がないケースということも多くあります。

そのような場合、名誉権侵害やプライバシー権侵害の主張は難しく、端的になりすまし行為自体の違法性を主張していくことになります。

2　手続・法的構成の再検討

　なりすまし状態での言説に、明確な名誉権侵害やプライバシー権侵害が認められない場合には、なりすまし行為そのものを「アイデンティティ権」の侵害と捉える法的構成を検討します。

　「アイデンティティ権」とは「他者との関係において人格的同一性を保持する利益」です。「アイデンティティ権」の存在を肯定した大阪地裁平成28年2月8日判決（公刊物未登載）では「確かに、他者との関係において人格的同一性を保持することは人格的生存に不可欠である。名誉毀損、プライバシー権侵害および肖像権侵害に当たらない類型のなりすまし行為が行われた場合であっても、例えば、なりすまし行為によって本人以外の別人格が構築され、そのような別人格のが構築され、そのような別人格の言動が本人の言動であると他者に受け止められるほどに通用性を持つことにより、なりすまされた者が平穏な日常生活を送ることが困難となるほどに精神的苦痛を受けたような場合には、名誉やプライバシー権とは別に、「他者との関係において人格的同一性を保持する利益」という意味でのアイデンティティ権の侵害が問題となりうると解される。」と判示されています。

　そして、「アイデンティティ権」の侵害の成否を判断する基準について上記大阪地裁平成28年2月8日判決は、「なりすまし行為の効果および影響は、なりすまし行為の相手方となりすまされた者との関係、氏名、ハンドルネームおよびID等なりすまし行為で使用された個人を特定する名称、記号等の性質、顔写真の使用の有無およびなりすまし行為の具体的な内容などの諸要素によって異なる」と述べ、これらの事情を総合的に考慮して受忍限度論的なアプローチによって侵害の成否を慎重に検討するとの立場をとっています。

　しかし、ひとたび人格的同一性に齟齬が生じてしまう自体が発生すれば、なりすまし行為を早急に差し止める必要性のある事態も想定されます。また、なりすまし行為を行う正当な理由は原則として観念ができないことから、上記大阪地裁平成28年2月8日判決のような人格の同一性を偽るほどのなりすまし行為がなされた場合には原則として違法性を認めるべきである。

　このような考えに立てば、より客観的かつ明確な判断基準として、「アイデンティティ権」が他者から見た自己の人格を問題にする権利であることから、外部的な社会的評価を問題とする名誉権侵害事案に準じた基準によって判断されるべきでしょう。すなわち、一般の閲覧者の普通の注意と読み方を基準として（最判昭31・7・20民集10・8・1059参照）、「人格の同一性が偽られている」と受け止められる場合には、アイデンティティ権を侵害する「なりすまし」として違法になるというべきです。

3 立証の検討

なりすまし事案の場合、立証すべき事項としては、なりすましアカウントで発信されている情報が相談者の属性に合致していること、なりすましアカウントが自分のものではないこと、の2点です。

そこで、身分証明書の提示などを相談者に依頼しましょう。また、なりすましアカウントが自分のものではないことについては、陳述書によって立証していくことが基本となります。

事案の要点整理

メールでの相談受付後、相談者から聴き取った必要事項を総合した事案の要点は以下のとおりです。

> (1) ITベンチャー企業A社に勤務するX氏は、数年前からFacebook上でのいやがらせに悩まされている。
> (2) X氏の顔写真をプロフィールとして設定しX氏になりすましたアカウントが作られ、それを用いてX氏の周囲に対するいやがらせのメッセージが送られるなどしている。
> (3) 数日前に、再びなりすましアカウントが開設され、X氏の友人に対して友達申請を行うなどが始まった。対象のアカウントは、アカウント表示名にX氏が友人から呼ばれているあだ名が用いられており、プロフィールとしてA社の社名とX氏の所属部署が設定されている。またFacebook上に投稿されている内容もX氏の仕事内容に関するものが含まれている。
> (4) X氏に対する名誉権侵害に当たるような具体的な問題行動はいまだなされていないが、X氏としては具体的な問題が発生する前に、行為者を特定し再発防止を図りたいと考えている。

存在する証拠は以下のとおりです。
① 身分証明書
② 社員証
③ 陳述書(アカウントが自分のものではないこと、周囲から呼ばれるあだ名について)

実際の業務フェーズ

1 目録の記載－ログイン型投稿

　行為者を特定するためには、発信者情報開示請求を行う必要があります。Facebookも多くのサイトと同様に発信者情報開示には慎重な態度をとっており、裁判所の開示命令がない状態での任意開示は原則難しく、仮処分命令申立てを行うことになります。なお、申立ての際は、前述したようにFacebook Ireland Ltdが債務者となります。

　さて、Facebookに対して発信者情報開示請求を行う場合の注意点として、Facebookはログイン型投稿に分類されるサイトであることが挙げられます。すなわち、個々の投稿行為についての通信記録（通信ログ）は保存されておらず、各アカウントに対するログインの記録のみが保存されています。そのため、発信者情報開示請求を行う場合には、ログイン情報の開示を求めることになります。

　発信者情報目録の記載については以下のとおりです。

【発信者情報目録】

（別紙）

　　　　　　　　　　　発 信 者 情 報 目 録

　ユーザーアカウント（https://www.facebook.com/*************）について、近時のログイン及びログアウトに関する年月日、時刻並びにアイ・ピー・アドレス。ただし、当該情報が入手可能であるものに限る。

　　　　　　　　　　　　　　　　　　　　　　　　　　　　　　　以　　上

　この目録の記載はプロバイダ責任制限法の文言的にはかなり疑問があるところではあります。しかし、Facebook Ireland Ltd側が、技術上・手続上の理由からこの記載方法での発令を求めているため実務上定着しています。

　投稿記事目録については、ユーザーアカウントをURLにて正確に特定すること以外は、通常の事案と記載方法は変わりません。

【権利侵害の説明の記載例】

(別紙)

権利侵害の説明

1　なりすまし行為

　本件サイトは誰でも自由に登録ができるSNSであり、各ユーザーがアカウント登録を行った上、ユーザー相互間で会話等を行うことができる。

　本件アカウントの使用者は、自身のアカウント表示名をX′と債権者の名前をもじったあだ名とし、プロフィールとしては債権者の勤務先社名・部署を表示させている。そして、債権者の周囲の者に対して「友達申請」を行うなど債権者の周囲で活動を行っている。

　よって、本件アカウントは一般の閲覧者の普通の注意と読み方を基準として（最高裁昭和29年（オ）第634号同31年7月20日第二小法廷判決・民集10巻8号1059頁参照）、債権者が行っていると誤認されてしまうものであり、債権者になりすましたアカウントということができる。

2　アイデンティティ権の侵害

　従来、なりすまし行為については、なりすまし状態でなされた行為自体に問題があり（例えば人種差別発言など）、それが被なりすまし者自身の行為であると第三者に認識されることで被なりすまし者の社会的評価が低下するという意味での名誉権侵害が成立するか、はたまた公開される情報がプライバシー権を侵害するかという観点から違法性が検討されることが多かった。

　しかし、なりすまし状態でなされた行為自体に問題がない場合（被なりすまし者の社会的評価も低下させず、プライバシー権等の侵害もないような場合）では、名誉権侵害やプライバシー権侵害といった従来の枠組みでは、違法性は認められず、差止め等を求めることは難しいところである。もっとも、自己になりすましSNS上でふるまう者について、名誉権やプライバシー権に対する侵害がないからといって、その差止めすら認められないのでは不当である。

　社会生活を営むに当たっては、「他者から見た自分」「他者に認識される自分」について、その同一性を保持することが必要であり、なりすまし行為によって「他者との関係において人格的同一性を保持する利益」（アイデンティティ権）が害された場合には人格権に対する違法な侵害と評価できる。

　そして本件アカウントは、前述のとおり債権者の属性をプロフィールで設定するなどして債権者になりすましたものであり、アイデンティティ権を侵害するものである。また、このような行為を正当化する事由はおよそ観念できない。よって、本件アカウントが債権者のアイデンティティ権を侵害することは明らかである。

2　仮処分の審理

　発信者情報開示仮処分命令申立ての管轄については、債務者であるFacebook Ireland Ltdが日本国内に支店や営業所等を有していないため民事訴訟法10条の2及び民事訴訟規則6条の2により東京地方裁判所本庁となります。なお、削除仮処分の管轄は債権者の住所地を管轄する裁判所です。

　申立後の流れとしては、外国法人を相手とする場合一般と同様ですが、Facebook Ireland Ltdの主張は形式的な範囲にとどまることが多く、双方審尋期日一回で終結し、申立てからおおむね1か月強といったところで仮処分命令の発令となるのが一般的です。

16　海外の動画共有サイトにリベンジポルノが掲載された事例

相談内容

　元カレに撮られた性行為中の動画が動画サイトにアップされています。YouTubeにアップされていたものは削除してもらうことができましたが、よく分からないサイトにもアップされていて、削除の方法が分かりません。

　これを削除することはできるでしょうか。削除できるとすれば、どのくらいの期間で可能でしょうか。

キーワード	リベンジポルノ
ウェブサイト	海外動画サイト　Google　Yahoo!
目　　　的	動画削除
請求の相手方	各海外動画サイト　ホスティングプロバイダ　検索サイト
手　　　続	任意請求
法　律　構　成	名誉権侵害　プライバシー権侵害
依頼者の属性	個人

相談フェーズ

相談者から聴取する事項・調査事項

1　問題のURLは何か

　性行為中の動画がアップされているということですが、「よく分からないサイト」にされているということです。対処が可能かどうかを確認するためには、まずは動画のURLを教えてもらうことが必要です。しかし、相談者にとって、自身の性行為が掲載されている動画のURLを送る心理的ハードルは相当高いと思われます。そのため、動

画そのもののURLではなく、動画がアップされているサイトのトップページのURLを送ってもらうなどするのでもよいでしょう。

2　相談者の年齢

　本ケースのような相談は、いわゆるリベンジポルノと呼ばれるものですが、リベンジポルノの被害者は未成年者のこともあります。

　未成年者は行為能力がないため、直接依頼を受けることができず、依頼を受けるためには、法定代理人からの依頼を受けることが必要になります。親にはなかなか相談しづらいという状況もあるのが通常で、この点は早めに確認しておいた方がよいです。

　他方で、仮に未成年者である場合は、日本のみならず海外でも児童ポルノに対する規制は強いため、削除の蓋然性が高まります。

3　どのようにして動画を見つけたか

　リベンジポルノの場合、1つだけではなく複数のサイトに投稿されていることが少なくありません。また、1つのサイトに投稿されただけで、他のサイトにもコピーされているといったことも多いです。つまり、相談者が把握している以外のサイトにも、多数同じ動画が存在している可能性があります。

　相談者の希望は、動画をネット上から全て削除する点にあると思われますが、相談者の検索スキルはそれほど高くないことが多いです。そのため、どのようにして見つけたのかを聴き取ることにより、こちらでも他にも動画がアップされていないかを確認することが必要になるでしょう。

```
＜聴取・確認事項まとめ＞
①　対象となる動画のURL
②　相談者の年齢
③　動画を発見した方法
```

4　サイト調査

　リベンジポルノが投稿されてるサイトは、YouTubeやニコニコ動画、FC2動画といった普段なじみのあるサイトではなく、海外動画サイト、とくに性行為に関する動画が数多くアップされているサイトにされていることが少なくありません。

海外動画サイトには色々なものがあり、削除できるかどうかは個々にサイトを検証してみるしかないのが実際のところです。

　まず、違反報告などができる体制が整えられているかを確認してください。そして、その報告が単にボタンを押すことによるものであれば、対処してくれる可能性は低いため、直接連絡を取ることができるウェブフォームや、メールアドレスの記載がないかを確認してください。

　削除などの報告ができるようになっているサイトの場合には、abuseという通報窓口のページが用意されていることがあります。また、ページが用意されていない場合でも、利用規約のページなどで、違反報告を受け付けるメールアドレスが記載されていることもあります。したがって、このようなものを探すようにしてください。

　サイト内で見つけることができない場合は、WHOISを用いてホスティングプロバイダを検索してください。ホスティングプロバイダは、ウェブサイトの情報を蔵置している以上、それを削除することもできる可能性があります。WHOISの情報において、abuse@〜といった表示がされているものがあれば、そのメールアドレスは、ホスティングプロバイダの違反報告のメールアドレスの可能性が高いです。

　また、WHOIS情報でそれを見つけることができない場合でも、Hosting companyが表示がされていれば、当該Hosting companyのウェブサイトにアクセスし、連絡先を探してみてください。Hosting companyの場合、サイト上部などにHelp & Supportや、Contact Usといった表示で連絡先が明示されていることが少なくありません。また、サイト下部などにLegal、Privacy Statementなどの表示がされていることも多く、その中でabuse@〜といった違反報告メールのアドレスが明記されている例も多くあります。

対応方針の検討

1　手続・法的構成の仮検討

　性行為は、一般的に言って、他人に知られたくないものの最たるものの1つといえ、そのプライバシーを侵害するものです。したがって、プライバシー権に基づいて削除を請求することができます。

　性行為の動画がインターネット上で閲覧できる状態になっているということは、あたかも、不特定多数人に配信されることを承知の上、自ら進んで裸体等をさらしているのではないかという印象を与える点で、当該人物の社会的評価を低下させるもので

あるといえます。したがって、名誉権に基づいて削除を請求することができます。

　もっとも、相手が海外法人である以上、必ずしも日本の法理論が通じるわけではありません。そのため、いたずらに法理論を主張するよりも、事情を説明して、すなわち性行為を望まずアップロードされてしまったということを説明して、削除を請求した方がよい場合も多いでしょう。

2　追加聴取・調査事項

(1)　動画のURL

　実際にリベンジポルノがアップされているURLを知らされていない場合、当該URLを確認する必要があります。

(2)　本人と同定できるか

　リベンジポルノの場合、しばしば誰の映像であるのかが推知できるタイトルや、説明文が付されていることが多いです。しかし、そのような記載がない場合、動画の人物が相談者なのかどうかの確認ができない場合があり得ます。

　削除を請求するためには、自身の権利が侵害されたといえることが必要であるため、なぜ自身のことといえるのかを確認することが必要です。

3　手続・法的構成の再検討

　対象は「よく分からない動画サイト」になるため、動画を削除するためにはウェブフォームやabuseメールにより削除を請求していくしかないと思われます。

　もっとも、動画自体の削除が難しい場合も十分想定できます。相談者の希望としては、動画の閲覧される可能性をできる限り低くしたいという点にあるところ、検索エンジンにヒットしなければ、当該動画が閲覧される蓋然性は相当低くなります。そのため、動画自体の削除が難しいことを考えると、検索エンジンに対して、検索にヒットしないような請求をすることが考えられます。

　代表的な検索エンジンとしては「Google」「Yahoo!」があり、両者で90％以上のシェアを誇っています。そして、Yahoo!の検索エンジンは、Googleのものを採用しているため、Googleで対処されればYahoo!でも対処されることになります。

　そのため、GoogleやYahoo!に対する請求も検討してもよいでしょう。

4　立証の検討

　海外動画サイトなどに削除請求をする場合、特段の証拠は要求されないことが多いでしょう。

もっとも、場合によってはサイト側、ホスティングプロバイダ側から本人確認のための資料を要求されることがあるかもしれません。その場合に備え、身分証のコピー、また、弁護士自身の身分証、委任状程度は用意しておくべきでしょう。

事案の要点整理

メールでの相談受付後、相談者から聴き取った必要事項を総合した事案の要点は以下のとおりです。

> (1) 相談者はA大学に通っている大学3年生である。
> (2) インカレで知り合って交際を始めた他大学の男子と別れたが、交際中の性行為の動画が、よく分からない海外の動画サイトにアップされている。最初は、YouTubeにもアップされていたが、規約違反ということで現在は削除されている。
> (3) 動画は相談者の知らない間に撮られていた。
> (4) 動画のURLは、「http://xxx123456789.ero/watch?v=-dX958Ej2FU」である。
> (5) 動画には「A大学3年XのSEX動画」とタイトルがつけられていて、相談者のことだとすぐに分かる。
> (6) 警察にも相談したが、相手の刑事責任を追及することはともかく、警察では削除ができないと言われた。

存在する証拠は以下のとおりです。
○ 学生証

実際の業務フェーズ

ウェブフォームやメールにより削除を請求することになりますが、海外動画サイトであるため、英語などにより削除請求をする必要があります。

動画サイトに利用規約などが定められている場合には、どの規約に違反するのかという指摘とともに、削除を請求する具体的な理由を説明するようにします。

次に、対応してもらえない場合には、次善の策として、Google、Yahoo!に対して検索結果から削除してもらえるよう請求をする必要があります。

Googleに対する請求は、Googleのウェブフォームから行うことができます。Googleのトップページに行くと、左下に「Googleについて」というリンクがあり、それをクリックすると右下に「お問い合わせ」というリンクがあります。お問い合わせをクリックすると、以下の画面が表示されます。

(https://www.google.co.jp/intl/ja/contact/)
＊GoogleおよびGoogleロゴはGoogle inc.の登録商標であり、同社の許可を得て使用しています。

ここで「検索」を選ぶのではなく、右下の「法的な問題、商標、使用許諾」の中の「Googleから違法なコンテンツを削除する」をクリックしてください。そうすると、「法的な削除リクエスト」というページになり、この中には「法的リクエストを送信する」という項目があるため、これをクリックしてください。クリックすると、「こちらのツールでは、適用法に基づいてGoogleのサービスから削除すべきと考えるコンテンツを報告する手順をご案内しています。」といった表示がされるため、この「ツール」の部分をクリックしてください。

第2章 ケース・スタディ

そうすると、「Googleからコンテンツを削除する」というページになります。

Google からコンテンツを削除する

このページでは、適用される法律に基づき Google サービスからの削除を希望するコンテンツを報告できます。すべての項目に入力していただくと、お問い合わせ内容について Google で詳しく調査することができます。

Google の利用規約やサービス ポリシーに関連する法律外の問題については http://support.google.com をご覧ください。

問題のコンテンツが表示される Google サービスごとに、個別に通知を送信していただけますようお願いいたします。

どの Google サービスに関連する申し立てですか？
- ○ Blogger/Blogspot
- ○ Google+
- ○ ウェブ検索
- ○ Google 広告
- ○ Google ドライブとドキュメント
- ○ Google Play - 音楽
- ○ Google Play - アプリ
- ○ Google ショッピング
- ○ 画像検索
- ○ Google Photos and Picasa Web Albums
- ○ YouTube
- ○ その他のサービスを見る

(https://support.google.com/legal/troubleshooter/1114905)
＊GoogleおよびGoogleロゴはGoogle inc.の登録商標であり、同社の許可を得て使用しています。

この中から「ウェブ検索」を選択します。

さらに表示される項目のうち「Google検索結果から個人情報を削除したい」を選択してください。

Google からコンテンツを削除する

このページでは、適用される法律に基づきGoogleサービスからの削除を希望するコンテンツを報告できます。すべての項目に入力していただくと、お問い合わせ内容についてGoogleで詳しく調査することができます。

Googleの利用規約やサービス ポリシーに関連する法律外の問題については http://support.google.com をご覧ください。

問題のコンテンツが表示されるGoogleサービスごとに、個別に通知を送信していただけますようお願いいたします。

どの Google サービスに関連する申し立てですか？　ウェブ検索

ご報告したいことをご選択ください
- ○ 不正なソフトウェアやフィッシングなどの問題を報告したい
- ○ 問題のあるコンテンツはウェブマスターによって削除されたが、検索結果にはまだ表示されている
- ○ 不正が行われている疑いのあるサイトを見つけた
- ○ Google検索結果に表示されるページで、自分の会社の商標権が侵害されている
- ○ 法的な申し立てにより削除された自分のサイトのページについて、復帰させることを希望している。
- ○ Google検索結果から個人情報を削除したい
- ○ Googleマイビジネスで問題が発生している
- ○ 上記以外の法的な問題が発生している

（https://support.google.com/legal/troubleshooter/1114905#ts=1115655）
＊GoogleおよびGoogleロゴはGoogle inc.の登録商標であり、同社の許可を得て使用しています。

　すると、次の表示がされます。

> ご報告したいことをご選択ください　Google 検索結果から個人情報を削除したい
>
> 以下の中から選択してください
> ○ Googleの検索結果から機密情報や個人情報（政府発行の個人識別番号、銀行口座番号、クレジットカード番号、手書きの署名の画像、本人の同意なく配布されたヌードまたは性的に露骨な画像や動画など）を削除したい
> ○ 不正確または不適切な情報を含む検索結果ページについて、その情報をGoogle検索結果から完全に削除するようウェブマスターに依頼したい
> ○ Googleの検索結果に表示されたアダルトスパムサイトに、自分の氏名または商号が表示されている
> ○ Google 検索結果に名誉毀損にあたるコンテンツを見つけた

（https://support.google.com/legal/troubleshooter/1114905#ts=1115655%2C6034194）
＊GoogleおよびGoogleロゴはGoogle inc.の登録商標であり、同社の許可を得て使用しています。

　この中から適切なものを選択すればよいですが、本ケースでは動画サイトに動画の他に氏名などの情報も掲載されているので、「Googleの検索結果に表示されたアダルトスパムサイトに、自分の氏名または商号が表示されている」を選択します。
　そうすると、「自分の名前や商号が不適切にアダルトサイト上に記載されていることが疑われる場合は、こちらの手順に従ってください。」と表示されるため、「こちら」の部分をクリックしてください。クリックすると、次のウェブフォームが表示されるため、必要事項を記載して送信ボタンを押してください。

Googleの検索結果に表示されたアダルト スパム サイトに、自分の氏名または商号が表示されている

Googleをご利用の際にこのような予期せぬ事態が発生したことについて、お詫び申し上げます。Googleがこのリクエストを処理するためには、次の3つの条件が満たされている必要があります：

- ページにあなたの氏名または商号が表示されていること
- ページにアダルト コンテンツが含まれていること
- ページが、Googleのウェブマスター向けガイドライン（品質に関するガイドライン）に違反するスパムであること

お送りいただいたメールは、詳しい調査のため担当チームに転送されます。Google検索結果の品質維持にご協力いただき、ありがとうございます。

削除リクエストがこのカテゴリに当てはまらない場合は、ウェブページ削除リクエスト ツールに戻り、リクエストに適した削除の種類を選択してください。

氏名または事業名（最大 50 文字）*

メール アドレス *

アダルト コンテンツ サイトが表示されている Google 検索結果ページの URL *

あなたの名前が表示されているウェブ ページの URL *

さらに追加

☐ ページに自分の氏名または商号が表示されている
☐ ページにアダルト コンテンツが含まれている
☐ ページが Google のウェブマスター向けガイドライン（品質に関するガイドライン）に違反するスパムである

このフォームの使用方法について質問がある場合は、プロダクト フォーラムに質問を投稿してください。

送信　*必須項目

(https://support.google.com/websearch/contact/name_on_adult_spam_page?hl=ja)
＊GoogleおよびGoogleロゴはGoogle inc.の登録商標であり、同社の許可を得て使用しています。

　Googleで対応されればYahoo!にもその削除が反映されますが、Googleは海外法人であるため、そこまで迅速な対応が期待できない可能性もあります。そこで、Yahoo!に対して請求することも検討してもよいでしょう。

　この場合、ヤフー株式会社に対して、送信防止措置依頼を行うことが考えられます。通常の送信防止措置依頼では、発信者の意見照会の期間が7日間とされていますが、私事性的画像記録の提供等による被害の防止に関する法律（リベンジポルノ防止法）4条は、この期間を2日間に短縮しています。

　したがって、リベンジポルノであることを指摘すれば、早期の対応を期待できる可能性があります。

17　海外魚拓サイトに中傷記事がコピーされた事例

> **相談内容**
>
> 　私の会社は2ちゃんねるで誹謗中傷がされていて、それは顧問弁護士に頼んで全て削除できたのですが、2ちゃんねるへの書き込みがarchive.is、proxy-channelといったサイトにコピーされてしまっているものがあり、顧問弁護士では削除ができないと言われてしまいました。
> 　なんとか削除できないでしょうか。

キーワード	魚拓サイト
ウェブサイト	海外魚拓サイト　検索サイト　archive.is　proxy-channel
目　　的	投稿記事削除
請求の相手方	Google Inc.
手　　続	任意請求
法律構成	名誉権侵害　プライバシー権侵害等
依頼者の属性	法人　個人

相談フェーズ

相談者から聴取する事項・調査事項

1　問題のURLと投稿は何か

　2ちゃんねるで誹謗中傷をされていて、それを弁護士に依頼して削除できているということなので、一定の権利侵害があるものであったことは想定できます。ただ、実際にどのような投稿があったのか、現時点でどのようなものが残っているのかといったことは明らかではありません。

　そのため、まずは問題と考えているURLを明らかにしてもらうとともに、そのURL中のどの部分が問題なものであるかを指摘してもらうことが必要です。

2　仮処分決定等があるか

　検索エンジンに対する削除を請求する上では、仮処分決定などで削除を命じるものがあると応じてもらいやすくなります。そのため、仮処分決定があるかどうかは事前に確認しておいた方がよいでしょう。

＜聴取・確認事項まとめ＞
① 　対象となるURLと具体的箇所
② 　仮処分決定等の有無

3　サイト調査

　「archive.is」は、「http://archive.fo/」というURLにより表示されるサイトであり、ウェブページをそのまま保存することができるサイトです。このようなウェブページを保存するサイトは一般的に魚拓サイトなどと呼ばれます。archive.isのサイトトップの左上には「archive.is webpage capture」という表示がされています。

　「proxy-channel」は、「http://proxy-channel.com/」又は「http://www.proxy-channel.com/」というURLで始まるサイトであり、サイトトップページの左上には「Proxy channel」という表示がされています。両URLの違いは「www.」がつくかどうかだけであり、内容はいずれも同じです。このサイトは、「匿名性を最大限に重視し開設されました」として、「完全匿名」をうたっています。

対応方針の検討

1　手続・法的構成の仮検討

　archive.isには、個々の魚拓ページに「エラー報告または乱用」というリンクがあり、削除依頼等のフォームを表示させることができるほか、トップページにはEメールでの連絡もできるようになっています。しかし、これらの連絡をしても無視されて対応されないのが通常です。

　他方、proxy-channelにはトップページに「削除依頼」のリンクがあり、ここからメールを送ることができるようになっています。しかし、削除依頼を送付したとして削除には通常対応してくれません。

このように、サイト自体の削除は難しいのが実情であるため、検索エンジンに対する削除請求を考えることになります。検索エンジンは代表的には「Google」と「Yahoo!」があり、この両者で90％以上の占有率となるようです。そして、Yahoo!の検索エンジンの中身はGoogleのものを使用しているため、Googleにおいて削除されれば、その削除はYahoo!にも反映されます。

したがって、Googleに対する削除請求を検討するべきです。

2　追加聴取・調査事項
(1)　問題のURLが表示される検索ワードは何か

上記のとおり、archive.is、proxy-channelといったサイトは、海外にホスティングされているなどしているため、これを直接削除請求しても応じてもらうことは困難です。そのため、Googleの検索結果からの削除を目指すことになります。

そのためには、検索結果として表示されることになる検索ワードが何かを知る必要があります。なお、proxy-channelは、URL末尾のレス番号の表示パターンが無数にあり、多くの結果がヒットすることが少なくありません。そのような表示がなるべく多く出てくるものを調査した方がよいでしょう。

(2)　投稿内容に関する真偽、背景事情等

既に元々の投稿は削除されているということから、一定の権利侵害があることは推定されるわけですが、それだけでは別のウェブサイトに削除請求するためには不十分です。そのため、削除請求に根拠があることを説明するためにも、投稿内容の真偽、背景事情などを把握して、権利侵害の有無・程度を検討するべきです。

3　手続・法的構成の再検討

Googleに対する請求は、ウェブフォームによる請求と仮処分等の裁判手続による請求をする方法があり得ます。本ケースでは、2ちゃんねるの削除がされており、かつ、proxy-channelにコピーがされているということなので、仮処分決定がある状態であると想定されます。

そのため、既に仮処分決定があるもののコピーに対する対処であるとして、ウェブフォームからの請求で応じてもらえる余地があります。そこで、ウェブフォームからの請求をすることを考えるべきでしょう。

4 立証の検討

Googleは既に仮処分決定や判決など公的な判断が出ているものについては削除に応じてくれやすいという傾向があります。そのため、それらがあるようであれば、それを受領しておいてください。

また、基本的には要求されませんが、場合によって本人確認資料などが要求されることがあるかもしれないため、身分証のコピー、委任状を取得しておくことくらいはしておくべきでしょう。

事案の要点整理

メールでの相談受付後、相談者から聴き取った必要事項を総合した事案の要点は以下のとおりです。

> (1) 相談者はIT会社を経営しているが、2ちゃんねるで相談者を名指しして「レイプ犯である」という事実無根の誹謗中傷をされた。書き込みは2ch.netにされていたが、2ch.scにもコピーされていた。
> (2) 書き込みの内容は全くの事実無根であったが、気づいたときに投稿時点からは既に1年が経過していたため、犯人を特定することはできていない。
> (3) 投稿された内容は、既に顧問弁護士に依頼して全て削除できているが、2ch.scに対する仮処分決定を得て削除を請求した際、削除前に、問題のスレッドがarchive.isに魚拓にとられるとともに、問題部分をproxy-channelの「IP開示・削除されそうなスレッドを保存するスレッド」というスレッドにコピーされた。

存在する証拠は以下のとおりです。

○ 仮処分決定正本

実際の業務フェーズ

Googleに対する検索結果の削除請求は、Googleのウェブフォームから行うことができます。

Googleのトップページに行くと、左下に「Googleについて」というリンクがあり、

それをクリックすると右下に「お問い合わせ」というリンクがあります。お問い合わせをクリックすると、以下の画面が表示されます。

(https://www.google.co.jp/intl/ja/contact/)
＊GoogleおよびGoogleロゴはGoogle inc.の登録商標であり、同社の許可を得て使用しています。

　ここで「検索」を選ぶのではなく、右下の「法的な問題、商標、使用許諾」の中の「Googleから違法なコンテンツを削除する」をクリックしてください。そうすると、「法的な削除リクエスト」というページになり、この中には「法的リクエストを送信する」という項目があるため、これをクリックしてください。クリックすると、「こちらのツールでは、適用法に基づいてGoogleのサービスから削除すべきと考えるコンテンツを報告する手順をご案内しています。」といった表示がされるため、この「ツール」の部分をクリックしてください。

そうすると、「Googleからコンテンツを削除する」というページになります。

> # Googleからコンテンツを削除する
>
> このページでは、適用される法律に基づきGoogleサービスからの削除を希望するコンテンツを報告できます。すべての項目に入力していただくと、お問い合わせ内容についてGoogleで詳しく調査することができます。
>
> Googleの利用規約やサービスポリシーに関連する法律外の問題についてはhttp://support.google.comをご覧ください。
>
> 問題のコンテンツが表示されるGoogleサービスごとに、個別に通知を送信していただけますようお願いいたします。
>
> どのGoogleサービスに関連する申し立てですか？
> - Blogger/Blogspot
> - Google+
> - ウェブ検索
> - Google 広告
> - Googleドライブとドキュメント
> - Google Play - 音楽
> - Google Play - アプリ
> - Googleショッピング
> - 画像検索
> - Google Photos and Picasa Web Albums
> - YouTube
> - その他のサービスを見る

(https://support.google.com/legal/troubleshooter/1114905)
＊GoogleおよびGoogleロゴはGoogle inc.の登録商標であり、同社の許可を得て使用しています。

この中から「ウェブ検索」を選択します。

さらに表示される項目のうち「上記以外の法的な問題が発生している」を選択してください。

Google からコンテンツを削除する

このページでは、適用される法律に基づき Google サービスからの削除を希望するコンテンツを報告できます。すべての項目に入力していただくと、お問い合わせ内容について Google で詳しく調査することができます。

Google の利用規約やサービス ポリシーに関連する法律外の問題については http://support.google.com をご覧ください。

問題のコンテンツが表示される Google サービスごとに、個別に通知を送信していただけますようお願いいたします。

どの Google サービスに関連する申し立てですか？　ウェブ検索

ご報告したいことをご選択ください
- ○ 不正なソフトウェアやフィッシングなどの問題を報告したい
- ○ 問題のあるコンテンツはウェブマスターによって削除されたが、検索結果にはまだ表示されている
- ○ 不正が行われている疑いのあるサイトを見つけた
- ○ Google 検索結果に表示されるページで、自分の会社の商標権が侵害されている
- ○ 法的な申し立てにより削除された自分のサイトのページについて、復帰させることを希望している。
- ○ Google 検索結果から個人情報を削除したい
- ○ Google マイビジネスで問題が発生している
- ○ 上記以外の法的な問題が発生している

（https://support.google.com/legal/troubleshooter/1114905#ts=1115655）
＊GoogleおよびGoogleロゴはGoogle inc.の登録商標であり、同社の許可を得て使用しています。

すると、以下の表示がされるため、「Google検索結果に名誉毀損にあたるコンテンツを見つけた」を選択してください。

Googleからコンテンツを削除する

このページでは、適用される法律に基づきGoogleサービスからの削除を希望するコンテンツを報告できます。すべての項目に入力していただくと、お問い合わせ内容についてGoogleで詳しく調査することができます。

Googleの利用規約やサービスポリシーに関連する法律外の問題についてはhttp://support.google.comをご覧ください。

問題のコンテンツが表示されるGoogleサービスごとに、個別に通知を送信していただけますようお願いいたします。

どのGoogleサービスに関連する申し立てですか？　ウェブ検索

ご報告したいことをご選択ください　上記以外の法的な問題が発生している

Googleが受領した法的な通知はすべてその写しがLumenプロジェクト（lumendatabase.org（英語））に送付され、公開されたり注釈を付けられたりすることがありますのでご了承ください。なお、送信者の連絡先情報（電話番号、メールアドレス、住所など）はLumenによって削除されますが、**氏名・会社名・団体名などは公開されますので予めご了承ください**（公開された通知の参考画像）。

また、通知の原本を侵害者とされる相手、またはお送りいただいた申し立ての有効性が疑わしいと判断する理由がある場合は権利所有者に送付することもあります。

また、お送りいただいた通知について同様の情報をGoogleの透明性レポートに公開する場合もあります。このレポートについて詳しくは、こちらをご覧ください。

以下の中から選択してください
○ 自分の著作権を侵害している可能性のあるコンテンツを見つけた
○ 特定のコンテンツが違法であるとする判決（例：著作権侵害または商標権侵害の訴訟に基づく判決）を取得している
○ Google検索結果に名誉毀損にあたるコンテンツを見つけた
○ 著作権保護を回避する製品またはサービスを報告する
○ 児童ポルノ画像を報告する
○ オートコンプリート・関連検索キーワードに関する問題があります。

（https://support.google.com/legal/troubleshooter/1114905#ts=1115655%2C1282900）
＊GoogleおよびGoogleロゴはGoogle inc.の登録商標であり、同社の許可を得て使用しています。

すると、「その他の法的な問題を報告できるフォームをご利用ください。」という表示がされるので、これをクリックしてください。なお、既に2ch.scに対する仮処分決定を取得している以上、「特定のコンテンツが違法であるとする判決（例：著作権侵害または商標権侵害の訴訟に基づく判決）を取得している」を選択できるのではないかとも思えますが、これを選択することができるのは、問題と考えるまさにそのURLについて判決等を取得している場合であり、本ケースのようなものは対象外となります。

「こちらのページ」の部分をクリックすると、ウェブフォームが表示されるため、まず居住国の点で「日本」を選択してください。次のようなフォームが表示されるので、以下の要領でフォームを埋めて送信ボタンを押して請求してください。

【入力例】

氏名…「弁護士削除太郎」
会社名…「開削法律事務所」
代理人を務めている企業や組織の名前…「X」
連絡先メールアドレス…「xxxxxxx@proseki.law」
権利侵害にあたるとお考えのURL…検索結果の検索時URLを入力します。
コメント…問題と考える検索結果の表示部分をコピー＆ペーストしてください。また、コンテンツが違法であると考える理由を詳細に記述することとなっているので、具体的な削除依頼理由について、ここで説明してください。
テキストの引用…改めて問題と考える検索結果の表示部分をコピー＆ペーストすればよいです。
チェックボックス…チェックを入れます。
署名日…請求日を入力します（カレンダーから選択します。）。
署名…「弁護士削除太郎」

他の法律上の問題を報告する

ご自身の国で違法である特定のコンテンツを見つけたとお考えの場合で、他のいずれのフォームも適切でないときは、このフォームを使用して申し立てを送信できます。

対象コンテンツの正確な URL を記載し、そのコンテンツが違法であると考える理由を詳細に記述してください。お送りいただいた申し立てについては、コンテンツの削除に適用される Google のポリシーに照らして検討し、必要に応じて適切な措置を講じます。

このフォームに入力して送信した場合でも、必ずしも申し立てについて何らかの措置が講じられるとは限りませんのでご了承ください。

申立人の情報: 申立人ご自身についてお知らせください。

居住国 *
1つ選択してください

氏名 *
姓と名を入力してください

会社名

該当する場合は、あなたが法的権利の代理人を務めている企業や組織の名前を記入してください(あなたが法定代理人の場合など)

連絡先メール アドレス *
(確認メールの送信先)

権利侵害とお考えのコンテンツ

ウェブ検索の場合、権利を侵害する内容を含んでいるとされるすべてのウェブページを明記する必要があります。URL は、検索結果をクリックした後にブラウザのアドレスバーで確認できます。検索結果ページに緑色で表示されている URL は使用しないでください。

権利侵害にあたるとお考えの URL *

さらに追加

コメント - 上記 URL 内のコンテンツのうち、ご自身の国で違法であるとお考えのコンテンツを具体的に特定してください。このコンテンツが違法であると考える理由を詳細に記述してください(できる限り特定の法律の条文を引用してください)。*

具体的な説明として、上記の各 URL から、ご自分の権利を侵害していると思われるテキストを正確に引用してください。権利侵害にあたるとされるコンテンツが画像や動画である場合は、問題の画像/動画について詳しくご説明いただき、該当の URL で Google がその画像/動画を特定できるようにしてください。*

私は、虚偽の申告をした場合には犯罪となり刑事罰の対象となる可能性があることを認識した上で、この通知に記載する情報が正確であること、およびこの違反の疑いを報告する権限があることを誓います。*

☐ この内容に同意する場合は、チェックボックスをオンにしてください

第2章　ケース・スタディ

[フォーム画像：署名、署名日、署名欄、送信ボタン]

（https://support.google.com/legal/contact/lr_legalother?product=websearch）
＊GoogleおよびGoogleロゴはGoogle inc.の登録商標であり、同社の許可を得て使用しています。

　送信すると、入力したメールアドレスにすぐに自動返信が届きます。その後改めて連絡（メール）が届くまで、2～3週間程度は待つことが必要です。次に届くメールで、直ちに対応するという内容であることは少なく、詳細な説明を求められたり、場合により対応を拒否してくることもあります。そのため、改めて事情を説明し、仮処分決定正本を添付するなどして、改めて削除請求をすることになります。

18 検索サイトの検索結果に多数の誹謗中傷が表示される事例

相談内容

自分の名前で検索すると、タイトルなどに「詐欺師」と書かれた検索結果が多数表示されます。事実無根の誹謗中傷のため、自分で1つ1つサイトに削除依頼を出していましたが、数が多くてきりがありません。最近、ニュースで検索結果を削除請求する方法があると知りました。私のようなケースでも可能でしょうか。

キーワード	検索結果の削除
ウェブサイト	Google　Yahoo!　Bing
目　的	検索結果の削除
請求の相手方	Google Inc.　ヤフー株式会社　Microsoft Corporation
手　続	任意請求　仮処分　本案訴訟
法律構成	名誉権侵害
依頼者の属性	個人　法人

相談フェーズ

相談者から聴取する事項・調査事項

1　対象の検索サイトはどこか

まず、削除請求の対象となる検索サイトがどこかを聴き取ります。現在の日本での検索サイトはGoogle、Yahoo!がシェアの9割以上を占めているとのことです。そのため、相談者が問題視している検索サイトも、GoogleかYahoo!である可能性が高そうです。もしかすると、両方とも削除請求したいということかもしれません。

もっとも、GoogleとYahoo!の検索結果は連動しているため、Googleに削除請求して検索結果が消えると、Yahoo!の検索結果からも同じものが自動的に消えます。そのた

めYahoo!だけ、と指定された場合でなければ、Googleに削除請求する方が相談者の希望に添うと考えられます。

　Googleを削除請求の相手とする場合、削除訴訟の被告、削除仮処分の債務者は米国本社です。日本法人を相手にしても、データの管理権がないと主張され、請求棄却、申立却下となります。マイクロソフトBingも同様で、米国のマイクロソフト本社を相手にする必要があります。これに対し、Yahoo!の場合は日本法人のヤフー株式会社を被告、債務者とすればよいとのことです。

　なお、オンラインで任意の削除請求をするのであれば、このあたりは意識する必要がありません。削除請求のやりとりも日本語で問題ありません。

2　検索するキーワード

　現在のところ、検索結果の削除請求が認容されるケースは、検索結果として表示されるタイトルやスニペット（3行程度の抜粋部分）が人格権を侵害しているケースに限定されています。タイトルやスニペットに「詐欺師」といったキーワードが一切なく、リンク先を開いてみて初めて「詐欺師」と表示されるケースでは、検索結果削除の認容例が知られていません。東京高裁平成27年7月7日決定（公刊物未登載）でも、リンク先を開かないと人格権侵害の情報が表示されない場合には、検索結果の削除に慎重な判断が示されています。

　タイトルやスニペットに含まれる言葉、文章が人格権を侵害している場合には、検索サイトのコンテンツが人格権を侵害しているという理由により、検索サイトに削除義務が生じます。このことは、掲示板サイトのコンテンツが人格権を侵害している場合に、掲示板サイトが削除義務を負うことと同じように理解することができます。大阪高裁平成27年2月18日判決（公刊物未登載）でも、スニペットが特定の事実を摘示し、これにより対象者の名誉権が侵害されるケースがあると判断されています。

　結局、相談者が「検索結果の削除」を希望していても、これが認められるか否かは、検索結果として表示されるタイトルやスニペット次第、ということになります。そこで実際に検索して検索結果を確認するために、「どんなキーワードで検索したのか」を聴き取る必要があります。相談者の名前だけで検索したのか、それとも相談者の名前と所属する会社の名前なのか、住んでいる地域との組合せなのか、といった点です。もし、聴き取ったキーワードで検索しても、タイトルやスニペットに「詐欺師」やこれに類する表現が出てこなければ、検索結果の削除請求は裁判所の手続では（現時点では）難しくなり、ウェブフォームからの任意削除請求で試してみることになります。

＜聴取・確認事項まとめ＞
① 対象とする検索サイトはどこか
② 検索するキーワードは何か

3 請求先の確認
(1) Google
削除仮処分命令申立書の当事者目録の記載例は次のとおりです。日本語表記は登記の訳文と一致していればよいので、以下の表記である必要はありません。ただし、代表者の肩書きにCEOとあることから、「上記代表者最高経営責任者」と記すよう、裁判所に指定されるケースもあります。
【当事者目録】

〒94043
アメリカ合衆国カリフォルニア州マウンテン・ビュー
アンフィシアター・パークウェイ1600番地
　（1600 Amphitheatre PKWY Mountain View CA 94043 USA）
　　債務者　グーグル　インク．（GOOGLE INC.）
　　上記代表者　スンダル・ピチャイ（Sundar Pichai）

任意削除請求をする場合は次のURLにアクセスします。
【任意削除請求先】

https://support.google.com/legal/contact/lr_legalother?product=websearch

(2) Yahoo!
Yahoo!は日本法人を被告、債務者としますので、登記事項証明の表記に合わせて記載してください。
【当事者目録】

〒107-6211　東京都千代田区紀尾井町1番3号
　　債務者　ヤフー株式会社
　　上記代表者代表取締役　宮坂　学

任意削除請求をする場合は次のURLにアクセスします。
【任意削除請求先】

https://www.yahoo-help.jp/app/ask/p/2508/form/searchfdbk-info

(3) マイクロソフト

マイクロソフトは、本社とは別の場所を送達先として指定する必要があります。

【当事者目録】

> アメリカ合衆国ワシントン州
>   債務者　マイクロソフト　コーポレーション（MICROSOFT CORPORATION）
>   上記代表者　ジョン・トンプソン（John W. Thompson）
>   （登録代理人・送達先）
> 〒98501
> アメリカ合衆国ワシントン州タムウォーター
> デシューツ通り南西300番地304号室
> （300 DESCHUTES WAY SW STE 304 TUMWATER WA 98501 USA）
> マイクロソフト　コーポレーション
> コーポレーション・サービスカンパニー内
> （MICROSOFT CORPORATION C/O CORPORATION SERVICE COMPANY）

任意削除請求をする場合は次のURLにアクセスします。

【任意削除請求先】

> https://support.microsoft.com/ja-jp/getsupport?oaspworkflow=start_1.0.0.0&wfname=capsub&productkey=bingcontentremoval&locale=ja-jp

対応方針の検討

1　手続・法的構成の仮検討

　まず、最初から裁判所の削除訴訟、削除仮処分によるか、それとも、一旦ウェブフォームから削除請求してみるかを検討します。というのも、現時点では検索結果の削除には確立した判例がなく、検索サイトも激しく争ってくることが通常であり、仮処分や訴訟を選択した場合には、紛争の長期化を視野に入れねばならないためです。

　検索サイト側は、削除仮処分決定に対しては保全異議、認可決定に対しては保全抗告の申立てをするとともに、起訴命令の申立てをするケースもあり、他の多くのコンテンツプロバイダのように、仮処分決定が発令されれば実質的に解決したも同然というわけにはいきません。そのため、裁判所の手続を断念し、ウェブフォームでの任意

削除請求だけにする(検索サイト運営会社の判断に委ねる)、という方針も合理的です。

もっとも、ウェブフォームからの請求の場合、検索サイト側は検索結果が人格権を侵害するか否かにつき、資料がない状態で判断することになるため、裁判所よりも判断が厳格になりがちです。それゆえ、削除を拒否されるケースも珍しくありません。

削除を拒否された場合には、紛争の長期化を避けたいのであれば、個別のサイトに削除請求を1つずつ出していくほかありません。手間やコストはかかっても、現時点では、個別に削除請求をしていく手続のほうが、最終的に早く解決できる可能性があります。

2　追加聴取・調査事項

(1)　手続の選択

上記のとおり、検索サイトを相手に削除仮処分・削除訴訟をすると、手続の長期化が予想されますので、相談者に、この方法でよいか意思確認をしましょう。

コストを優先するなら任意削除請求の方法となりますが、削除を拒まれた場合は結局、裁判所の手続により検索サイトに検索結果の削除を求めるか、個別のサイトに削除請求していくほかありません。

(2)　事実関係

問題のキーワードが「詐欺師」であり、「事実無根」とのことですので、名誉権侵害を理由とする削除請求になることが予想されます。そのため、なぜ「詐欺師」などと多くのサイトに書かれるのか、事実関係の確認が必要です。詐欺だと言われても仕方のない事実関係があれば、「詐欺師」との事実摘示は反真実だとは立証できない可能性があるためです。

また、詐欺罪で逮捕されたものの、自分では詐欺だとは考えておらず、結局、何らかの理由で不起訴になったという場合は、名誉権侵害を理由とする削除請求ではなく、犯罪報道の削除請求の問題となりますので（削除請求権の根拠等については26頁参照）、逮捕された事実関係はないか、確認することになります。

なお、「詐欺師」ではなく「詐欺」の場合には、これを事実摘示だと捉えるか、それとも何らかの事実関係を前提とした意見・論評と捉えるかが1つの争点になり得ます。法的評価は意見・論評だとする判例に従えば、「詐欺」は何らかの事実関係を前提とした法的評価だと考えることも可能だからです。もっとも、東京地方裁判所民事9部の扱いでは、これを事実摘示だと捉える先例が多い印象です。意見・論評と捉えた場合でも、前提として「詐欺」と書かれるような事実関係があるのかが問題となる点は、事実摘示と捉える場合と同様です。

「詐欺師」や「詐欺」などと書かれる前提事実がない場合、「ないことの証明」が必要となります。しかし一般に、「詐欺師などと書かれる事実関係はありません」と陳述書に書くだけでは、疎明が足りないと反論されることが珍しくありません。裁判所としても、それだけで反真実の心証を持つか疑問です。そこで、事実関係としては、なぜ「詐欺師」などと多くのサイトで書かれるのかの背景事情を聴き取る必要があります。

(3) スニペットやタイトルだけで同定可能か

スニペットやタイトルだけで人格権侵害が読み取れるか、という問題と同じですが、検索結果だけで相談者との同定可能性が読み取れるかも問題となります。

名前だけをキーワードとして検索し多数の「詐欺師」という検索結果が表示されたとしても、同姓同名の別人の可能性があれば、相談者の名誉権を侵害しているとは評価されません。これに対し、名前＋会社名で検索した場合であれば、その会社にその名前の人は1人しかいないという理由等により、同姓同名の可能性を排除することが可能です。もちろん、名前で検索した場合に、スニペットの中に名前と会社名が表示されていれば、その会社にその名前の人は1人しかいないという理由等により、同定可能性を肯定できる場合があります。相談者の住所が表示されている場合や、「税理士」「司法書士」といった職業が表示されている場合にも、同定可能性は肯定しやすいと考えられます。税理士情報検索サイト（https://www.zeirishikensaku.jp/）、司法書士検索サイト（http://www.shiho-shoshi.or.jp/doui.html）、といったサイトにより、同姓同名の人がいるか否かを確認できます。

そのため、検索結果として表示されるものの中、又は検索キーワードに、その人を特定するための属性が現れているかという点についても聴き取る必要があります。

3 手続・法的構成の再検討

相談者が削除仮処分の方法を選択した場合は、検索結果のタイトルやスニペットが人格権侵害に当たるかを検討します。

追加で聴き取った結果、検索キーワードが相談者の名前で、スニペットの中に、相談者の所属する会社名も同時に現れており、多くのパターンで「A社のXは詐欺師である」「A社のXの詐欺被害にあった」といった記述になっていれば、任意請求、裁判手続ともに削除される可能性が出てきます。

これに対し、検索キーワードが相談者の名前だけでは、検索結果として表示されるスニペットが相談者に関するものか否か判断できないケースでは、検索キーワードとして会社名を追加するなどして、スニペット内に上記のような内容が表示されるか否かを確認すべきことになります。

4　立証の検討

立証すべきことは、①同定可能性の問題と、②「詐欺」「詐欺師」の反真実性です。上記のとおり、「詐欺師などと書かれる事実関係はありません」と陳述書に書くだけでは、疎明が足りないと反論されることが珍しくないため、「詐欺師」などと書かれる理由を想像の上、この理由に対する反論、及び当該反論を裏付ける証拠を探します。

事案の要点整理

メールでの相談受付後、相談者から聴き取った必要事項を総合した事案の要点は以下のとおりです。

> (1)　X氏は、Googleにおいて自分の名前で検索すると、多数の検索結果に「A社のXは詐欺師」という検索結果が表示される。
> (2)　X氏は普通のサラリーマンであり、何か事業を営んでいるわけでもなく、「詐欺師」などと書かれる心当たりはない。
> (3)　削除請求の方法については、コストの問題があり、まずはウェブフォームからの任意の削除請求を試し、拒まれた場合は、仮処分の方法を試すことにしたいと考えている。

存在する証拠は以下のとおりです。
①　検索結果の印刷物
②　A社に所属していることを示す社員証
③　「詐欺師」などと書かれる心当たりはない旨の陳述書

実際の業務フェーズ

1　Googleに対する請求

Googleに対しては、ウェブフォームから検索結果の削除請求ができます。

まず、Googleの「Legalヘルプ」「法的な削除リクエスト」の中で、「法的リクエストを送信する」をクリックします。

このページは、Google検索で「Google Legalヘルプ　法的な削除リクエスト」というキーワードで検索すれば見つけることができます。また、URL「https://support.google.com/legal/answer/3110420?hl=ja&rd=2」を直接アドバスバーに入力する方法でも表示できます。

第2章　ケース・スタディ　　249

ここで「法的リクエストを送信する」をクリックすると、説明文が開きます。

Legal ヘルプ

LEGAL

法的な削除リクエスト

When users ask us to remove content

法律に違反している可能性のあるコンテンツをGoogleで見つけた場合は、Googleにお知らせください。Googleはそのコンテンツを慎重に審査して、コンテンツのブロック、削除、アクセス制限などを検討します。Googleのサービス上にある不正なコンテンツは、Googleのサービスポリシーにも違反している可能性がありますので、法的なリクエストを送信する前に、Googleのコンテンツチームに対して審査のためにその投稿、画像、動画を報告することをご検討ください。サービスポリシーやプライバシーポリシーの詳細、Googleの透明性に対する取り組み、Googleへの有効な法的通知の送信方法については、以下をご覧ください。

問題に対するサポートを探す　　　　　　　　　　　　　　　　　　　∨

情報を保護する　　　　　　　　　　　　　　　　　　　　　　　　∨

Googleのプロセスにおける透明性　　　　　　　　　　　　　　　　∨

著作権について　　　　　　　　　　　　　　　　　　　　　　　　∨

法的リクエストを送信する　　　　　　　　　　　　　　　　　　　∧

　　こちらのツール ☑ では、適用法に基づいてGoogleのサービスから削除すべきと考えるコンテンツを報告する手順をご案内しています。該当するフォームにご記入いただくことで、特定のお問い合わせの調査に必要なすべての情報がGoogleに提供されるため、迅速な解決につながります。

　　法的リクエストに複数のGoogleサービスが関与している場合は、関係するサービスごとに通知を送信する必要があります。

コンテンツの削除について

よくある質問

著作権ヘルプセンター

Privacy Troubleshooter

（https://support.google.com/legal/answer/3110420?hl=ja&rd=2）
＊GoogleおよびGoogleロゴはGoogle inc.の登録商標であり、同社の許可を得て使用しています。

次に、「法的リクエストを送信する」の中にある「ツール」をクリックします。

> **Legalヘルプ**
>
> LEGAL
>
> ## Google からコンテンツを削除する
>
> このページでは、適用される法律に基づき Google サービスからの削除を希望するコンテンツを報告できます。すべての項目に入力していただくと、お問い合わせ内容について Google で詳しく調査することができます。
>
> Google の利用規約やサービス ポリシーに関連する法律外の問題については http://support.google.com をご覧ください。
>
> 問題のコンテンツが表示される Google サービスごとに、個別に通知を送信していただけますようお願いいたします。
>
> どの Google サービスに関連する申し立てですか？
> - Blogger/Blogspot
> - Google+
> - ウェブ検索
> - Google 広告
> - Google ドライブとドキュメント
> - Google Play - 音楽
> - Google Play - アプリ
> - Google ショッピング
> - 画像検索
> - Google Photos and Picasa Web Albums
> - YouTube
> - その他のサービスを見る

（https://support.google.com/legal/troubleshooter/1114905）
＊GoogleおよびGoogleロゴはGoogle inc.の登録商標であり、同社の許可を得て使用しています。

　「どのGoogleサービスに関連する申し立てですか？」という画面が表示されるので、「ウェブ検索」を選びます。

第 2 章　ケース・スタディ　　　　251

> **Legal**ヘルプ
>
> LEGAL ↗
>
> ## Google からコンテンツを削除する
>
> このページでは、適用される法律に基づき Google サービスからの削除を希望するコンテンツを報告できます。すべての項目に入力していただくと、お問い合わせ内容について Google で詳しく調査することができます。
>
> Google の利用規約やサービス ポリシーに関連する法律外の問題については http://support.google.com をご覧ください。
>
> 問題のコンテンツが表示される Google サービスごとに、個別に通知を送信していただけますようお願いいたします。
>
> どの Google サービスに関連する申し立てですか？　ウェブ検索　　　　✎
>
> ご報告したいことをご選択ください
> ○ 不正なソフトウェアやフィッシングなどの問題を報告したい
> ○ 問題のあるコンテンツはウェブマスターによって削除されたが、検索結果にはまだ表示されている
> ○ 不正が行われている疑いのあるサイトを見つけた
> ○ Google 検索結果に表示されるページで、自分の会社の商標権が侵害されている
> ○ 法的な申し立てにより削除された自分のサイトのページについて、復帰させることを希望している。
> ○ Google 検索結果から個人情報を削除したい
> ○ ナレッジグラフまたはナレッジパネル カードで問題が発生している
> ○ Google マイビジネスで問題が発生している
> ○ 上記以外の法的な問題が発生している

（https://support.google.com/legal/troubleshooter/1114905#ts=1115655）
＊GoogleおよびGoogleロゴはGoogle inc.の登録商標であり、同社の許可を得て使用しています。

　「ウェブ検索」を選ぶと画面が変わるので、「上記以外の法的な問題が発生している」を選びます。

Legalヘルプ

LEGAL →

Googleからコンテンツを削除する

このページでは、適用される法律に基づきGoogleサービスからの削除を希望するコンテンツを報告できます。すべての項目に入力していただくと、お問い合わせ内容についてGoogleで詳しく調査することができます。

Googleの利用規約やサービスポリシーに関連する法律外の問題についてはhttp://support.google.comをご覧ください。

問題のコンテンツが表示されるGoogleサービスごとに、個別に通知を送信していただけますようお願いいたします。

どのGoogleサービスに関連する申し立てですか？　ウェブ検索

ご報告したいことをご選択ください　上記以外の法的な問題が発生している

Googleが受領した法的な通知はすべてその写しがLumenプロジェクト（lumendatabase.org（英語））に送付され、公開されたり注釈を付けられたりすることがありますのでご了承ください。なお、送信者の連絡先情報（電話番号、メールアドレス、住所など）はLumenによって削除されますが、**氏名・会社名・団体名などは公開されますので予めご了承ください**（公開された通知の参考画像）。

また、通知の原本を侵害者とされる相手、またはお送りいただいた申し立ての有効性が疑わしいと判断する理由がある場合は権利所有者に送付することもあります。

また、お送りいただいた通知について同様の情報をGoogleの透明性レポートに公開する場合もあります。このレポートについて詳しくは、こちらをご覧ください。

以下の中から選択してください
- 自分の著作権を侵害している可能性のあるコンテンツを見つけた
- 特定のコンテンツが違法であるとする判決（例: 著作権侵害または商標権侵害の訴訟に基づく判決）を取得している
- Google検索結果に名誉毀損にあたるコンテンツを見つけた
- 著作権保護を回避する製品またはサービスを報告する
- 児童ポルノ画像を報告する
- オートコンプリート・関連検索キーワードに関する問題があります。

（https://support.google.com/legal/troubleshooter/1114905#ts=1115655%2C1282900）
＊GoogleおよびGoogleロゴはGoogle inc.の登録商標であり、同社の許可を得て使用しています。

「上記以外の法的な問題」の選択肢が展開されるので、ここでは「Google検索結果に名誉毀損にあたるコンテンツを見つけた」を選びます。

第2章　ケース・スタディ

Legal ヘルプ

LEGAL

Google からコンテンツを削除する

このページでは、適用される法律に基づき Google サービスからの削除を希望するコンテンツを報告できます。すべての項目に入力していただくと、お問い合わせ内容について Google で詳しく調査することができます。

Google の利用規約やサービス ポリシーに関連する法律外の問題については http://support.google.com をご覧ください。

問題のコンテンツが表示される Google サービスごとに、個別に通知を送信していただけますようお願いいたします。

どの Google サービスに関連する申し立てですか？　ウェブ検索

ご報告したいことをご選択ください　上記以外の法的な問題が発生している

Google が受領した法的な通知はすべてその写しが Lumen プロジェクト (lumendatabase.org （英語)) に送付され、公開されたり注釈を付けられたりすることがありますのでご了承ください。なお、送信者の連絡先情報(電話番号、メール アドレス、住所など)は Lumen によって削除されますが、**氏名・会社名・団体名などは公開されますので予めご了承ください**(公開された通知の参考画像)。

また、通知の原本を侵害者とされる相手、またはお送りいただいた申し立ての有効性が疑わしいと判断する理由がある場合は権利所有者に送付することもあります。

また、お送りいただいた通知について同様の情報を Google の透明性レポートに公開する場合もあります。このレポートについて詳しくは、こちらをご覧ください。

以下の中から選択してください　Google 検索結果に名誉毀損にあたるコンテンツを見つけた

以下の国に関する情報の表示：　日本

その他の法的な問題を報告できるフォームをご利用ください。

(https://support.google.com/legal/troubleshooter/1114905#ts=1115655%2C1282900%2C1115974)
＊GoogleおよびGoogleロゴはGoogle inc.の登録商標であり、同社の許可を得て使用しています。

　「その他の法的な問題を報告できるフォームをご利用ください。」というリンクが表示されますので、これをクリックします。

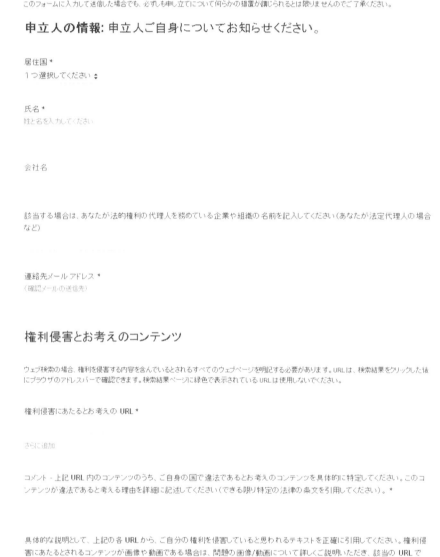

第2章　ケース・スタディ

（https://support.google.com/legal/contact/lr_legalother?product=websearch）
＊GoogleおよびGoogleロゴはGoogle inc.の登録商標であり、同社の許可を得て使用しています。

　最後に、削除申請のフォームが表示されるので、こちらに必要事項を入力して「送信」ボタンをクリックします。すぐに自動応答メールが届きますが、削除の許否の回答が届くには、数週間を要します。

　今回はGoogleの「Legalヘルプ」「法的な削除リクエスト」から順にたどりましたが、直接アドレスバーに「https://support.google.com/legal/contact/lr_legalother?product=websearch」を入力すれば、直接、このフォームへたどり着くことができます。

他の法律上の問題を報告する

ご自身の国で違法である特定のコンテンツを見つけたとお考えの場合で、他のいずれのフォームも適切でないときは、このフォームを使用して申し立てを送信できます。

対象コンテンツの正確な URL を記載し、そのコンテンツが違法であると考える理由を詳細に記述してください。お送りいただいた申し立てについては、コンテンツの削除に適用される Google のポリシーに照らして検討し、必要に応じて適切な措置を講じます。

このフォームに入力して送信した場合でも、必ずしも申し立てについて何らかの措置が講じられるとは限りませんのでご了承ください。

申立人の情報: 申立人ご自身についてお知らせください。

居住国 *
1つ選択してください

氏名 *
姓と名を入力してください

会社名

該当する場合は、あなたが法的権利の代理人を務めている企業や組織の名前を記入してください(あなたが法定代理人の場合など)

連絡先メール アドレス *
(確認メールの送信先)

権利侵害とお考えのコンテンツ

ウェブ検索の場合、権利を侵害する内容を含んでいるとされるすべてのウェブページを明記する必要があります。URL は、検索結果をクリックした後にブラウザのアドレスバーで確認できます。検索結果ページに緑色で表示されている URL は使用しないでください。

権利侵害にあたるとお考えの URL *

さらに追加

コメント - 上記 URL 内のコンテンツのうち、ご自身の国で違法であるとお考えのコンテンツを具体的に特定してください。このコンテンツが違法であると考える理由を詳細に記述してください(できる限り特定の法律の条文を引用してください)。*

具体的な説明として、上記の各 URL から、ご自分の権利を侵害していると思われるテキストを正確に引用してください。権利侵害にあたるとされるコンテンツが画像や動画である場合は、問題の画像/動画について詳しくご説明いただき、該当の URL で Google がその画像/動画を特定できるようにしてください。*

私は、虚偽の申告をした場合には犯罪となり刑事罰の対象となる可能性があることを認識した上で、この通知に記載する情報が正確であること、およびこの違反の疑いを報告する権限があることを誓います。*

☐ この内容に同意する場合は、チェックボックスをオンにしてください

> お送りいただいた申し立てが適切に記述されていない場合や内容が不十分な場合は、申し立てを処理できませんのでご注意ください。複数のGoogleサービスに関連する場合は、それぞれのサービスについて通知を送信していただけますようお願いいたします。
>
> 署名
>
> 署名日 *
> MM/DD/YYYY
>
> 署名
> 下に氏名を入力することで、デジタル署名を行ったことになります。デジタル署名は手書きの署名と同等の法的拘束力を有します。この署名はこのウェブフォームの冒頭で入力した氏名と完全に一致させる必要があります。
>
> 送信　*必須項目

（https://support.google.com/legal/contact/lr_legalother?product=websearch）
＊GoogleおよびGoogleロゴはGoogle inc.の登録商標であり、同社の許可を得て使用しています。

【入力例】

> 居住国…プルダウンから「日本」を選択します。
> 氏名…「弁護士削除太郎」
> 会社名…「開削法律事務所」
> 代理人を務めている企業や組織の名前…「X」
> 連絡先メールアドレス…「xxxxxxx@proseki.law」（弁護士のメールアドレス）
> 権利侵害にあたるとお考えのURL…削除したい検索結果のURLを入力します（「さらに追加」をクリックすれば、複数のURLを入力できます。）。
> コメント…権利侵害の説明を記載します。（例）「依頼者が詐欺師のように表示されていますが、真実ではなく、名誉権侵害です。」
> 具体的な説明…ウェブページから、問題の記載を引用します。（例）「詐欺」「詐欺師」
> チェックボックス…チェックを入れます。
> 署名日…請求日を入力します（カレンダーから選択します。）。
> 署名…「弁護士削除太郎」

2　仮処分及び本案訴訟の場合

【検索結果目録】

（別紙）

検 索 結 果 目 録

閲覧用URL：http://www.google.co.jp/search?q=Ａ社＋Ｘ

1．Ｘのうわさ
　www.○○○.com/aaaaa/bbbbb.html
　……Ａ社のＸは詐欺師である。この事実を多くの人に知ってもらう必要がある……Ｘは万死に値する
2．Ａ社の○○部にいるＸって
　www.○○○.biz/2016/aaaaa/blog-2222.html
　私は真実を知ってしまった。Ａ社のＸは詐欺師である。……しかし誰も知らないようだ。……さっそく上司に報告せねば

【権利侵害の説明の記載例】

（別紙）

権 利 侵 害 の 説 明

1　同定可能性
　各検索結果に表示されている「Ａ社のＸ」は債権者である。Ａ社にはＸという名前の者は債権者のほかにおらず、債権者の同僚、知人等には容易に同定可能である。
2　名誉権侵害
　各検索結果のスニペットには、「Ａ社のＸは詐欺師」と記載されており、一般読者の普通の注意と読み方を基準にすると、債権者が詐欺師であると読めることから、社会的評価を低下させ、名誉権を侵害する。

しかし、「詐欺師」との摘示事実は反真実であり、各検索結果に違法性阻却事由はない。債権者は一般サラリーマンであり事業を営んでいるわけでもなく、「詐欺師」と書かれる心当たりは全くない。

以　上

19 検索エンジンで社名を検索すると「倒産」というサジェスト、関連検索ワードが表示される事例

> **相談内容**
>
> 当社の社名「X不動産」で検索をすると、「倒産」というサジェストと関連検索ワードが表示される状態です。当社は倒産したことはありません。
> しかし、このような表示がされると当社の信用にかかわります。
> なんとか削除できないでしょうか。

キーワード	サジェスト　オートコンプリート　関連検索ワード
ウェブサイト	Google　Yahoo!
目的	サジェスト等削除
請求の相手方	Google Inc.　ヤフー株式会社
手続	任意請求
法律構成	名誉権侵害
依頼者の属性	法人

相談フェーズ

相談者から聴取する事項・調査事項

1 どこのサービスが提供する検索エンジンか

「X不動産」で検索をすると、「倒産」というサジェストと関連検索ワードが表示されるということなので、検索エンジンで検索した際に「倒産」と表示されているということは分かります。

しかし、検索エンジンと一言で言っても、Google、Yahoo!、Bing、その他にも検索サービスは提供されています。したがって、どのサービスにおいて指摘されている「倒産」のワードが出ているのか、また、気にしているのかを聴き取るとともに、調査することが必要です。

なお、検索エンジンの占有率は、GoogleとYahoo!で9割を超えるようなので、相談者

第2章　ケース・スタディ

が専ら問題にしているのは、このどちらか、又は両方というのが通常です。

2　相談者が言うキーワードが表示されるか

相談者が言っている「倒産」というキーワードが表示されない場合があります。その場合、相談者が自ら調べた過去の検索履歴が表示されている可能性があります。

そのため、別のブラウザや別のパソコンを用いて再度検索するように促してみるべきでしょう。

3　私的整理や民事再生等をしたことはないか

相談内容では、倒産をしたことはない、とされています。

しかし、破産をしたことはないが、私的整理や民事再生、会社更生をしたことはある、というケースはまれにあります。「倒産」という言葉自体は法的な用語ではなく、社会通念からすると、これらのような手続をとった場合、「倒産」と評価されてしまうことも少なくありません。

削除を請求していくためには、権利侵害があるといえることが必要であり、その前提として事実関係を正しく把握する必要があります。そのため、「倒産」と評価されかねない事情がないかはあらかじめ把握する必要があります。

＜聴取・確認事項まとめ＞
① どの検索サービスで問題のワードが表示されるか
② 「倒産」と評価されてしまう事情がないか

4　サイト調査

Yahoo!やGoogle、Bingの検索サービスを利用して、実際に「倒産」が表示されるかどうかを確認します。

なお、「『X不動産』で検索をすると」という相談ですが、「株式会社」を付けて検索した場合にはどうかについても確認するべきです。

また、当該ワードの後にスペースを入れた場合、表示されるサジェスト（オートコンプリート）が変わる場合も多いため、スペースを入れて試してみた方がよいでしょう。

対応方針の検討

1　手続・法的構成の仮検討

削除を請求する方法としては、大きく分ければ、仮処分を用いるか、任意請求をす

るという方法があり得ますが、サジェストや関連検索ワードの削除などは、任意請求で対応できることが比較的多いという印象があります。

仮処分など裁判所を通じた手続を用いた場合、相手方も立場上相当争ってくるため、かえって時間がかかることがあります。実際、最高裁まで争っている事例もあるところです。

そこで、任意請求の方法で対処することを考えた方がよいでしょう。具体的には、Googleに対してはウェブフォームからの請求、Yahoo!に対しては送信防止措置依頼を用います。

そして、会社名を検索した際に「倒産」というワードが表示されれば、一般的には当該会社の財務状態に問題があるとか、取引をするにはリスクがあると理解されかねないおそれがあるため、そのような状況は名誉権や信用を害している状態といえます。

そのため、名誉権侵害や信用毀損を理由に削除を請求することになります。

2　追加聴取・調査事項

(1)　問題のワードを含めた検索

本ケースでは「倒産」というワードが表示されるということですが、そのワードを含めて検索をしてみるとよいでしょう。この検索をしてみることにより、なぜ当該ワードがサジェストや関連検索ワードに表示されるのかが分かる場合があるためです。

また、相談者が否定していることと、真っ向から対立する記事が検索結果に表示されることもしばしばあるところです。その場合、なぜそのような記事が存在しているのか、また、当該記事のどの部分が真実に反するのかといった点を聴取する必要があります。

(2)　スマートフォンでのYahoo!検索

スマートフォンのYahoo!の検索エンジンのサジェストや関連検索ワードは、パソコンでのそれとは結果が異なることがあります。そして、パソコンで表示されるサジェストや関連検索ワードを削除しても、スマートフォンでの表示は依然としてされるということもあります。

そのため、スマートフォンを用いて、Yahoo!に接続し、問題のサジェストや関連検索ワードが表示されないかも確認するべきでしょう。

3　手続・法的構成の再検討

Yahoo!の検索エンジンはGoogleのシステムが用いられていますが、サジェストや関連検索ワードの表示は、必ずしも両者で一致しているわけではありません。そして、一方を削除すれば他方が削除されるという関係にもありません。

したがって、それぞれに表示がされているようであれば、それぞれ別個に削除請求をする必要があります。

4　立証の検討

サジェストの削除請求をする場合、特段の証拠は要求されないことが通常です。

もっとも、主張内容を裏付ける証拠があったほうが検索エンジン側も削除に応じやすいでしょう。そこで、決算書類や信用調査会社の企業調査レポートなど客観的な資料による裏付けが可能かについても検討をしてください。

事案の要点整理

メールでの相談受付後、相談者から聴き取った必要事項を総合した事案の要点は以下のとおりです。

(1)　「X不動産」で検索をすると、「倒産」というサジェストと関連検索ワードが表示される状態であるとの相談を受けた。そのため、Google、Yahoo!、Bingを使って「X不動産」を検索してみたところ、Googleでは「倒産」というサジェスト、他のキーワード、関連検索キーワードが表示されることが判明した。また、「株式会社X不動産」で検索しても同様の結果となった。

(2)　また、パソコンでYahoo!にアクセスし「X不動産」、「株式会社X不動産」を検索すると、「X不動産」では虫眼鏡で「倒産」が表示されることが判明した。さらに、スマートフォンでYahoo!に接続して検索すると、「X不動産」で「倒産」がサジェストされることが判明した。

(3)　X不動産は、破産、私的整理、民事再生、会社更生などの手続をとったことは一度としてなく、「倒産」したと言われてしまう状況がなく、むしろ増収増益を続けている。

(4)　「倒産」という表示がされるのは、「X不動産はどう？倒産のリスクは？」というまとめサイトが作られており、類似のサイトが複数存在していることからであると推定される状況である。

(5)　X不動産としては、実際に財務状況が大丈夫なのかといった心配を寄せるような質問を受けたこともあり、会社の信用に関わるものであるため、これらの表示を削除したいと考えている。

存在する証拠は以下のとおりです。
① 会社説明のパンフレット
② 決算書類

実際の業務フェーズ

1 Googleに対する請求

　Googleに対する削除請求は、Googleのウェブフォームから行うことができます。Googleのトップページに行くと、左下に「Googleについて」というリンクがあり、それをクリックすると右下に「お問い合わせ」というリンクがあります。お問い合わせをクリックすると、以下の画面が表示されます。

（https://www.google.co.jp/intl/ja/contact/）
＊GoogleおよびGoogleロゴはGoogle Inc.の登録商標であり、同社の許可を得て使用しています。

　ここで「検索」を選ぶのではなく、右下の「法的な問題、商標、使用許諾」の中の「Googleから違法なコンテンツを削除する」をクリックしてください。そうすると、「法的な削除リクエスト」というページになり、この中には「法的リクエストを送信

する」という項目があるため、これをクリックしてください。クリックすると、「こちらのツールでは、適用法に基づいてGoogleのサービスから削除すべきと考えるコンテンツを報告する手順をご案内しています。」といった表示がされるため、この「ツール」の部分をクリックしてください。

　そうすると、「Googleからコンテンツを削除する」というページになります。

Google からコンテンツを削除する

このページでは、適用される法律に基づき Google サービスからの削除を希望するコンテンツを報告できます。すべての項目に入力していただくと、お問い合わせ内容について Google で詳しく調査することができます。

Google の利用規約やサービス ポリシーに関連する法律外の問題については http://support.google.com をご覧ください。

問題のコンテンツが表示される Google サービスごとに、個別に通知を送信していただけますようお願いいたします。

どの Google サービスに関連する申し立てですか？
- Blogger/Blogspot
- Google+
- ウェブ検索
- Google 広告
- Google ドライブとドキュメント
- Google Play - 音楽
- Google Play - アプリ
- Google ショッピング
- 画像検索
- Google Photos and Picasa Web Albums
- YouTube
- その他のサービスを見る

(https://support.google.com/legal/troubleshooter/1114905)
＊GoogleおよびGoogleロゴはGoogle Inc.の登録商標であり、同社の許可を得て使用しています。

　この中から「ウェブ検索」を選択します。すると、次の画面が表示されます。

```
ご報告したいことをご選択ください
○ 不正なソフトウェアやフィッシングなどの問題を報告したい
○ 問題のあるコンテンツはウェブマスターによって削除されたが、検索結果にはまだ表示されている
○ 不正が行われている疑いのあるサイトを見つけた
○ Google 検索結果に表示されるページで、自分の会社の商標権が侵害されている
○ 法的な申し立てにより削除された自分のサイトのページについて、復帰させることを希望している。
○ Google 検索結果から個人情報を削除したい
○ Google マイビジネスで問題が発生している
○ 上記以外の法的な問題が発生している
```

(https://support.google.com/legal/troubleshooter/1114905#ts=1115655)
＊GoogleおよびGoogleロゴはGoogle Inc.の登録商標であり、同社の許可を得て使用しています。

　この中にサジェストや関連検索キーワードに直接当てはまるものはないため、「上記以外の法的な問題が発生している」を選択します。すると、次は以下の表示がされます。

```
以下の中から選択してください
○ 自分の著作権を侵害している可能性のあるコンテンツを見つけた
○ 特定のコンテンツが違法であるとする判決(例:著作権侵害または商標権侵害の訴訟に基づく判決)を取得している
○ Google 検索結果に名誉毀損にあたるコンテンツを見つけた
○ 著作権保護を回避する製品またはサービスを報告する
○ 児童ポルノ画像を報告する
○ オートコンプリート・関連検索キーワードに関する問題があります。
```

(https://support.google.com/legal/troubleshooter/1114905#ts=1115655%2C1282900)
＊GoogleおよびGoogleロゴはGoogle Inc.の登録商標であり、同社の許可を得て使用しています。

　この中に「オートコンプリート・関連検索キーワードに関する問題があります。」という項目があるため、これを選択します。すると、「オートコンプリートの予測を削除したい場合は、削除リクエストをお送りください。」と表示され、「削除リクエストをお送りください。」の部分がクリックできるようになっているため、これをクリックしてください。すると、次のページが表示されます。

他の法律上の問題を報告する

居住国 *
1つ選択してくださ... ♦

申立人の情報: 申立人ご自身についてお知らせください。

氏名 *
姓と名を入力してください

会社名

該当する場合は、あなたが法的権利の代理人を務めている企業や組織の名前を記入してください(あなたが法定代理人の場合など)

連絡先メールアドレス *
(確認メールの送信先)

権利侵害とお考えのコンテンツ

Googleのオートコンプリート機能と「他のキーワード」機能は、ユーザーがすべての文字を入力し終える前にキーワードを予測して、ユーザーが時間を節約できるようにするものです。Googleでは、これらの用語を個々に選択したり、検索キーワード同士の関連性について個々に検討し決定したりすることはありません。その代わりに、アルゴリズムを使用して、ユーザーの検索キーワードなどのデータソースを基にパターンを検出しています。お客様の権利を侵害していると考えられる検索キーワードを報告を希望される場合は、下記の情報をご提供いただけますようお願いいたします。

検索に用いた語句 *

検索時に表示される権利を侵害していると考えられる検索補助語句 *

さらに追加

権利を侵害していると考えられる語句が表示されるドメイン *

この検索補助語句がお住まいの国で違法だと考えられる理由を詳細にご説明ください。 *

```
スクリーンショットの添付
[ファイルを選択] 選択されていません

私は、虚偽の申告をした場合には犯罪となり刑事罰の対象となる可能性があることを認識した上で、この通知に記載する情報が正確であること、およびこの違反の疑いを報告する権限があることを誓います。*
 □ この内容に同意する場合は、チェックボックスをオンにしてください

お送りいただいた申し立てが適切に記述されていない場合や内容が不十分な場合は、申し立てを処理できませんのでご注意ください。複数のGoogleサービスに関連する場合は、それぞれのサービスについて通知を送信していただけますようお願いいたします。

署名

署名日 *
MM/DD/YYYY

署名
下に氏名を入力することで、デジタル署名を行ったことになります。デジタル署名は手書きの署名と同等の法的拘束力を有します。この署名はこのウェブフォームの冒頭で入力した氏名と完全に一致させる必要があります。

[送信]  *必須項目
```

(https://support.google.com/legal/contact/lr_legalother?product=searchfeature)
＊GoogleおよびGoogleロゴはGoogle Inc.の登録商標であり、同社の許可を得て使用しています。

　このフォームを以下の要領で記入し、送信ボタンを押しましょう。すぐに自動応答メールが届きますが、実際に対応されるか、何らかの連絡が届くまでには、2～4週間ほど待つ必要があります。

【入力例】

居住国…プルダウンから「日本」を選択します。
氏名…「弁護士削除太郎」
会社名…「開削法律事務所」
代理人を務めている企業や組織の名前…「株式会社X不動産」
連絡先メールアドレス…「xxxxxxx@proseki.law」
検索に用いた語句…「X不動産」「株式会社X不動産」
権利を侵害していると考えられる検索補助語句…「倒産」
権利を侵害していると考えられる語句が表示されるドメイン…「google.co.jp」
理由の説明…「当職は、株式会社X不動産から依頼を受けた代理人弁護士です。上記のとおり、貴社検索エンジンで「X不動産」及び「株式会社X不動産」を検索した際、「倒

産」というサジェスト（オートコンプリート）、他のキーワード、関連検索キーワードが表示されます。

　一般人の普通の注意と読み方をした場合、あたかも依頼者が倒産をしたことがある、あるいは倒産しそうな状況であると認識されることになります。このような状況は、依頼者の信用を毀損し、社会的評価を低下させることになります。

　しかし、依頼者は、破産、私的整理、民事再生、会社更生など、いわゆる「倒産」と一般に受け取られる手続をとったことは一度としてなく、むしろ増収増益を続けています。

　「倒産」という表示がされるのは、「X不動産はどう？倒産のリスクは？」といったまとめサイトが複数存在していることからと思われますが、そのようなサイト内でも依頼者は好意的な記載をされています。

　したがって、本件の「倒産」という表示は、信用毀損罪（刑法233条）、名誉毀損罪（刑法230条1項）に抵触し、また、民事上不法行為（民法709条）にも抵触するものです。」

スクリーンショットの添付…表示がされる状況をスクリーンショットに撮ってアップロードしてください。スクリーンショットを撮る際は、検索時のURLが途中まででもよいので判断できること、検索ワードが分かること、問題としている状況が表示されていることが分かることが必要です。

チェックボックス…チェックを入れます。

署名日…請求日を入力します（カレンダーから選択します。）。

署名…「弁護士削除太郎」

2　ヤフー株式会社に対する請求

　Yahoo!については、ヤフー株式会社に対して送信防止措置依頼を行うことで対処できます。

　送信防止措置依頼書を作成する必要がありますが、以下のように記載し、通常の要領で送付するとよいでしょう。

【侵害情報の通知書兼送信防止措置依頼書（抜粋）】

掲載されている場所	URL:http://search.yahoo.co.jp/search;_ylt=…… このうち、「倒産」という虫眼鏡。 http://search.yahoo.co.jp/search?p=…… このうち、「倒産」というサジェスト。 ＊スマートフォンにおいて、Yahoo!の検索エンジンを利用した際に表示されるものです。
掲載されている情報	依頼者が倒産した、あるいは倒産するという情報

侵害情報等	侵害されたとする権利	名誉権、信用毀損
	権利が侵害されたとする理由（被害の状況など）	貴社検索エンジンで「X不動産」を検索した際、「倒産」というサジェストが表示されます。 　また、スマートフォンにおいて、貴社の検索エンジンを用いて同様の検索をすると、「倒産」というサジェストが表示されます。 　一般人の普通の注意と読み方をした場合、あたかも依頼者が倒産をしたことがある、あるいは倒産しそうな状況であると認識されることになります。このような状況は、依頼者の信用を毀損し、社会的評価を低下させるものです。 　しかし、依頼者は、破産、私的整理、民事再生、会社更生など、いわゆる「倒産」と一般に受け取られる手続をとったことは一度としてなく、むしろ増収増益を続けています。 　「倒産」という表示がされるのは、「X不動産はどう？倒産のリスクは？」といったまとめサイトが複数存在していることからと思われますが、そのようなサイト内でも依頼者は好意的な記載をされています。 　したがって、依頼者の権利が侵害されておりますので、対象について削除いただきますようお願いいたします。

20 インターネットサービスプロバイダに対して住所氏名等の発信者情報開示請求を行う事例

> 相談内容

2ちゃんねるで多数の誹謗中傷を受けていたXさんより、投稿者を特定し、損害賠償請求を行いたいとの依頼を受任しました。まずは、2ちゃんねるに対して記事削除命令及び発信者情報開示仮処分命令を申し立て、仮処分決定を取得し、これに基づき対象記事の削除と20個あまりの投稿について発信者情報（投稿に用いられたIPアドレス及び投稿タイムスタンプ）の開示を受けています。

投稿者の住所氏名を特定すべく、インターネットサービスプロバイダへの開示請求を行います。

キーワード	住所氏名開示　インターネットサービスプロバイダ（ISP）　アクセスプロバイダ　接続プロバイダ　経由プロバイダ
ウェブサイト	2ちゃんねる
目的	発信者情報開示
請求の相手方	インターネットサービスプロバイダ各社
手続	任意請求　仮処分　本案訴訟
法律構成	プロバイダ責任制限法4条1項
依頼者の属性	個人

相談フェーズ

調査事項

○ 開示請求を行うインターネットサービスプロバイダの確定

匿名の投稿について発信者の特定を行う場合、一般的にはコンテンツプロバイダからIPアドレス等の開示を受けた後に、当該IPアドレスの割り振りを受けているインタ

ーネットサービスプロバイダ（ISP、他にも「経由プロバイダ」「接続プロバイダ」「アクセスプロバイダ」等と表現されることがありますが、以下「インターネットサービスプロバイダ」といいます。）に対して当該IPアドレス使用者にかかる契約者情報の開示を求めるという2段階の手続が必要となります。本ケースでは、第一段階のIPアドレス開示請求が完了した次の段階として、どのような手順が必要となるのかを解説します。

IPアドレス開示がなされた後に、まず行うべきなのはそのIPアドレスを管理しているプロバイダを調査することです。これは、サイト管理者を調査する際にも利用したWHOIS検索を使用して、IPアドレスのWHOIS情報を閲覧することで調査が可能です。

```
[ JPNIC database provides information regarding IP address and ASN. Its use  ]
[ is restricted to network administration purposes. For further information, ]
[ use 'whois -h whois.nic.ad.jp help'. To only display English output,        ]
[ add '/e' at the end of command, e.g. 'whois -h whois.nic.ad.jp xxx/e'.     ]
Network Information: [ネットワーク情報]
a. [IPネットワークアドレス]      118.22.44.0/22
b. [ネットワーク名]              OCN
f. [組織名]                      オープンコンピュータネットワーク
g. [Organization]                Open Computer Network
m. [管理者連絡窓口]              AY1361JP
n. [技術連絡担当者]              TT10660JP
n. [技術連絡担当者]              KK551JP
n. [技術連絡担当者]              TT15086JP
p. [ネームサーバ]                ns-kg002.ocn.ad.jp
p. [ネームサーバ]                ns-kn002.ocn.ad.jp
[割当年月日]                     2008/02/05
[返却年月日]
[最終更新]                       2008/02/05 11:41:05(JST)

上位情報
----------
エヌ・ティ・ティ・コミュニケーションズ株式会社 (NTT COMMUNICATIONS CORPORATION)
                [割り振り]                              118.16.0.0/13

下位情報
----------
該当するデータがありません。
```

（http://whois.nic.ad.jp/cgi-bin/whois_gw?key=118.22.44.0）

IPアドレスをWHOIS検索した結果の［組織名］の箇所を見ると、管理しているインターネットサービスプロバイダが分かります。また、企業や官公庁など固定IPアドレスの割当てを受けている施設からの投稿であった場合には、コンテンツプロバイダから開示されたIPアドレスをWHOIS検索すると、その組織名が明らかになることもあります。

なお、会社合併や事業譲渡などで、WHOIS情報として表示される組織名が最新のも

のではない場合もあります。例えば、富士通株式会社がかつてinfowebというブランド名でインターネットサービスプロバイダサービス展開を行っていましたが、現在はニフティ株式会社の提供するインターネットサービスプロバイダとサービス統合され、発信者情報開示請求先もニフティ株式会社となっています。組織名として表示された企業団体について、念のためウェブサイトを確認しておいたほうが安全です。

　IPアドレスを管理するプロバイダをまず調査しなければならないのは、各プロバイダによってIPアドレス割当てに関する通信記録（通信ログ）の保存期間や発信者情報開示請求に対する細かな運用、そして通信の技術的な仕様も異なることから、プロバイダが判明しないことにはその後の方針の立案ができないためです。また、IPアドレス開示後の発信者情報開示請求については、IPアドレスを管理するプロバイダごとに請求を出していくことが必要で、一般的にはプロバイダごとに弁護士費用を定めることになりますので、依頼者に対して弁護士費用を提示するという意味でもプロバイダの調査を早急に行う必要があります。

　WHOIS検索によってIPアドレスを管理するプロバイダの調査が終了した段階で、通信ログ残存の見込みや投稿内容の違法性も加味し、契約者情報の開示が得られる見込みを依頼者に対して提示した上、発信者情報開示請求手続を進めていくプロバイダを確定しましょう。

実際の業務フェーズ

1　投稿者の使用したプロバイダの調査

　2ちゃんねるより開示されたIPアドレスをWHOIS検索で調査したところ、投稿者は以下のプロバイダを使用して投稿を行っていたことが判明しました。Xさんとしては全ての投稿者の住所氏名を調査したいとの意向でしたので、全社に対して発信者情報開示請求を進めていくことにしました。

① 　OCN、ソネット、ビッグローブ、ニフティ、DTI、TOKAI
② 　NTTドコモ、KDDI
③ 　JCOM
④ 　MVNO、MVNE
⑤ 　アルテリア・ネットワークス

2 インターネットサービスプロバイダに対する発信者情報開示請求の全体的な手順

インターネットサービスプロバイダに対する発信者情報開示請求の全体的な手順としては、①インターネットサービスプロバイダの運用に応じて契約者情報の調査に必要な情報を整理し発信者情報目録を作成する、②発信者情報の消去禁止請求を行い通信ログを保全する、③正式に発信者情報開示請求を行う、という3段階で進めます。

以下、まずは一般的な取扱いのインターネットサービスプロバイダを念頭に全体的な流れを解説します。

3 OCN等の一般的な取扱いのインターネットサービスプロバイダに対する開示請求

(1) 発信者情報目録

現在、最も一般的なインターネットサービスプロバイダに対する発信者情報開示請求の方式としては、①投稿に用いられたIPアドレスと、②投稿がなされた日時(タイムスタンプ)を、インターネットサービスプロバイダが保有しているIPアドレスの割当記録と照合することによって、当該投稿に係る発信者を特定するという2点特定が用いられています。裁判等で用いる発信者情報目録の記載は次のとおりです。

【標準方式】

> 別紙投稿記事目録記載のアイ・ピー・アドレスを、同目録記載の投稿日時頃に被告から割り当てられていた契約者に関する以下の情報
> ① 氏名又は名称
> ② 住　所
> ③ 電子メールアドレス

なお、この2点特定の方式を本書では「【標準方式】」と呼びます。後記の各方式の名称も便宜上本書で名付けているものです。

OCN、ソネット、ビッグローブ、ニフティ、DTI、TOKAIなど、多くのインターネットサービスプロバイダの場合で、この標準方式による発信者特定が可能です。よって、後述する特殊な考慮が必要なインターネットサービスプロバイダ以外については、標準方式による発信者情報開示請求を採用してください。

なお、その他の主に利用される方式としては以下のようなものがあります。

第2章 ケース・スタディ

【端末番号方式】

> 別紙投稿記事目録記載の端末番号で特定される携帯電話番号の契約者に関する以下の情報

※フューチャーフォンからの投稿の場合に、コンテンツプロバイダから端末番号も開示され、その端末番号を用いて通信の特定を行う場合に使用する目録

【3点方式A】

> 別紙投稿記事目録記載のアイ・ピー・アドレスを同目録記載の投稿日時に使用し、同目録記載の接続先URLに接続した契約者に関する以下の情報

※接続先URLを付加して通信の特定を行う場合に使用する目録

【3点方式B】

> 別紙投稿記事目録記載の接続元アイ・ピー・アドレスを同目録記載の投稿日時に使用し、同目録記載の接続先アイ・ピー・アドレスに接続した契約者に関する以下の情報

※接続先IPアドレスを付加して通信の特定を行う場合に使用する目録

【4点方式A】

> 別紙投稿記事目録記載のアイ・ピー・アドレス及び同アイ・ピー・アドレスと組み合わされた接続元ポート番号を同目録記載の投稿日時に使用し、同目録記載の接続先URLに接続した契約者に関する以下の情報

【4点方式B】

> 別紙投稿記事目録記載の接続元アイ・ピー・アドレス及び同アイ・ピー・アドレスと組み合わされた接続元ポート番号を同目録記載の投稿日時に使用し、同目録記載の接続先アイ・ピー・アドレスに接続した契約者に関する以下の情報

【SPモード方式】

> 別紙投稿記事目録記載の投稿日時において、被告の管理する特定電気通信設備を経由し、同目録記載の接続先URLに接続した契約者に関する以下の情報

※NTTドコモのSPモードによる投稿の場合に使用する目録

【ログインIP方式】

> 別紙IPアドレス目録記載の各アイ・ピー・アドレスを、同目録記載のログイン日時頃に、被告から割り当てられていた契約者に関する以下の情報

(2) 発信者情報の消去禁止請求

インターネットサービスプロバイダが保有しているIPアドレス割当ての記録の保存期間は非常に短く、大手インターネットサービスプロバイダでは3か月から6か月で消去されてしまうのが一般的です。他方で、インターネットサービスプロバイダに対する発信者情報開示請求は訴訟によって行う必要があることが一般的であり、またコンテンツプロバイダよりIPアドレスの開示を受けるまでにも相当程度の期間を要しますので、せっかくIPアドレスの開示がなされても、訴訟提起までの間に通信ログが消去されてしまい発信者の特定が不可能となってしまうおそれもあります。

そこで、IPアドレス判明後、通信ログを保有しているインターネットサービスプロバイダに対して速やかに発信者情報を消去せず保全してもらえるように請求しておく必要があります。この発信者情報消去禁止請求には、以下の3つの方法があります。

① 保存を要請する書面を送付し任意の保全を依頼する方法
② 任意請求としての発信者情報開示請求を行う方法
③ 発信者情報消去禁止仮処分を行う方法

任意の保全を依頼する方法によって対応してもらえるプロバイダも多くありますが、例えば接続先URL、接続先IPアドレスが1つに確定できない場合などには、発信者情報消去禁止仮処分を申し立て保全手続の中でやり取りをしたほうが確実かつ迅速です。ただし、発信者情報消去禁止仮処分は申立てから債務者であるインターネットサービスプロバイダに記録が到達するまで数日の期間を要しますので、通信ログの保存期間があと数日という状況の場合には事前に任意の保存依頼を送付しておくなどの対応も必要です。また②の任意請求としての発信者情報開示請求を行う方法では、発信者に対する意見照会手続がインターネットサービスプロバイダよりなされますので、その段階で発信者が同意すれば、任意の発信者情報開示が受けられることもあります。しかし他方で発信者情報開示請求を行っていることがより早期に発信者側にも伝わってしまうということがデメリットとなる場合も皆無ではありません。

プロバイダ各社の運用や状況に応じて3つの方法のうち適切なものを選択してください。

【発信者情報開示請求に関する連絡】

平成28年11月1日

Ｙ株式会社　御中

〒○○○-○○○○
東京都○区○○○○○○○○
開削法律事務所
電　話　○○-○○○○-○○○○
ＦＡＸ　○○-○○○○-○○○○
弁護士　削　除　太　郎　㊞

発信者情報開示請求に関するご連絡

冠省
　当職はＸ氏の代理人弁護士として、貴社に対してご連絡いたします。
　同氏は、インターネット上において氏名不詳者による誹謗中傷を受けており、権利侵害行為を行った投稿者を特定の上、民事上・刑事上の責任を追及する予定です。
　当職において誹謗中傷がなされていたウェブサイトの管理者よりIPアドレス等の発信者情報の開示を受けたところ、発信者その他侵害情報の送信に係る者が貴社のネットワーク設備を経由して誹謗中傷文言を投稿していたことが判明いたしました。
　そこで、当職は、貴社を被告とする別紙発信者情報目録記載の情報の開示を求める訴訟の提起を準備しております。
　貴社におかれましては、裁判所が開示を容認する判決を下す場合に備えて、通信ログの保存へのご協力をお願いいたします。なお、お手数ではございますが、発信者情報の保存にご協力いただけるか否かについて、本書面到達後1週間以内に当職らまでご回答いただきますようお願いいたします。
　また、他の通信事業者等に貴社のネットワーク設備を提供している場合など、貴社がエンドユーザーの契約者情報を把握していない場合は、エンドユーザーの情報を保有している可能性のあるネットワーク設備の提供先の名称・連絡先等をご回答ください。
　ご協力をいただけない場合、又は1週間以内にご連絡をいただけない場合には、貴社に対して発信者情報消去禁止の仮処分の申立てを行うことになりますので、ご協力・ご回答のほどよろしくお願いいたします。

　なお、通信ログの特定に関する情報不足など当方において不備な点又はご不明な点がございましたら、当職宛にご連絡くださいますようお願いいたします。

不一

(別紙)

発 信 者 情 報 目 録

〔省略〕

(別紙)

投 稿 記 事 目 録

〔省略〕

【発信者情報開示請求書(抜粋)】

貴社が管理する特定電気通信設備等		IPアドレス:118.22.46.145 タイムスタンプ:2016／08／23　10:11:45
掲載された情報		別紙のとおり
侵害情報等	侵害された権利	名誉権
	権利が明らかに侵害されたとする理由	別紙のとおり
	発信者情報の開示を受けるべき正当理由(複数選択可)	①損害賠償請求権の行使のために必要であるため ②謝罪広告等の名誉回復措置の要請のために必要であるため ③差止請求権の行使のために必要であるため ④発信者に対する削除要求のために必要であるため 5.その他(具体的にご記入ください)
	開示を請求する発信者情報(複数選択可)	①発信者の氏名又は名称 ②発信者の住所 ③発信者の電子メールアドレス
	証拠	添付別紙参照
	発信者に示したくない私の情報(複数選択可)	①氏名(個人の場合に限る) ②「権利が明らかに侵害されたとする理由」欄記載事項 ③添付した証拠

【発信者情報消去禁止仮処分命令申立書】

発信者情報消去禁止仮処分命令申立書

平成28年11月1日

東京地方裁判所民事第9部　御中

債権者代理人弁護士　削　除　太　郎　㊞

　　当事者の表示　別紙当事者目録記載のとおり
　　仮処分により保全すべき権利　特定電気通信役務提供者の損害賠償責任の制限及び発信者情報の開示に関する法律4条に基づく発信者情報開示請求権

申立ての趣旨

　債務者は、別紙発信者情報目録記載の各情報を消去してはならない
との裁判を求める。

申立ての理由

第1　被保全権利
1　当事者
　債権者は、東京都○区で暮らす一般人である（甲1）が、申立外パケットモンスターインク　ピーティーイー　エルティーディーが運営するインターネット掲示板「2ちゃんねる」（http://2ch.sc）（以下、「本件掲示板」という。）において、別紙投稿記事目録記載の投稿（以下、「本件記事」という。）がなされ、その権利を侵害されていた者である（甲2）。
　債務者は、電気通信事業を営む株式会社である。
2　発信者情報開示請求権の存在
　（1）　特定電気通信役務提供者の損害賠償責任の制限及び発信者情報の開示に関する法律（以下、「プロバイダ責任制限法」という。）4条1項は「特定電気通信による情報の流通によって自己の権利を侵害されたとする者」が、開示関係役務提供者に対し、発信者情報開示をするための要件として、①「侵害情報の流通によって当該開示の請求をする者の権利が侵害されたことが明らかであるとき」（同項1号　権利侵害の明白性）、②「当該発信者情報が当該開示の請求をする者の損害賠償請求権の行使のために必要である場合その他発信者情報の開示を受けるべき正当な理由があるとき」（同項2号　正当理由）を要求している。
　（2）　権利侵害の明白性
　権利侵害の明白性とは、権利侵害の客観的な事実が存在すること、及びその権利侵害につき違法性を阻却する事由が存在しないことを意味する。なお、発信者の主観に関わ

る責任阻却事由が存在しないことまでは意味しない。本件投稿は、別紙権利侵害の説明記載のとおり債権者の人格権を侵害するものである。また、別紙権利侵害の説明のとおり違法性阻却事由の存在をうかがわせるような事情も存在しない。したがって、債権者が本件投稿によって権利を侵害されていることは明白であって、権利侵害の明白性の要件を満たす。

(3) 開示を受けるべき正当な理由

債権者は、本件投稿の発信者に対して、不法行為に基づく損害賠償等の請求をする予定であるが、この権利を行使するためには、債務者が「保有」する別紙発信者情報目録記載の各情報の開示を受ける必要がある。

3　掲示板管理者からの発信者情報の開示

本件に先立ち、債権者は本件掲示板の管理者より本件投稿に用いられるIPアドレス等の開示を受けた（甲3）。

開示結果によると、氏名不詳者は債務者をインターネットサービスプロバイダとして本件投稿を行っている（甲4）。

4　債務者の「開示関係役務提供者」該当性

(1)「特定電気通信」該当性

本件投稿は、不特定の誰もが自由に閲覧できるものである。

したがって、本件投稿は、プロバイダ責任制限法2条1号の「不特定の者によって受信されることを目的とする電気通信の送信」、すなわち「特定電気通信」に該当する。

(2)　「特定電気通信設備」該当性

ゆえに、本件投稿が経由したリモートホストは「特定電気通信の用に供される電気通信設備」に当たり、同条2号の「特定電気通信設備」に当たる。

(3)　「特定電気通信役務提供者」該当性

そして債務者は、上記特定電気通信設備を用いて、本件掲示板への投稿と閲覧を媒介し、又は特定電気通信設備をこれら他人の通信の用に供する者であるから、同条3号の「特定電気通信役務提供者」に該当する。

(4)　「開示関係役務提供者」該当性

以上から、債務者は同法4条1項の「当該特定電気通信の用に供される特定電気通信設備を用いる特定電気通信役務提供者」、すなわち「開示関係役務提供者」に該当する。

5　まとめ

よって、債権者は債務者に対し、プロバイダ責任制限法4条に基づき別紙発信者情報目録記載の情報の開示請求権を有している。

第2　保全の必要性

1　通信ログの保存期間

債権者が本件投稿を行った氏名不詳者の情報を得るためには、本件投稿にかかる発信者情報について債務者より開示を受けるしか方法が存在しない。しかし、債務者を含むインターネットサービスプロバイダは個人情報保護の観点から発信者情報の開示に慎重

な態度を示しており、債権者が有する発信者情報開示請求権を実現するためには訴訟にて勝訴することが必要である。

ところが、プロバイダにおける通信ログの保存期間は、短いところでは情報の発信から3か月程度であり債務者においても同様である（甲5）。訴訟終了までには相当な期間を要するところ、仮に発信者情報の開示を命じる判決が下されたとしても、債務者において通信ログの保存がなされなければ、債権者らが本件投稿にかかる発信者情報を得ることは不可能である。

2　まとめ

以上により、債権者は、本申立てに及んだ次第である。

疎　明　方　法

証拠説明書記載のとおり

附　属　書　類

1　疎甲号証写し　　各1通
2　証拠説明書(1)　　1通
3　資格証明書　　　1通
4　訴訟委任状　　　1通

以　上

(3)　発信者情報開示請求訴訟

発信者情報の消去禁止請求を行い通信ログの保存が完了した次に、いよいよ発信者情報開示請求へと進みます。インターネットサービスプロバイダに対する発信者の住所氏名等の開示請求については、インターネットサービスプロバイダ側でも顧客情報の開示には慎重な立場を取っており、本案訴訟にて勝訴判決を得なければ情報開示は得られないのが原則です。

そこで、インターネットサービスプロバイダを被告として発信者情報開示請求訴訟を提起します。なお、テレサ書式などによる任意での開示請求については、インターネットサービスプロバイダから発信者に対してなされる意見照会において発信者が同意した場合でもない限り任意の開示は期待できません。

第1章第4の7でも述べたとおり（83頁参照）、原則として裁判管轄は、被告となるインターネットサービスプロバイダの所在地を管轄する裁判所となります。また、発信者情報開示請求の訴額は160万円（当事者複数の場合はそれぞれの請求について160万円を合算。）と計算されるため、地方裁判所の管轄になります。

【発信者情報開示請求訴訟訴状】

訴　　状

平成28年11月1日

東京地方裁判所民事部　御中

　　　　　　　　　　　　　原告訴訟代理人弁護士　削　除　太　郎　㊞

　　　当事者の表示　　　別紙当事者目録記載のとおり
　　　発信者情報開示請求事件

　　訴訟物の価額　　160万円
　　貼用印紙額　　　1万3000円

請求の趣旨
1　被告は、原告に対し別紙発信者情報目録記載の各情報を開示せよ
2　訴訟費用は被告の負担とする
との判決を求める。

請求の原因
1　当事者
　原告は、東京都品川区で暮らす一般人である（甲1）が、訴外パケットモンスターインク　ピーティーイー　エルティーディーが運営するインターネット掲示板「2ちゃんねる」（http://2ch.sc）（以下、「本件掲示板」という。）において、別紙投稿記事目録記載の投稿（以下、「本件記事」という。）がなされ、その権利を侵害されていた者である（甲2）。
　被告は、電気通信事業を営む株式会社である。

2　発信者情報開示請求権の存在
　(1)　特定電気通信役務提供者の損害賠償責任の制限及び発信者情報の開示に関する法律（以下、「プロバイダ責任制限法」という。）4条1項は「特定電気通信による情報の流通によって自己の権利を侵害されたとする者」が、開示関係役務提供者に対し、発信者情報開示をするための要件として、①「侵害情報の流通によって当該開示の請求をする者の権利が侵害されたことが明らかであるとき」(同項1号　権利侵害の明白性)、②「当該発信者情報が当該開示の請求をする者の損害賠償請求権の行使のために必要である場合その他発信者情報の開示を受けるべき正当な理由があるとき」（同項2号　正当理由）を要求している。
　(2)　権利侵害の明白性
　権利侵害の明白性とは、権利侵害の客観的な事実が存在すること及び、その権利侵害

につき違法性を阻却する事由が存在しないことを意味する。なお、発信者の主観に関わる責任阻却事由が存在しないことまでは意味しない。本件投稿は、別紙権利侵害の説明記載のとおり原告の人格権を侵害するものである。また、別紙権利侵害の説明のとおり違法性阻却事由の存在をうかがわせるような事情も存在しない。したがって、原告が本件投稿によって権利を侵害されていることは明白であって、権利侵害の明白性の要件を満たす。

　(3)　正当理由の存在

　原告は、本件記事の発信者に対し、人格権侵害等を理由として不法行為に基づく損害賠償請求の準備をしている。

　原告が本件記事の発信者に対して損害賠償請求を行うためには、被告が「保有」する本件記事にかかる発信者情報が必要であって、発信者情報の開示を求める「正当理由」を有している。

3　掲示板管理者からの発信者情報の開示

　本件に先立ち、原告は、本件掲示板の管理者よりIPアドレス等の開示を受けた（甲3）。開示結果によると、氏名不詳者は債務者をインターネットサービスプロバイダとして本件記事の投稿を行っている（甲4）。

4　被告の「開示関係役務提供者」該当性

　(1)　「特定電気通信」該当性

　本件記事は、不特定の誰もが自由に閲覧できるものである。

　したがって、本件記事は、プロバイダ責任制限法2条1号の「不特定の者によって受信されることを目的とする電気通信の送信」、すなわち「特定電気通信」に該当する。

　(2)　「特定電気通信設備」該当性

　ゆえに、本件記事が経由したリモートホストは「特定電気通信の用に供される電気通信設備」に当たり、同条2号の「特定電気通信設備」に当たる。

　(3)　「特定電気通信役務提供者」該当性

　そして被告は、上記特定電気通信設備を用いて、本件掲示板への投稿と閲覧を媒介し、又は特定電気通信設備をこれら他人の通信の用に供する者であるから、同条3号の「特定電気通信役務提供者」に該当する。

　(4)　「開示関係役務提供者」該当性

　以上から、被告は同法4条1項の「当該特定電気通信の用に供される特定電気通信設備を用いる特定電気通信役務提供者」、すなわち「開示関係役務提供者」に該当する。

5　まとめ

　よって、原告は被告に対し、プロバイダ責任制限法4条に基づき別紙発信者情報目録記載の情報の開示を求める。

証　拠　方　法

　証拠説明書(1)記載のとおり

```
　　　　　　　　　　附　属　書　類
　1　訴状副本　　　　　1通
　2　甲号証写し　　　　各2通
　3　証拠説明書(1)　　 2通
　4　資格証明書　　　　2通
　5　訴訟委任状　　　　1通
```

```
（別紙）

　　　　　　　　発 信 者 情 報 目 録

　　　　　　　　　　　〔省略〕
```

```
（別紙）

　　　　　　　　投 稿 記 事 目 録

　　　　　　　　　　　〔省略〕
```

　開示訴訟が提起されると、被告のインターネットサービスプロバイダ側は、対象となっている記事の発信者に対して、発信者情報開示に同意するか否かの意見照会を行います。発信者が開示に同意をした場合には、判決を待たずに任意に開示がなされることになりますが、開示拒否の場合や回答がない場合には、インターネットサービスプロバイダは開示請求に対して争うことになります。

　プロバイダが発信者に対して意見照会を行うタイミングは、訴訟の第1回期日の少し前になることが一般的です。発信者情報開示請求を行う場合、発信者に被害者側が発信者情報開示を進めていることが伝わるのはいつか（＝意見照会のタイミング）という点を非常に気にする方も多いので、この意見照会のタイミングは意識しておくとよいと思われます。

　初回期日では、いまだ意見照会の回答期間が満了していないことも多く、被告側はその時点で可能な反論だけを行い、意見照会の回答があれば反論を追加するという内容の主張がなされることもあります。

　発信者情報開示請求訴訟は、特別な事情がない限り争点はネット上での記載が原告の権利を侵害したことが明白か否かということにつきますから、ほとんどのケースで2回〜3回の口頭弁論期日で終結となり、判決期日が指定されます。被告側の意見照会の手続がスムーズなケースでは初回期日で終結するときもあります。

4　NTTドコモ・KDDIに対する開示請求

(1)　NTTドコモ（SPモード、iモード）

2ちゃんねるから開示された情報が以下のものでした。

①　IPアドレス：49.104.15.15

②　タイムスタンプ：2016／06／27　10:51:08.20

このIPアドレスをWHOISにより調査すると、以下の情報を得ることができます。

```
[ JPNIC database provides information regarding IP address and ASN. Its use ]
[ is restricted to network administration purposes. For further information, ]
[ use 'whois -h whois.nic.ad.jp help'. To only display English output,      ]
[ add '/e' at the end of command, e.g. 'whois -h whois.nic.ad.jp xxx/e'.    ]

Network Information: [ネットワーク情報]
a. [IPネットワークアドレス]      49.96.0.0/12
b. [ネットワーク名]              MAPS
f. [組織名]                      株式会社エヌ・ティ・ティ・ドコモ
g. [Organization]                NTT DoCoMo, Inc.
m. [管理者連絡窓口]              JP00042969
n. [技術連絡担当者]              JP00042969
p. [ネームサーバ]                ns1.spmode.ne.jp
p. [ネームサーバ]                ns2.spmode.ne.jp
[割当年月日]                     2010/12/09
[返却年月日]
[最終更新]                       2010/12/09 21:41:04(JST)

上位情報
----------
株式会社ＮＴＴドコモ (NTT DOCOMO,INC.)
                     [割り振り]                              49.96.0.0/12

下位情報
----------
該当するデータがありません。
```

（http://whois.nic.ad.jp/cgi-bin/whois_gw?key=49.104.15.15）

「組織名」のところに「株式会社エヌ・ティ・ティ・ドコモ」と表示されていることから、インターネットサービスプロバイダは株式会社NTTドコモであると判断できます。念のため、「管理者連絡窓口」に記載されている「JP00042969」をクリックする方法でも、同社であることが確認できます。

同社の場合、プロバイダ契約が「SPモード」か否かで、発信者情報目録の記載内容が変わります。というのもSPモードの場合、同社ではIPアドレスの記録を保有しておらず、①タイムスタンプと②接続先URLの2つの情報の組合せでしか、通信を特定できないためです（同社は「投稿用URL」と表現していますが、投稿フォームのURLと誤解されるケースがあるため、本書では、「接続先URL」と表記します。）。SPモードでなければ（iモードの場合）、IPアドレスは記録されていますが、1秒間に複数の契約

者に同じIPアドレスを割り当てているため、秒までのタイムスタンプがあっても通信を特定できず、やはり接続先URLの情報が必要となります。この点、開示されたタイムスタンプには「.20」との数値があり、ミリ秒だと判断できますが、NTTドコモはミリ秒単位の記録を保有していないとのことですから、この情報は通信の特定には役立ちません。

結局、NTTドコモの場合、SPモードであれば【SPモード方式】の発信者情報目録を使い、iモードであれば【3点方式A】の発信者情報目録を使います。まれに、サイト管理者からiモードIDが開示されることがあり、その場合は【端末番号方式】の発信者情報目録を使います。

そこで問題となるのは、開示されたIPアドレスが「SPモード」か否かの判断方法です。WHOISの調査結果の中に「spmode」と記載されているため、おそらくこれはSPモードだろうと判断できますが、念を入れるならば、IPアドレスをnslookupコマンド等でホスト名に変換してみましょう。今回は、インターネットにある株式会社シーマンのサービスを使ってみます。

（https://www.cman.jp/network/support/nslookup.html）

ここでIPアドレスを入力し「nslookup実行」をクリックすると、ホスト名に変換され、表示されます。

```
■ 入力情報
対象ドメイン または IPアドレス
49.104.15.15
入力の逆引き または 正引き
sp49-104-15-15.msf.spmode.ne.jp
利用者情報
IPアドレス ： 153.227.113.222
ご利用時間 ： 2016/12/09 17:43:40
```

(https://www.cman.jp/network/support/nslookup.html)

「入力の逆引きまたは正引き」欄に「sp49-104-15-15.msf.spmode.ne.jp」と表示されていますので、これはSPモードだろうと判断できます。iモードの場合は、末尾が「docomo.ne.jp」になっています。

次に問題となるのは、「接続先URL」の調査方法です。接続先URLは閲覧用URLと異なり、画面上には表示されていません。一般には、投稿用フォームのHTMLソースで、<form>タグのaction属性の値が接続先URLとなっているケースが多く、NTTドコモから発信者情報開示を受けた前例も多数あります。

2ちゃんねるの場合は、スレッドの中に投稿用フォームがありますので、スレッドのHTMLソースを表示し、<form>タグを探します。例えば閲覧用URLが「http://hayabusa6.2ch.net/test/read.cgi/build/1462361138/」のスレッドでは、以下のように「<form method=POST action="../test/bbs.cgi?guid=ON">」となっていますので、「http://hayabusa6.2ch.net/test/bbs.cgi?guid=ON」が接続先URLになります。

(http://hayabusa6.2ch.net/test/read.cgi/build/1462361138/)

　もっとも、IPアドレスと接続先URLで特定する方式の場合、複数の通信記録（通信ログ）が条件に該当してしまい、通信を特定できないと主張されるケースが珍しくありません。

　また、この方式でドコモに対して通信ログの調査を依頼すると、コンテンツプロバイダより開示されたタイムスタンプと、ドコモ側で記録されている通信ログに技術上の要因から数秒のズレが生じるケースもあります。数秒のズレがあっても、同じ数秒間に同じ接続先URLへ接続した通信がなければ、投稿者の特定には問題はありません。開示請求訴訟においては、「開示された投稿日時」の項目も表記も残しておけば、その後の手続においても疑義が生じないでしょう。

　こういった複数の問題があり、ドコモとのやり取りが煩雑になることから、発信者情報消去禁止仮処分の利用がお勧めです。

　(2)　KDDI

　2ちゃんねるから開示された情報が以下のものでした。

①　IPアドレス：182.250.248.232

②　タイムスタンプ：2016／6／10　20:31:36

　このIPアドレスをWHOISにより調査すると、次の情報が得られます。

第2章 ケース・スタディ

```
[ JPNIC database provides information regarding IP address and ASN. Its use    ]
[ is restricted to network administration purposes. For further information,   ]
[ use 'whois -h whois.nic.ad.jp help'. To only display English output,          ]
[ add '/e' at the end of command, e.g. 'whois -h whois.nic.ad.jp xxx/e'.        ]
Network Information: [ネットワーク情報]
a. [IPネットワークアドレス]     182.250.248.0/24
b. [ネットワーク名]              KDDI-NET
f. [組織名]                      KDDI株式会社
g. [Organization]                KDDI CORPORATION
m. [管理者連絡窓口]              JP00000127
n. [技術連絡担当者]              JP00000181
p. [ネームサーバ]                dns0.dion.ne.jp
p. [ネームサーバ]                dns2.dion.ne.jp
p. [ネームサーバ]                dns10.dion.ne.jp
p. [ネームサーバ]                ns1.neweb.ne.jp
[割当年月日]                     2011/03/15
[返却年月日]
[最終更新]                       2011/03/15 11:14:03(JST)

上位情報
----------
KDDI株式会社 (KDDI CORPORATION)
            [割り振り]                                   182.248.0.0/14

下位情報
----------
該当するデータがありません。
```

(http://whois.nic.ad.jp/cgi-bin/whois_gw?key=182.250.248.0)

「組織名」のところに「KDDI株式会社」と表示されていることから、インターネットサービスプロバイダはKDDI株式会社であると判断できます。念のため、「管理者連絡窓口」に記載されている「JP00000127」をクリックする方法でも、同社であることが確認できます。KDDIの場合は、携帯電話か、固定回線かによって発信者情報目録が変わります。携帯電話であれば接続先IPアドレスが要求されますので、発信者情報目録は【3点方式B】となり、固定回線は常時接続回線用のプロバイダですから、発信者情報目録は【標準方式】となります。

接続先IPアドレスは、接続先URLをnslookup等でIPアドレスに変換したものです。

5　JCOMに対する開示請求

2ちゃんねるから開示された情報が以下のものでした。
① 　IPアドレス：118.86.66.76
② 　タイムスタンプ：2016／08／23　10：11：45

このIPアドレスをWHOISにより調査すると、次の情報を得ることができます。

```
[ JPNIC database provides information regarding IP address and ASN. Its use ]
[ is restricted to network administration purposes. For further information, ]
[ use 'whois -h whois.nic.ad.jp help'. To only display English output,       ]
[ add '/e' at the end of command, e.g. 'whois -h whois.nic.ad.jp xxx/e'.    ]

Network Information: [ネットワーク情報]
a. [IPネットワークアドレス]        118.86.66.0/23
b. [ネットワーク名]                JCOM-NET
f. [組織名]                        株式会社ジュピターテレコム
g. [Organization]                  Jupiter Telecommunications Co., Ltd.
m. [管理者連絡窓口]                JP00006551
n. [技術連絡担当者]                JP00006551
p. [ネームサーバ]                  ns1.jcnet.ad.jp
p. [ネームサーバ]                  ns2.jcnet.ad.jp
[割当年月日]                       2008/01/31
[返却年月日]
[最終更新]                         2015/12/14 16:53:40(JST)

上位情報
----------
株式会社ジュピターテレコム (Jupiter Telecommunications Co., Ltd.)
                    [割り振り]                              118.86.0.0/15

下位情報
----------
該当するデータがありません。
```

(http://whois.nic.ad.jp/cgi-bin/whois_gw?key=118.86.66.76)

　組織名が「株式会社ジュピターテレコム」となっており、上位情報も同じ表示がされています。

　株式会社ジュピターテレコムはケーブルテレビネットワークを通じてインターネット接続事業を行っていますが、カスタマーサービスは各地域を統括する地域会社が行っているので、顧客情報は各地域会社が保有しています。

　しかし、開示されたIPアドレスをWHOISで調査しただけでは、各地域会社の情報までは出てこず、株式会社ジュピターテレコムと表示されることが少なくありません。この場合、まずは株式会社ジュピターテレコムに対して開示請求を行いましょう。

　開示請求を行うと、①同社から地域会社に回付され、地域会社から回答があることで地域会社が判明するケースと、②顧客情報を保有している地域会社に対して開示請求をするようにという連絡とともに、送付した書類一式が返送されるケースがあります。後者の場合は、当該地域会社に対して、改めて開示請求をすればよいでしょう。

　なお、地域会社を調べるための開示請求は、株式会社ジュピターテレコムを相手方としたテレサ書式により発信者情報開示請求を行うことで足りるのが通常で、仮処分や開示訴訟をすることまでは不要です。

　なお、実際に個々の発信者情報の開示を受けるためには、発信者が同意をした場合

を除き、開示請求訴訟を提起することが必要なのが原則です。発信者情報開示請求訴訟の書式については、282頁を参照してください。

【発信者情報開示請求書（抜粋）】

貴社が管理する特定電気通信設備等	IPアドレス：118.86.66.76 タイムスタンプ：2016／08／23　10:11:45
掲載された情報	依頼者がXであるという情報
侵害情報等	侵害された権利	名誉権
	権利が明らかに侵害されたとする理由	〔省略〕
	発信者情報の開示を受けるべき正当理由（複数選択可）	①損害賠償請求権の行使のために必要であるため ②謝罪広告等の名誉回復措置の要請のために必要であるため ③差止請求権の行使のために必要であるため ④発信者に対する削除要求のために必要であるため 5.その他（具体的にご記入ください）
	開示を請求する発信者情報（複数選択可）	①発信者の氏名又は名称 ②発信者の住所 ③発信者の電子メールアドレス
	証　拠	添付別紙参照
	発信者に示したくない私の情報（複数選択可）	1.氏名（個人の場合に限る） 2.「権利が明らかに侵害されたとする理由」欄記載事項 3.添付した証拠

　他方、WHOISで調査すると、次のような表示がされる場合もあります。この場合、組織名として株式会社ジェイコムウェストが表示されており、同社が顧客情報を保有していることが分かります。そのため、この場合は株式会社ジュピターテレコムに対する開示請求をせず、直接株式会社ジェイコムウェストに対して開示請求をすれば足りることになります。

```
[ JPNIC database provides information regarding IP address and ASN. Its use  ]
[ is restricted to network administration purposes. For further information, ]
[ use 'whois -h whois.nic.ad.jp help'. To only display English output,        ]
[ add '/e' at the end of command, e.g. 'whois -h whois.nic.ad.jp xxx/e'.     ]

Network Information: [ネットワーク情報]
a. [IPネットワークアドレス]      122.102.128.0/17
b. [ネットワーク名]              JCOM-NET
f. [組織名]                      株式会社ジェイコムウエスト
g. [Organization]                J:COM WEST Co., Ltd..
m. [管理者連絡窓口]              HW1733JP
n. [技術連絡担当者]              HW1733JP
p. [ネームサーバ]                dns01.zaq.ne.jp
p. [ネームサーバ]                dns02.zaq.ne.jp
[割当年月日]                     2007/03/13
[返却年月日]
[最終更新]                       2008/10/08 14:56:09(JST)

上位情報
----------
株式会社ジュピターテレコム (Jupiter Telecommunications Co., Ltd.)
              [割り振り]                         122.102.128.0/17

下位情報
----------
該当するデータがありません。
```

(http://whois.nic.ad.jp/cgi-bin/whois_gw?key=122.102.128.0)

6　MVNO、MVNEに対する開示請求

　2ちゃんねるから開示された情報が以下のものでした。

① 　IPアドレス：106.188.190.235

② 　タイムスタンプ：2016／08／27　10:51:08

　このIPアドレスをWHOISにより調査すると、次の情報を得ることができます。

```
[ JPNIC database provides information regarding IP address and ASN. Its use ]
[ is restricted to network administration purposes. For further information, ]
[ use 'whois -h whois.nic.ad.jp help'. To only display English output,       ]
[ add '/e' at the end of command, e.g. 'whois -h whois.nic.ad.jp xxx/e'.    ]
Network Information: [ネットワーク情報]
a. [IPネットワークアドレス]      106.188.0.0/16
b. [ネットワーク名]              WIMAX-NET
f. [組織名]                      UQコミュニケーションズ 株式会社
g. [Organization]                UQ Communications Inc.
m. [管理者連絡窓口]              KE2925JP
n. [技術連絡担当者]              KE2925JP
p. [ネームサーバ]                ns1.uqwimax.jp
[割当年月日]                     2012/06/20
[返却年月日]
[最終更新]                       2012/06/21 10:05:05(JST)

上位情報
----------
KDDI株式会社 (KDDI CORPORATION)
              [割り振り]                                106.128.0.0/10

下位情報
----------
該当するデータがありません。
```

（http://whois.nic.ad.jp/cgi-bin/whois_gw?key=106.188.190.235）

「組織名」に「UQコミュニケーションズ株式会社」とあるため、インターネットサービスプロバイダは同社だと判断できます。

MVNOに無線通信インフラを貸し出している、UQコミュニケーションズ、ワイヤレスシティプランニング、ワイモバイルのような事業者を、MNO（Mobile Network Operator＝移動体通信事業者）といいます。

MNO事業者は、IPアドレスが判明した段階では、インターネットサービスプロバイダの立場で本件通信に関与しているのか、それともMNOの立場で本件通信に関与しているのかは全く分かりません。

そのため、コンテンツプロバイダから開示されたインターネットサービスプロバイダがMNOである可能性を念頭に置きつつ、一般の接続プロバイダと同様に通信ログ保存の仮処分をすることになります。通信ログ保存仮処分の書式については、75頁を参照してください。

通信ログ保存仮処分を申し立てたインターネットサービスプロバイダがMNOの場合は、答弁書において「当社はMNOであり、顧客情報は保有していない」と記載されています。

このように答弁書に記載されていた場合は、申立ての趣旨を変更し、MVNOの開示仮処分とします。

【申立ての趣旨変更申立て】

> 第1　変更後の申立ての趣旨
> 　債務者は、債権者に対し、別紙発信者情報目録記載の各情報を仮に開示せよ
> との裁判を求める。
> 第2　変更後の申立ての理由
> 1　被保全権利及び保全の必要
> 　仮処分命令申立書と同様であるため、これを引用する。
> 2　債務者はMNOである
> 　本日、債務者より、債務者はMNOである旨の連絡があった。そのため、投稿者特定のためには、MVNOの開示を受ける必要がある。

【MVNO方式】

> （別紙）
>
> 　　　　　　　　　　　発 信 者 情 報 目 録
>
> 　別紙投稿記事目録記載のアイ・ピー・アドレスを同目録記載の投稿日時に使用した者に対し、インターネット接続サービスを提供したMVNOに関する情報であって次に掲げるもの
> 1　名　　称
> 2　住　　所

　MVNOは「発信者」（プロバイダ責任制限法2四）ではないため、プロバイダ責任制限法省令3号の「発信者の電子メールアドレス」は開示請求の対象となりません。

　この開示仮処分が発令されると、MNOからMVNOの情報が開示されるので、次は、MVNOに対し、発信者情報開示請求訴訟をすることになります。

　もっとも、MNOから開示される情報が、MVNOではなくMVNE（仮想移動体サービス提供者、Mobile Virtual Network Enabler）のケースもあります。MNOから開示された事業者がMVNOなのかMVNEなのかは、事業者のサイトで事業内容を確認するか、電話等で「MVNOか」確認する手段が有効です。もし、MNVEだと言われた場合は、もう一段階、MVNOの開示仮処分をする必要があります。

7 アルテリア・ネットワークスに対する開示請求

2ちゃんねるから開示された情報が以下のものでした。

① IPアドレス：122.211.25.35

② タイムスタンプ：2016／08／25　16:32:23

このIPアドレスをWHOISにより調査すると、以下の情報を得ることができます。

```
[ JPNIC database provides information regarding IP address and ASN. Its use  ]
[ is restricted to network administration purposes. For further information, ]
[ use 'whois -h whois.nic.ad.jp help'. To only display English output,        ]
[ add '/e' at the end of command, e.g. 'whois -h whois.nic.ad.jp xxx/e'.      ]

Network Information: [ネットワーク情報]
a. [IPネットワークアドレス]       122.211.25.0/25
b. [ネットワーク名]               IML200505649
f. [組織名]                       株式会社UCOM
g. [Organization]                 UCOM Corporation
m. [管理者連絡窓口]               JP00022296
n. [技術連絡担当者]               JP00022296
p. [ネームサーバ]
   [割当年月日]                   2011/09/05
   [返却年月日]
   [最終更新]                     2011/09/05 17:16:20(JST)

上位情報
----------
アルテリア・ネットワークス株式会社 (ARTERIA Networks Corporation)
              [割り振り]                                 122.208.0.0/12
   株式会社UCOM (UCOM Corporation)
         SUBA-468-5T1 [SUBA]                             122.211.25.0/24

下位情報
----------
該当するデータがありません。
```

（http://whois.nic.ad.jp/cgi-bin/whois_gw?key=122.211.25.35）

組織名が「株式会社UCOM」となっていますが、上位情報として「アルテリア・ネットワークス株式会社」という表示がされています。

アルテリア・ネットワークス株式会社は、丸紅アクセスソリューションズ株式会社が、株式会社UCOMを吸収合併することにより発足した法人であり、このことから上記IPアドレスが元々株式会社UCOMが保有していたものであることが分かります。

アルテリア・ネットワークス株式会社は、弁護士会照会の方法により発信者情報の開示をしてくれます。発信者情報開示請求訴訟を提起するよりも、簡易・迅速です。そこで、弁護士会照会の方法により開示請求をするのがよいでしょう。

弁護士会照会の書式は、各弁護士会の書式があるためそれをご利用いただくとして、IPアドレスだけからは投稿者が誰かは不明であり、投稿者を特定するには、インター

ネットサービスプロバイダに対して契約者の情報(発信者情報)を開示してもらうことが必要である旨の説明をした上で、照会事項については、以下のように記載します。

【照会事項記載例】

> IPアドレス「122.211.25.35」を用いて、2016／08／25　16：32：23ころにhttp://2ch.sc/により閲覧できるサイトに接続した者に関する情報であって、次に掲げるものについてご回答ください。解約されている場合は、解約前の情報についてご回答願います。
> 1．氏名又は名称
> 2．住　所
> 3．電子メールアドレス
> 4．電話番号

21　企業のinfoメールに中傷が送信された事例

> 相談内容

　私はスマホゲームなどの制作をしている会社の代表取締役を務めています。このたび、当社の問合せ窓口として公開しているinfoメールに「通りすがり」を名乗る者から、私が危険ドラッグを使用しながら複数の女性と性行為を繰り返しているといった内容のメールが届きました。
　このメールは社員全員が見ていて、社員の私に対する目が変わったように感じ、自分の会社なのに会社に居づらいです。このメールを送ってきた人物を特定したいのですが、可能でしょうか。

キーワード	infoメール（代表メール）　メールによる中傷
ウェブサイト	メール
目　　的	メール送信者の特定
請求の相手方	ヤフー株式会社　インターネットサービスプロバイダ
手　　続	訴え提起前の証拠保全
法律構成	名誉権侵害
依頼者の属性	個人

相談フェーズ

相談者から聴取する事項・調査事項

1　どのようなメールアドレスから送信されたものか

　相談では、infoメールが届いたとされていますが、そのメールアドレスがどのようなものかということについて説明がありません。
　メールによる通信は、1対1の通信のため「特定電気通信」に該当せず、プロバイダ

責任制限法4条1項に基づく開示請求をすることができません。そのため、その前提で、他の手段によりメールの発信者を特定し得る方法を考える必要があります。

その足がかりとして、まずはどのようなアドレスから、より正確に言えば、どのようなドメインから送られたものかを把握することが必要です。

2　送信者に心当たりがあるか

メールを送ってきた人物を特定したいという相談である以上、相談者にとって、メールアドレスが見知らぬものであるということは分かります。しかし、送信をしている人に目星が付くのであれば、送信者を特定しなくても、当該人物に直接アプローチをすることができる場合もあり得ます。

そのため、送信者の心当たりについて聴き取ることが必要です。

3　メール内容の真実性

メールに記載されている内容の真実性は、手続上重要な問題となる場合があります。また、メールに記載されている内容が真実であるとすれば、仮に送信者を特定し得る方法があるとしても、法的な救済を与えるべきでないというケースはあり得るところです。

そのため、メール内容の真実性を確認しておくべきです。

＜聴取・確認事項まとめ＞
① 　メールアドレス
② 　送信者の心当たり
③ 　メール内容の真実性

4　サイト調査

メールアドレスを確認し、それがプロバイダメールやキャリアメールであるか、フリーメールであるかを、まず確認してください。

プロバイダメールとは、OCNやソネットなどのプロバイダが発行しているメールアドレスであり、キャリアメールとはドコモ、KDDI、ソフトバンクといった携帯電話会社が発行しているメールアドレスです。例えば、「@docomo.ne.jp」といったものが挙げられます。

他方、フリーメールとは、Yahoo!（@yahoo.co.jp）、Google（@google.com）、マイクロソフト（@outlook.com、@live.jp、@hotmail.com）などが発行しているメールアドレスです。

対応方針の検討

1　手続・法的構成の仮検討

（1）　プロバイダメールの場合

プロバイダを利用するに当たってはその料金を支払っているのが通常であるため、契約者の情報とプロバイダメール（ないし、キャリアメール）の使用者とを紐づけることは可能な場合が多くあります。

そこで、プロバイダメールが使用されている場合は、弁護士会照会の方法により、プロバイダ契約者の情報の開示請求をすることが考えられます。

また、裁判所を通じた手続として、訴え提起前の証拠保全手続を利用することも考えられます。

（2）　フリーメールの場合

フリーメールは、取得に当たって本人確認を要せず、匿名で取得が可能なことが通常であるため、メールアドレスの発行主体としても、誰が使用者かが把握できていないことが普通です。

そのため、直接、利用者の情報を開示請求することは難しいといえ、メールアドレスを送信する際にメールサーバに接続してきた際の情報の開示を求めることが考えられます。

その開示請求の方法としては、弁護士会照会や訴え提起前の証拠保全手続を利用することが考えられます。

2　追加聴取・調査事項

どのようなメールが送られてきたのかを把握することが必要であるため、メール自体を転送してもらったり、印刷するなどしたものを提供してもらう必要があります。

なお、ヘッダ情報が分かるようであれば、ヘッダ情報の提供も受けるべきです。ヘッダ情報とは、受信したメールがどこから、どのような経路で送られてきたのかを記録したものです。

3　手続・法的構成の再検討

　プロバイダメールに関して、その利用者を弁護士会照会により調査しようとしても、通信の秘密等を理由に回答が拒否される例が、経験上多くあります。そのため、訴え提起前の証拠保全手続を利用することを検討するとよいでしょう。

　訴え提起前の証拠保全手続においては、強制の契機はないため、決定を取得しても任意の回答を期待するしかありません。

　同手続では、検証の方法や、調査嘱託の方法によることが考えられるところ、調査嘱託の方法では、プロバイダメールの発行元を嘱託先として、契約者の氏名及び住所の回答を求めることになりますが、拒否をされることも少なくありません。他方、検証の方法では、実際に裁判所がプロバイダに赴いて手続を行うため、拒否されにくいというメリットがあります。そのため、検証の方法を用いることを検討するとよいでしょう。

　キャリアメールの場合、弁護士会照会の方法により、メールアドレスからそれに紐付く携帯電話番号を開示してもらえることがあり、その電話番号から契約者の氏名、住所等を照会することにより、送信者が判明することがあります。そのため、キャリアメールの場合には弁護士会照会を用いることを検討するべきでしょう。

　フリーメールの場合、弁護士会照会の方法では、やはり通信の秘密などを理由に回答を拒否されることが多い印象です。そのため、訴え提起前の証拠保全手続のうち検証の方法を用いることを検討するとよいでしょう。

4　立証の検討

　被害態様を立証することが必要になるため、まず送られてきたメールを証拠にすることが必要です。また、多くの人に閲覧されてしまったということを立証することが必要です。そのため、infoメールが各従業員が受信しているものであることや、従業員数などを含めて立証することが必要です。

　そして、発信者情報開示請求では救済を受けることができない事案であるということなどを立証することが必要になります。

　特にフリーメールの場合には、IPアドレス等の通信ログの開示を求めることになりますが、インターネットサービスプロバイダの通信ログの保存期間は3か月又は6か月程度とされていることが多く、急がなければ追跡ができなくなってしまうおそれがあることなどを主張立証することも必要でしょう。

事案の要点整理

メールでの相談受付後、相談者から聴き取った必要事項を総合した事案の要点は以下のとおりです。

> （1） 相談者はスマートフォン用ゲームなどの制作をしているA株式会社の代表取締役を務めるX氏。A株式会社が問合せ用としてウェブページ上に公開しているinfoメール宛に、「kusogameowatteru@yahoo.co.jp」というメールアドレスから、「通りすがり」を名乗り、「会社の今後を憂慮しています」というタイトル、「はじめてご連絡いたします。そちらの会社と社長の行く末を案じている者です。X社長は、日々、危険ドラッグを使用しており、複数の女性と付き合っています。女性との性行為のときは危険ドラッグの使用を強制してます。複数人で一緒にプレイを楽しんでいるときもあります。社長は独身ですしどのような交際をしてもよいとは思いますが、ドラッグを使って、複数人同時にというのはスキャンダルになると思ったので、控えた方がよろしいのではないかと愚考しまして、大変恐縮ですがご指摘させていただいた次第です。今後の貴社の益々の発展を祈念しております。」という内容のメールが届いた。
>
> （2） メールが届いたのは、2016/12/23（金）21:34であった。
>
> （3） infoメールは、社員全員に配信される仕組みになっており、このメールは社員20名全員が見ていた。
>
> （4） X氏が独身という点は本当であるが、危険ドラッグを使っている、複数の女性と交際している、複数人同時に性行為をしているといった点は虚偽である。
>
> （5） X氏としては、社員がX氏を見る目が変わったように感じ、自分の会社であるにもかかわらず、会社に居づらいと思っている。メール送信者を特定して、損害賠償を請求したいと考えている。

存在する証拠は以下のとおりです。

① 送信されたメール
② 陳述書
③ 従業員名簿
④ 各従業員へのinfoメールの設定状況

実際の業務フェーズ

メールアドレスが、「kusogameowatteru@yahoo.co.jp」であることが判明したので、このアドレスはヤフー株式会社が発行したものであることが分かります。

弁護士会照会の方法で、接続元のIPアドレスやタイムスタンプなどの情報の開示を請求しても、回答を拒否されることが多いのが現実です。そのため、訴え提起前の証拠保全手続を利用することをすることになります。

訴え提起前の証拠保全手続においては、相手方となるのはあくまでメール送信者ですが、この申立て時点では相手方の氏名や住所は不明です。そのため、相手方を「不詳」などと表示し、メールアドレスを併記することで相手方を特定することになります。

【証拠保全申立書】

証拠保全申立書

平成28年12月27日

東京地方裁判所民事部　御中

申立人代理人弁護士　削　除　太　郎　㊞

　当事者の表示　別紙当事者目録記載のとおり

申立ての趣旨

　ヤフー株式会社の所在地に臨み、別紙検証事項目録記載の事項についての提示命令及び検証を求める。

申立ての理由

第1　証すべき事実
　相手方が、申立人に対し、ヤフー株式会社の管理するメールサーバを経由して、別紙送信記事目録記載の内容の電子メールを送信した事実

第2　保全事由の存在
1　当事者
　申立人は、スマートフォン向けのゲームなどの制作をしているA株式会社の代表取締役を務めている者である（疎甲○）。

相手方は、現時点でその氏名及び住所は不詳であるが、電子メールアドレス「kusogameowatteru@yahoo.co.jp」の使用者である。なお、かかる電子メールアドレスは、ヤフー株式会社から無償で発行を受けることができるいわゆるフリーメールであり、当該電子メールアドレス発行の際には、本人確認書類等の提出は不要であり、氏名及び住所の登録も不要である。そのため、当該電子メールアドレス自体から、使用者の氏名及び住所を特定することは不可能である。

2　相手方による名誉権侵害
　(1)　社会的評価の低下
　相手方は、別紙送信記事目録記載のとおりの内容を、A株式会社の代表メールであるいわゆるinfoメール宛てに送信した（疎甲○）。そして、A株式会社では、infoメールは従業員全員に配信される仕組みになっており、当該メールは従業員20名全員が閲覧している。

　当該メールにおいては、申立人が日々危険ドラッグを使用している、複数の女性と交際している、女性との性行為の際は危険ドラッグの使用を強制している、複数人で同時に性行為をしている等の事実が摘示されている。

　危険ドラッグは、違法な薬物、少なくとも脱法的なものであるため、これを使用するということは違法な行動をとっていると認識されることになる。また、そのような違法な薬物の使用を他人にも強制しているとしており、違法薬物の拡散を行っているという指摘は、更に申立人の社会的評価を低下させる。

　さらに、複数人と同時に性行為をするということは、一般的な行動ではなく、かかる行為に嫌悪感を覚える者も少なくないことは想像に難くない。そのため、一般人の普通の注意と読み方をした場合、申立人の社会的評価が低下している。
　(2)　違法性阻却事由の不存在
　申立人は、危険ドラッグを含め、違法な薬物、脱法的な薬物の使用をしたこと、さらにいえば見たことも、これまでに一切ない。また、他人に使用を強制したことも一切ない。また、複数人で性行為をしたということも一度もない。したがって、送信された内容は真実ではない。

　また、当該メールのタイトルは「会社の今後を憂慮しています」であり、メール本文にも会社の今後を憂慮しているかのような内容があるほか、「今後の貴社の益々の発展を祈念しております」とされている。しかし、そのメールアドレスは「kusogameowatteru」であり、「クソゲーム終わってる」と読むことができるものであり、侮辱的なメールアドレスをわざわざ取得した上でメールを送ってきたと考えるべきである。そして、そもそも真実ではない内容であることから、嫌がらせ目的であることは明らかである。

第3　保全の必要性
1　プロバイダ責任制限法4条1項の適用がない
　インターネット上での匿名表現により権利侵害を受けた者は、特定電気通信役務提供者の損害賠償責任の制限及び発信者情報の開示に関する法律（プロバイダ責任制限法）4条1項に基づいて、発信者情報開示請求を行うことが可能である。
　しかし、かかる請求をするためには、特定電気通信、すなわち、不特定の者によって受信されることを目的とする電気通信により権利が侵害されることが必要であるところ（同法2条1項）、電子メールによる通信は、一対一の通信であり、特定電気通信ではない。なお、電子メールは複数人に同時に送信することができるものの、それは一対一の通信が複数存在しているにすぎない。
　したがって、同法4条1項に基づく開示請求が不可能である。
2　送信者特定の方法
　そこで、送信者（相手方）を特定するためには、送信者が別紙送信記事目録記載の電子メールを送る際に、ヤフー株式会社に接続した際のIPアドレスの開示を得た上で、送信者が使用しているインターネットサービスプロバイダを明らかにし、同プロバイダに対して契約者の情報開示を求めるしか方法がない。
3　通信ログの保存期間
　ヤフー株式会社は、送信者が別紙送信記事目録記載の電子メールを送る際に、ヤフー株式会社のメールサーバに接続した際のIPアドレス等の接続情報（通信ログ）を保有しているが、かかる通信ログについて保存義務を定めた規定がなく、無期限に保存されているわけではない。
　通信ログの保存期間は、プロバイダによって異なるものの、多くのインターネットサービスプロバイダで3〜6か月程度である（疎甲○）。そのため、申立人がインターネットサービスプロバイダに対して情報開示を求めるためには、早期にヤフー株式会社から通信ログの開示を受ける必要がある。

第4　結語
　よって、申立人は、申立ての趣旨記載の証拠保全を申し立てる。

疎　明　方　法
　証拠説明書記載のとおり

附　属　書　類
　1　疎甲号証写し　　各1通
　2　証拠説明書　　　1通
　3　資格証明書　　　1通
　4　委任状

【送信記事目録】

（別紙）

送 信 記 事 目 録

タイトル	会社の今後を憂慮しています
送信日時	2016/12/23（金）21：34
送信者名	通りすがり
メールアドレス	kusogameowatteru@yahoo.co.jp
送信内容	はじめてご連絡いたします。そちらの会社と社長の行く末を案じている者です。 　　X社長は、日々、危険ドラッグを使用しており、複数の女性と付き合っています。女性との性行為のときは危険ドラッグの使用を強制してます。複数人で一緒にプレイを楽しんでいるときもあります。社長は独身ですしどのような交際をしてもよいとは思いますが、ドラッグを使って、複数人同時にというのはスキャンダルになると思ったので、控えた方がよろしいのではないかと愚考しまして、大変恐縮ですがご指摘させていただいた次第です。 　　今後の貴社の益々の発展を祈念しております。

【検証事項目録】

（別紙）

検 証 事 項 目 録

1　証すべき事実

　相手方が、申立人に対し、ヤフー株式会社をメールサーバとして、別紙送信記事目録記載の内容の電子メールを送信した事実

> 2　提示命令及び検証先
> 　　〒102－8282
> 　　東京都千代田区紀尾井町1番3号
> 　　ヤフー株式会社
>
> 3　提示命令及び検証すべき事項
> 　別紙送信記事目録記載の電子メールアドレスを、同目録記載の送信日時に使用した者の接続元IPアドレス

　なお、「提示命令及び検証先」ですが、実際に通信ログを調査できるところに赴かなければ、不奏功となってしまいます。上記の住所は、ヤフー株式会社の本社所在地を記載していますが、実際の検証先としては別の場所になる可能性があります。そのため、事前に検証先となる企業に問い合わせるなどしておくべきです。
　最終的に、IPアドレスが判明した場合、そのIPアドレスをWHOISにより調査すれば、インターネットサービスプロバイダが判明します。そこで、次は同様の手続をインターネットサービスプロバイダに対して行っていくことになります。

22　インターネットサービスプロバイダより開示を受けた契約者情報を用いて、発信者に対する損害賠償請求や刑事告訴を行う事例

> **相談内容**

　2ちゃんねるで多数の誹謗中傷を受けていたXさんより、投稿者を特定し、損害賠償請求を行いたいとの依頼を受任しました。

　まずは、2ちゃんねるに対して記事削除命令及び発信者情報開示仮処分命令を申し立て、仮処分決定を取得し、これに基づき対象記事の削除と20個あまりの投稿について発信者情報（投稿に用いられたIPアドレス及び投稿タイムスタンプ）の開示を受けています。その後、投稿に用いられた各インターネットサービスプロバイダに対しても発信者情報開示請求を行い、各プロバイダより発信者情報（契約者情報）の開示も受けました。

　そこで、再発防止を図るため投稿者に対する責任追及を行おうと考えています。

キーワード	損害賠償請求　慰謝料　遠隔操作　刑事告訴
ウェブサイト	－
目　　　的	発信者情報開示　損害賠償請求　刑事告訴
請求の相手方	発信者　インターネットサービスプロバイダ契約者
手　　　続	任意請求　仮処分　本案訴訟　弁護士会照会　告訴
法　律　構　成	不法行為　刑法　プロバイダ責任制限法4条
依頼者の属性	個人　法人

相談フェーズ

調査事項

1 さらなる開示請求の要否

多くの場合、インターネットサービスプロバイダから発信者情報の開示がなされた段階で実際の投稿者の住所氏名が判明し投稿者調査が完了します。しかし、職場からの投稿や、ネットカフェからの投稿の場合などは、開示された情報はプロバイダ契約をしていた当該企業・組織の情報となり、実際の投稿者はいまだ不明なままというケースもあります。そのような場合は、開示された情報を元にさらなる調査が必要となります。

また、契約者情報として個人名が開示された場合であっても、同居の家族による投稿などにより契約名義と投稿者が一致するとは限りません。そこで、開示された人物と面識があるかを依頼者に確認するとともに、さらなる調査も検討しましょう。

なお、インターネットへの投稿は安易になされることも多く、特に炎上事例では被害者と加害者が全く面識もないということも珍しくありません。

2 民事上の責任追及か、刑事責任の追及か

依頼者と協議すべき事項として、発信者に対していかなる責任を追及するのかも重要です。一般的には民事上の損害賠償請求又は名誉毀損等による刑事告訴があり得ますが、インターネット上での権利侵害について刑事処罰がなされるケースは相当悪質なケースに限られているのが現状であり、民事上の請求に比べて刑事告訴のハードルも相当高くなることについて依頼者と共通認識を形成しておくことが重要です。

なお、プライバシー侵害罪という罪はないことには留意が必要です。

3 正式な発信者情報開示以外によって発信者が判明した場合

本ケースとは少し離れますが、プロバイダからの契約者情報の開示以外の方法によって発信者が判明することもあります。例えば発信者情報開示手続の中でなされるプロバイダからの意見照会書が届いた発信者から直接連絡がなされた場合や、発信者情報開示請求をなさずとも、発信者が直接被害者に謝罪をするなどした場合です。

このようなケースで発信者が判明した場合の注意点として、その発信者が具体的にどの記事を投稿したのかを確定させなければなりません。すなわち、単に「私があなたの悪口をネットに書いてしまいました」との連絡がなされた場合には具体的にどの

ような悪口が投稿されたのかも不明であり不法行為の態様も分かりません。また、損害賠償請求をなした場合に、前言が翻される可能性もあります。

そこで、意見照会書が届いている場合には、同意の意見をプロバイダに返送させ、具体的な投稿に対応した発信者情報の開示をプロバイダより受ける、発信者情報開示請求をしていない場合には具体的な記事をURLや投稿日時、投稿内容にて明示しつつ投稿を認める書面を取得するなどの作業を行い、対象の投稿記事を確定させてください。

実際の業務フェーズ

1 開示された契約者情報

各インターネットサービスプロバイダより開示された契約者情報は以下のとおりでした。

① NTTドコモ→個人Y_1（Xの職場の同僚）
② ニフティ→個人Y_2（Xと面識なし）
③ ケイ・オプティコム→Y_3株式会社　（インターネットカフェ事業を展開する会社）
④ ソフトバンク→株式会社Y_4

Xの意向としてはこれまでに発信者情報開示手続のために弁護士費用も出捐していることから、全ての投稿者に対して損害賠償請求と今後二度と同様の行為を行わないことの誓約を求め、誠実な対応がなされない相手に対しては刑事告訴も検討するというものでした。そこで、③・④については実際の投稿者について追加の調査を行うとともに、①・②については相手に対して損害賠償請求等を行う方針となりました。

2 投稿者に対する民事上の請求（交渉段階）

(1) 内容証明郵便による通知書の送付

投稿者判明後、民事上の請求を行う場合は通常の損害賠償請求事案と同様にまずは内容証明郵便等により通知書を送付し投稿者との交渉から始めることが一般的です。

本ケースでも投稿者が判明している上記1の①・②に関しては、慰謝料等の支払を求める通知書を送付することになります。なお、基本的な手順や注意点は損害賠償請求事案一般と同様ですが、インターネット上での権利侵害特有の問題も若干ありますので、以下順に解説します。

(2) 請求金額の相場

ア 慰謝料

インターネット上で名誉権侵害等を受けた場合には、それにより被った精神的苦痛を慰謝するための慰謝料の請求が可能です。

問題は慰謝料としてどの程度の金額を請求するかという点ですが、従来の名誉権侵害等人格権侵害を理由とする損害賠償請求訴訟においては、概ね数十万円から100万円程度の慰謝料が認容されている例が多く、現在の実務でも100万円が1つの相場となっています。

しかし、従来どおりの結論では十分な被害者救済が図れない悪質な事案においては、100万円を大きく超えた慰謝料が裁判上も認容されることもあります。被害者側としては過去の裁判例の賠償額に捉われることなく、相当な損害賠償額を請求することが重要です。

なお、本ケースには関係ありませんが、被害者が法人の場合には慰謝料ではなく無形損害の請求を行うことになりますので、注意してください（23頁参照）。

イ 発信者情報開示請求に要した弁護士費用・削除費用

インターネット上での権利侵害事案の特殊性として、匿名の発信者の住所氏名を調べるための発信者情報開示請求手続が必要であり、また、権利侵害をそのまま放置することはできませんので削除請求も必要であるという点が挙げられます。そして、これらの手続には専門的な知識経験が必要であり、通常は被害者自らが対応することは困難であり弁護士へ委任し、被害者が弁護士費用の出捐を余儀なくされています。

そこで、この削除や発信者情報開示請求のために支出した弁護士費用等について、積極損害として投稿者側に請求していくことも被害救済のためには重要です。

この点については、「インターネット上の掲示板への匿名の書き込みによる名誉毀損がされた場合に、その発信者を特定するための調査には、一般に発信者情報開示請求の方法を取る必要があるところ、この手続で有効に発信者情報を取得するためには、短期間のうちに必要な保全処分を行った上で適切に訴訟を行うなどの専門的知識が必要であり、そのような専門的知識のない被害者自身でこの手続を全て行うことは通常困難である」との理由で発信者開示に要した弁護士費用の全額を発信者に負担させるべきとした東京高裁平成27年5月27日判決（公刊物未登載）を始め、多くの裁判例が発信者情報開示手続にかかる弁護士費用を発信者に対して請求できるとの判断を示しています。また、削除費用についても「本件各記事が本件スレッド上に掲載されている限り、原告に対する権利侵害が継続することになるのであるから、権利侵害状態を排除するために本件各記事の削除に要した費用についても、同様に、本件各記事の投稿と

相当因果関係のある損害であるといえる。」と述べ、損害として加害者に負担させる判決が下されています。

【通知書】

　　　　　　　　　　　　　　　通　知　書

　　　　　　　　　　　　　　　　　　　　　　　　　　　　　平成28年12月27日
被通知人　Y　様
　　　　　　　　　　　　　　　通知人　X
　　　　　　　　　　　　　　　〒○○○○－○○○○
　　　　　　　　　　　　　　　東京都○区○○○○○○○○
　　　　　　　　　　　　　　　開削法律事務所
　　　　　　　　　　　　　　　電　話　○○－○○○○－○○○○
　　　　　　　　　　　　　　　FAX　　○○－○○○○－○○○○
　　　　　　　　　　　　　　　上記代理人弁護士　削　除　太　郎　㊞

冠省
　当職は、上記通知人を代理して、下記のとおりご通知いたします。また、当職は通知人より本件請求について委任を受けておりますので、今後本件に関しましては、当職までお問合せをいただきたくお願い申し上げます。
　　　　　　　　　　　　　　　　　　　　　　　　　　　　　　　　　　　　不一

　　　　　　　　　　　　　　　　　記

1　貴殿も既に株式会社ＮＴＴドコモからの連絡等によりご存じかと思いますが、通知人はインターネットで閲覧可能な電子掲示板「2ちゃんねる」上において貴殿が匿名で行った投稿により、その名誉権を侵害されていた者です。

2　通知人が株式会社ＮＴＴドコモに対して提起した発信者情報開示請求訴訟においても、貴殿の行った投稿が違法性を有することは明白に認定されており、投稿内容からしても違法性を有することは疑う余地もございませんので結論のみ記載させていただきますが、
①　貴殿が通知人に対し、一切の解決金として金200万円を支払うこと
②　今後二度と通知人に関するインターネット上への投稿を行わないこと

以上の2点を骨子とする合意が調うのであれば、当方といたしましては一切を解決する用意があります。

　　合意書の案文を同送いたしますのでご検討ください。

3　なお、解決金の金額については、貴殿が行った投稿に関する投稿者特定のための手続として通知人が合計3回の裁判を行い多額の調査費用を負担している点も考慮してご提案させていただいております。この発信者特定のために必要な費用に関しては、全額を発信者の負担とする裁判例もございます。

4　仮にお話合いにて解決が図れない場合には、通知人といたしましては現在ご提案の解決金より高額の損害賠償を求める訴訟の提起をさせていただきますので、この点はご理解ください。

以　上

3　投稿者に対する民事上の請求（訴訟段階）

(1)　違法論と損害論の区別

　名誉権侵害等の行為によって他人の権利を侵害した発信者に対しては、これによって生じた損害（信用の低下・慰謝料なども含みます。）の賠償を請求することが可能です。実際の事例においても発信者情報開示請求を行った次のステップとして、発信者に対する損害賠償請求へと進むケースが一般的でしょう。

　発信者情報開示請求を経て発信者に対する損害賠償請求訴訟を提起する場合、発信者情報開示請求手続において、原則として2回の裁判が既になされており、その審理の中で違法性については一応の判断が下されていることから、原告側としては違法論と損害論を区別することを意識して訴訟追行をすることが有効です。

　違法性については被告側より新たな抗弁事由が主張されるなどしない限りは、基本的には発信者情報開示請求訴訟と同一の主張で足りることが多いでしょう。

　以下、発信者に対する損害賠償請求訴訟において問題となるポイントを解説します。

(2)　投稿者性の否認

　発信者情報開示手続により発信者を特定したとしても、投稿者性について否認されることがあります。このような主張がなされた場合、原告側としては投稿者性についてどの程度の立証が必要になるのでしょうか。

　発信者情報開示手続は、情報発信に使用されたインターネット通信契約の契約名義

人に関する情報を開示するだけですので、厳密に言えば投稿者が誰であるかは確定しません。しかし、発信者情報開示手続において開示された契約名義人のインターネット通信契約を利用できるのは、契約者自身と、例えば同居の親族など一定の親密な範囲の人物に限られます。よって、契約者自身が投稿者ではないとしても、契約者自身の立場からすれば、誰にインターネットを使わせていたのかは明らかですし、実際の投稿者を調査することも容易です。よって、契約者＝発信者という推定が事実上発生しており、契約者側が合理的な理由（例えば別の投稿者を具体的に示すなど）を示さずに、不合理に否認するに過ぎない場合には、発信者情報開示結果のみにより投稿者であることが認定されることになるでしょう。

なお、この点については、発信者に対する意見照会において投稿者性が否認された発信者情報開示請求訴訟の事案ではありますが「インターネットに接続するためには、プロバイダと契約をして、IPアドレスの割当を受ける必要があることに照らすと、通常は、侵害情報の送信に係るIPアドレスの割当を受けた通信端末に係る契約者……は侵害情報を流通させた発信者本人であるとの推定を受けるというべきであり、本件回答の内容は当該推定を覆すに足りず」と判示する裁判例（東京地判平27・1・28公刊物未登載）もあります。

また、投稿者性否認の一類型としていわゆる「遠隔操作の主張」がなされることもありますが、これについても技術的な裏付けなど遠隔操作によって投稿されたことの合理的な立証がなされない限りは裁判上認められることはないでしょう。

(3) 損害論立証〜尋問の要否

発信者情報開示請求を経て投稿者に対する損害賠償請求訴訟へ進んだ多くの場合、実質的な最大の争点は損害賠償金額の算定、特に慰謝料の金額となります。

慰謝料を算定するための具体的な要素は種々のものがあり、慰謝料算定に関する各種の文献も刊行されています。被害者側としては、そのような文献を参考に、例えば実際にネットの書き込みが原因で発生した不利益など考慮要素となり得る事実を丁寧に主張していくことがまずは必要です。

また、インターネット上での名誉権侵害等については、「所詮ネットだけの書き込みで信用性もない」などと思われ軽く見られている傾向があります。しかし、インターネットが社会のインフラとして機能している現代社会では、インターネット上で名誉権侵害を受けることは社会生活上も大きな不利益があり、また被害者自身の精神的苦痛も非常に大きいものがあります。この被害者の心情に関する理解度・感覚は、個々人のインターネットとの関わりにも大きく左右され、裁判官によっても大きな個人差があるところです。

そこで、被害者の心情や被害状況を裁判官にも正しく理解してもらうために、当事者尋問又は弁論準備手続に被害者本人を同席させるなどして、被害者から直接裁判官に語り掛けることを行うことも検討すべきでしょう。

4　刑事告訴

(1)　何罪で告訴するか

インターネット上での権利侵害は刑事処罰の対象となることもあります。そこで、悪質なケースなどでは、捜査機関に対し刑事処罰を求める刑事告訴を行うことも再発防止策として有効です。

なお、犯罪が発生すれば捜査機関が自発的に捜査し被疑者を検挙するものと考える相談者も多いところですが、実際のところ捜査機関は告訴状を受け取りたがらないというのが弁護士の一般的な感覚かもしれません。特にインターネット上でなされる犯罪行為の事案においては、犯人の特定のためには技術的な知識も必要であり、犯人不明の状態ではほとんど告訴を受け付けてくれません。そこで、民事上の手続にて発信者情報開示を進め、行為者が判明した時点で刑事告訴を行うケースが多くあります。

では、インターネット上でなされる権利侵害に対し、刑事告訴を行うとして、どのような罪に当たるといえばよいのでしょうか。該当し得る犯罪の主なものとしては、次のとおりです。

・名誉毀損罪（刑230①）：3年以下の懲役若しくは禁錮又は50万円以下の罰金
・侮辱罪（刑231）：拘留又は科料
・脅迫罪（刑222）：2年以下の懲役又は30万円以下の罰金
・偽計業務妨害罪（刑233前段）：3年以下の懲役又は50万円以下の罰金
・信用毀損罪（刑233後段）：3年以下の懲役又は50万円以下の罰金
・威力業務妨害罪（刑234・233）：3年以下の懲役又は50万円以下の罰金

これらの犯罪のうち、事案によってどの罪を選択した方がよいということはあるのでしょうか。

業務妨害罪や信用毀損罪は、「抽象的危険犯」であり、何か具体的な損害がなくても、損害等が発生する「おそれ」があれば成立するはずです。しかし実際は、何か実害が生じたということを証拠とともに示せないと、事件として扱ってくれないのが通常です。インターネット上の書き込みのせいで、事業に支障を来すケースや信用を毀損されたというケースはあり得ますが、書き込みによって実害が生じていることを証拠をもって示すことは非常に困難です。例えば、「その書き込みのせいで売上げが落ちた」といっても、本当にその他の原因の影響がないのかという説明は難しいところですし、

ましてやインターネット上で多数の中傷がなされてしまったケースなどでは、当該個別の投稿行為との因果関係など立証のしようもありません。

そのため、業務妨害罪や信用毀損罪は利用しにくく、名誉毀損罪を用いるのがよいと考えられます。名誉毀損罪であれば、自分の社会的評価が低下したことを説明できればよいからです。

なお、実務的な観点としては、発信者情報開示請求訴訟において下された判決に沿って、告訴事実及び罪名を記載していけば、捜査機関側も対応しやすく告訴が受理されやすくなるでしょう。

(2) 告訴状の作成

告訴の方法については、法律上は口頭でもできるとされていますが、実務上は書面（告訴状）を提出するのが一般的です。告訴状には、告訴人、告訴事実の表示、告訴に至った経緯、処罰意思の表示などを記載します。

告訴事実の表示というのは、犯罪となる具体的な事実を端的に示すもので、基本的には5W1Hを明示する必要があります。例えば、2ちゃんねる（2ch.net）への投稿による名誉毀損の場合には次のようになります。

【告訴事実の表示】

> 被告訴人は、平成28年4月5日から平成28年5月10日にかけて、東京都○区○○～～～の被告訴人方において、フィリピン法人「レースクイーン、インク」が運営するインターネット上で誰もが閲覧可能な電子掲示板「2ちゃんねる」に別紙投稿記事目録記載の各投稿を投稿し、別紙投稿記事目録記載の閲覧用ＵＲＬにて公開することによって公然と事実を摘示し、これによって、告訴人の社会的評価を低下させ、その名誉を毀損したものである。

告訴に至った経緯では、どのようにしてこれらの事実を特定したのかを説明します。そして、犯罪が成立すると考える理由、構成要件への当てはめなどを記載します。

(3) 告訴状の提出

告訴状ができれば、告訴状を警察署に持参し、告訴することになりますが、告訴状を提出する捜査機関について法律上は、全国どこの警察署、検察庁に対して提出してもよいことになっています。しかし、通常は、告訴受理後の捜査上の観点から、犯罪の発生地か、犯人の所在地、被害者の住所地を管轄する警察署のいずれかに行うことになるでしょう。

また注意点として、告訴状を持参して警察署に行っても、その場ですぐに告訴を受理してくれることはほぼありません。警察としても、その場で初めて聞いた事案を全

て把握して事件化することはできないので、まずは一度資料を預かるという対応をするところが多いです。そのため、警察に預ける分の告訴状の写しと資料の写しを持参してください。その後、告訴状の内容で告訴を受理するという判断になれば、改めて原本を提出します。

ところで、ほとんどの場合、告訴が受理されても、すぐに被告訴人が逮捕されるということはなく、最終的な処分まで逮捕はなされないケースも多くあります。逮捕するためには、逃亡のおそれがあるとか、罪証隠滅のおそれがあるとかいった理由が必要ですが、そのようなおそれが認められることは少ないでしょう。

そのため、まずは警察が捜査を進めることになります。しばしば行われるのは、被告訴人の自宅を捜索場所とした捜索差押で、パソコンやスマートフォンなどを押収する手続が取られます。その上で、被告訴人本人を任意で呼び出して取調べを行います。

どのくらいの期間で手続が進むかは、担当警察官の忙しさ次第のため一概には言えませんが、数か月〜1年単位で待たされることも往々にしてありますので、辛抱強く警察とのやり取りを続けることが重要です。

警察が逮捕をすれば検察に事件を送り、検察は補充の捜査を行って、起訴するかを決めます。被害者心理としては、起訴してほしいと思うでしょうが、現実的には、前科前歴がなければ、余程悪質で反省もしていない場合でない限り、起訴猶予という判断になることが多い印象です。

なお、検察がいかなる処分を行ったかについては、告訴人に通知する必要があるとされており、いずれかの処分がされればその旨の連絡が届きます。

5　さらなる調査〜法人契約・ネットカフェからの投稿の場合

上記1の③④のように、インターネットサービスプロバイダから開示された契約者情報が法人やネットカフェであった場合、実際の投稿者はいまだ判明していません。

この場合、追加の調査が必要です。具体的には、契約者情報として開示された者に対して、さらにもう一度発信者情報開示請求を行うことになります。なお、社員に対してインターネット通信を提供している企業などプロバイダ事業者以外の者についてもプロバイダ責任制限法上の開示関係役務提供者に当たると解されています。

ただし、通常のインターネットサービスプロバイダと違った注意点もあります。通信会社ではありませんので、通信記録（通信ログ）からの調査が不能であることも多く、相手がいかなる記録を有しているかについては通常は不明です。場合によっては、社員の勤務記録から投稿がなされた時間帯に在社していた者を調査するなどの対応と

なることもあります。そのため、通常どおりにテレサ書式の発信者情報開示請求書を送付する方法のほか、次の書式のように発信者の調査に協力を依頼する書面を送付する方法も検討してください。

【ご連絡】

　　　　　　　　　　　　　ご　連　絡

　　　　　　　　　　　　　　　　　　　　　　　　平成28年12月27日

Y_1株式会社
代表取締役Y_2様

　　　　　　　　　　　　　　　　通知人　X
　　　　　　　　　　　　　　　　〒〇〇〇-〇〇〇〇
　　　　　　　　　　　　　　　　東京都〇区〇〇〇〇〇〇〇〇
　　　　　　　　　　　　　　　　開削法律事務所
　　　　　　　　　　　　　　　　電　話　〇〇-〇〇〇〇-〇〇〇〇
　　　　　　　　　　　　　　　　ＦＡＸ　〇〇-〇〇〇〇-〇〇〇〇
　　　　　　　　　　　　　　　　上記代理人弁護士　削　除　太　郎　㊞

冠省
　当職は、上記通知人を代理して、下記のとおりご通知いたします。また、当職は通知人より本件請求について委任を受けておりますので、今後本件に関しましては、当職までお問合せを頂きたくお願い申し上げます。
　　　　　　　　　　　　　　　　　　　　　　　　　　　　　　　　不一

　　　　　　　　　　　　　　　記

1　通知人は、インターネットで閲覧可能な電子掲示板「2ちゃんねる」(以下、「本件掲示板」といいます。)上において、別紙投稿記事目録記載の投稿(以下「本件投稿」といいます。)がなされたことにより、その人格権(名誉権、名誉感情)を侵害されていたものです。
　本通知に先立ち、通知人は、本件投稿の投稿者を特定すべく、本件掲示板の管理者よりIPアドレス等の開示を受けた上、本件投稿時に利用されたインターネット回線を管理する株式会社ケイ・オプティコムに対して契約者情報の開示を求めて訴訟を提起いたしました。そして、同訴訟において、本件投稿の内容が違法であると判断され、その回線の契約者の開示を受け、貴社が運営するインターネットカフェ〇〇△△店にて利用されていた通信設備よりなされた投稿であることが判明いたしました(添付資料)。

2　今後、通知人は、本件投稿を行った者に対する損害賠償請求を行う予定でおります。
　そこで、大変お手数ではございますが、貴社に実際の投稿行為を行った人物の調査についてご協力いただきたく、ご連絡を差し上げた次第です。
　ご協力いただける場合には、以下の点などについてお伺いできればと考えております。
① 　本件投稿がなされた日時に貴社店舗を利用していた者の氏名
② 　貴社店舗においてインターネットに接続されたパソコンの台数、利用方法等の管理状況
　もっとも、貴社がいかなる情報をお持ちなのかに関しては、当職には判断がつきかねるところです。つきましては、一度お電話等でお話をさせていただければ大変助かりますので、本件に関するご担当者様をご決定いただきまして、ご協力いただけるか否かに関し、平成28年1月末日までに、ご担当者様よりご回答をいただきますよう宜しくお願い申し上げます。

（別紙）

投 稿 記 事 目 録

〔省略〕

　契約者から協力が得られ、実際の投稿者が判明した場合には、前述と同じく民事上の責任追及や刑事責任の追及を行います。

事項索引

事 項 索 引

【あ】

	ページ
ISP	7, 271
アイデンティティ権	32
IPアドレス	62, 90
アクセスプロバイダ	7, 271
アバターに対する中傷	6
アフィリエイト	146

【い】

慰謝料	307
インターネットサービスプロバイダ	7, 271
──への損害賠償請求	25
──への発信者情報開示請求	78
infoメール	297

【う】

ウェブサイトの証拠化	92
ウェブフォームを用いた削除請求	39

【え】

営業権	33
MNO	62
MVNO	62
遠隔操作	307

【お】

オートコンプリート	260
お問い合わせフォームを用いた削除請求	39

【か】

カスタマーレビュー	167, 172
仮処分	44, 68, 75, 82
仮処分ルートと本案訴訟ルートとの違い	9
管轄	
削除仮処分の──	44
削除訴訟の──	53
発信者情報開示請求の──	83
関連検索ワード	260
関連ワードの削除	18

【き】

キャッシュの削除	19
Q&Aサイト	120
業務遂行権	33
魚拓サイト	231

【く】

クチコミサイト	103, 155, 167, 172
クローラ	19
クロール	19

【け】

刑事告訴	23, 307
経由プロバイダ	7, 271
検索結果の削除	14, 242
検索サイトへの損害賠償請求	24

【こ】

更生を妨げられない利益	33
個人情報	186
個人情報保護法に基づく訂正等請求権	32
コピーサイト	4, 13
個別サイトの削除	12
コンテンツのコピー	137
コンテンツプロバイダへの送信防止措置依頼書の送付	24
コンテンツプロバイダ・ホスティングプロバイダ	7
——への損害賠償請求	24
——への発信者情報開示請求	63

【さ】

削除依頼の公開	178
削除仮処分	44
——の管轄	44
削除仮処分命令申立書	47
削除請求	8, 37
——の相手方	37
——の方法	8
——のリスク	13
削除請求訴訟訴状	55
削除訴訟	53
——の管轄	53
——を提起する場合の留意事項	53
サジェスト	260
——の削除	17

【し】

自作自演	120
自社商標で検索した際の他社商品広告の削除	18
氏名権	32

住所氏名開示	271
手法の比較・選択基準	57
肖像権	31
商標権	36
侵害情報の通知書兼送信防止措置依頼書	42

【せ】

接続プロバイダ	7, 271

【そ】

送信防止措置依頼書（侵害情報の通知書兼送信防止措置依頼書）	42
送信防止措置依頼書の公開	178
損害賠償請求	307
損害賠償請求額	23

【た】

代表メール	297
逮捕歴	110

【ち】

中傷動画	131
著作権・著作者人格権	35

【つ】

通信ログ保存（消去禁止）請求	72
通信ログ保存のお願い	73

【て】

DNS	91
——によるサーバー調査	90
テレサ書式	
——を用いた送信防止措置依頼	41
——を用いた発信者情報開示請求	64, 74, 78

【と】

動画	131
同定可能性	5, 161
ドメインネームシステム	91
ドメイン名の登録者	86

【な】

なりすまし	32, 202, 212

【ね】

ネット上の人格に対する攻撃	5

【は】

発信者情報開示仮処分命令申立書	68
発信者情報開示請求	9, 58
——の管轄	83
——の流れ	61
——のリスク	22
発信者情報開示請求書	64
発信者情報開示請求訴訟訴状	79
発信者情報消去禁止仮処分命令申立書	75
犯罪報道	110
ハンドルネーム	5, 161

【ひ】

P2P方式	58

【ふ】

WHOIS（フーイズ）	62, 87
——によるドメイン登録者調査	86
WHOISプライバシープロテクションサービス	89
プライバシー	186
プライバシー権	30
ブラック企業	103
プロバイダ責任制限法4条1項	58

【へ】

ページの削除	155

【ほ】

補充性の問題	7
ホスティングプロバイダ	7
ホスト名	91

【ま】

まとめサイト	13

【み】

ミラーサイト	4, 13

【め】

名誉感情	29
名誉権	27

メールによる中傷	297
メールを用いた削除請求	39

【ゆ】

URLの特定	4

【ら】

ランキングサイト	146

【り】

リベンジポルノ	221

【る】

ルーメンデータベース	16

【れ】

レジストラ	88

【ろ】

「ログイン型投稿」における「ログインIPアドレス」の問題	21

【わ】

忘れられる権利	34

ケース・スタディ
ネット権利侵害対応の実務
－発信者情報開示請求と削除請求－

平成29年1月16日　初版発行

共　著　清　水　　陽　平
　　　　神　田　　知　宏
　　　　中　澤　　佑　一

発行者　新日本法規出版株式会社
代表者　服　部　昭　三

発行所　新日本法規出版株式会社
本　　社　（460-8455）名古屋市中区栄１－23－20
総轄本部　　　　　　　電話　代表　052(211)1525
東京本社　（162-8407）東京都新宿区市谷砂土原町２－６
　　　　　　　　　　　電話　代表　03(3269)2220
支　　社　札幌・仙台・東京・関東・名古屋・大阪・広島
　　　　　高松・福岡
ホームページ　http://www.sn-hoki.co.jp/

※本書の無断転載・複製は、著作権法上の例外を除き禁じられています。
※落丁・乱丁本はお取替えします。　　ISBN978-4-7882-8203-2
50955　ネット権利侵害　　　Ⓒ清水陽平 他 2017 Printed in Japan